建设工程识图高手训练营系列丛书

装饰装修施工图识读

本书编委会　编

中国建筑工业出版社

图书在版编目（CIP）数据

装饰装修施工图识读/本书编委会编. —北京：中国建筑工业出版社，2015.9
（建设工程识图高手训练营系列丛书）
ISBN 978-7-112-18037-0

Ⅰ.①装… Ⅱ.①本… Ⅲ.①建筑装饰-建筑制图-识别 Ⅳ.①TU767

中国版本图书馆 CIP 数据核字（2015）第 079853 号

本书结合施工图识读实例，详细介绍了装饰装修施工图识读的思路、方法和技巧，全书共分为 6 章，内容主要包括：装饰装修施工图识读基础，装饰装修施工图识读技巧，识读楼地面、顶棚工程施工图，识读门、窗、楼梯工程施工图，识读幕墙、墙柱面、隔断（隔墙）装饰施工图，装饰装修施工图识读实例。

本书可供从事装饰装修工程设计工作人员、施工技术人员、管理人员使用，也可供高等院校室内外设计专业师生参考使用。

* * *

责任编辑：岳建光 张 磊
责任设计：董建平
责任校对：李美娜 关 健

建设工程识图高手训练营系列丛书
装饰装修施工图识读
本书编委会 编
*
中国建筑工业出版社出版、发行（北京西郊百万庄）
各地新华书店、建筑书店经销
霸州市顺浩图文科技发展有限公司制版
北京市安泰印刷厂印刷
*
开本：787×1092 毫米 横 1/16 印张：12¼ 字数：343 千字
2015 年 8 月第一版 2015 年 8 月第一次印刷
定价：**29.00** 元
ISBN 978-7-112-18037-0
（27283）

编　委　会

主　编　巩晓东

参　编（按笔画顺序排列）

马可佳　王　琳　王荣祥　刘珊珊

李越峰　李慧婷　张　形　远程飞

林　毅　姚烈明　高　形

前　　言

近年来，随着我国经济建设、科技文化的蓬勃发展，带动了建筑行业的快速发展，建筑工程规模也日益扩大。对于工程技术人员来说，施工图纸是工程技术界的通用语言，设计人员通过施工图，表达设计意图和设计要求；施工人员通过施工图，理解设计意图，按图施工。因此，熟悉施工图制图知识，掌握施工图识读方法与技巧，是从事工程设计、施工及管理等工程技术人员必备的技能。为了满足广大工程技术人员的实际需要，我们组织编写了本书，旨在提高其技术水平与业务技能。

本书依据最新国家制图标准进行编写，内容简明实用，重点突出，结合大量具有代表性的工程施工图实例，注重工程实践，侧重实际工程图的识读，便于读者结合实际应用，系统地掌握施工图识读的知识。

由于编者水平有限，书中难免有不当和错误之处，敬请广大读者批评指正，以便及时修订与完善。

目　　录

1 装饰装修施工图识读基础

1.1 装饰装修施工图制图

1. 装饰装修施工图图样画法

（1）投影法

因为房屋建筑室内装饰装修设计制图表现建筑内部空间界面的装饰装修内容，因此所采用的视点位于建筑内部。

1）房屋建筑室内装饰装修设计的视图，应当采用位于建筑内部的视点按正投影法并用第一角画法绘制，且自 A 的投影镜像图应为顶棚平面图，自 B 的投影应为平面图，自 C、D、E、F 的投影应为立面图，如图 1-1 所示。

2）顶棚平面图应当采用镜像投影法绘制，其图像中纵横轴线排列应当与平面图完全一致，易于相互对照，清晰识读，如图 1-2 所示。

3）装饰装修界面与投影面不平行时，可以用展开图表示。

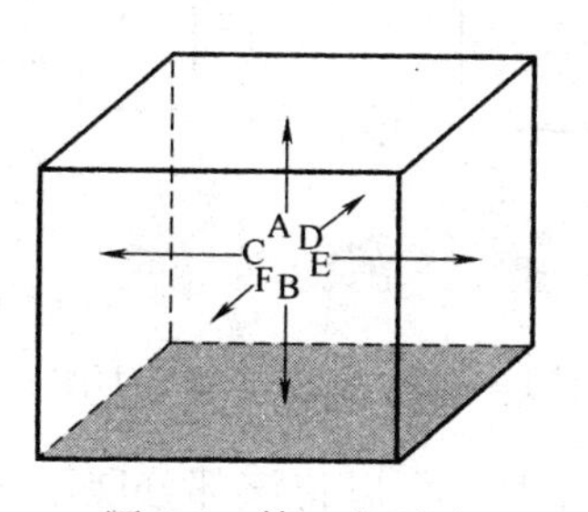

图 1-1　第一角画法

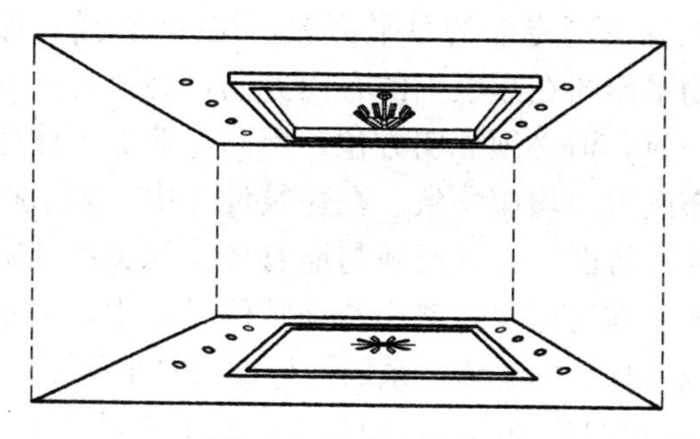
图 1-2　镜像投影法

（2）视图布置

1）如在同一张图纸上绘制若干个视图时，各视图的位置应根据视图的逻辑关系及版面的美观决定，各视图的位置宜按图 1-3 的顺序进行布置。

2）每个视图一般均应当标注图名。各视图的命名，主要包括：平面图、立面图、剖面图或断面图、详图。同一种视图多个图的图名前加编号以示区分。平面图以楼层编号，包括地下二层平面图、地下一层平面图、首层平面图及二层平面图等。立面图以该图两端头的轴线号编号，剖面图或断面图以剖切号编号。详图以索引号编号。图名宜标注在视图的下方或一侧，并且在图名下用粗实线绘一条横线，其长度应当以图名所占长度为准。使用详图符号作图名时，符号下不再画线。

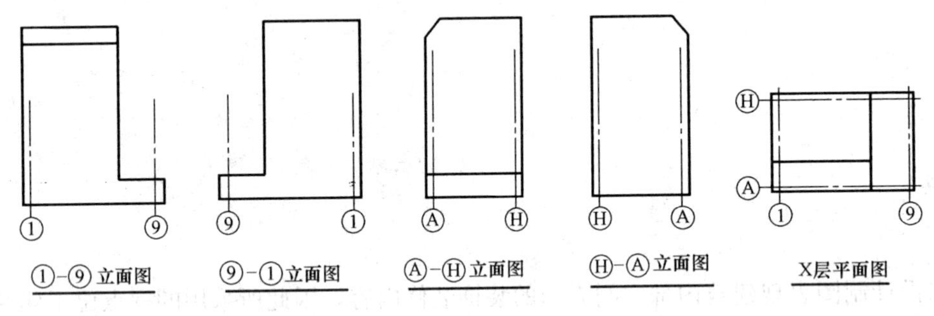

图 1-3　视图布置

3）分区绘制的建筑平面图，应当绘制组合示意图，指出该区在建筑平面图中的位置。各分区视图的分区部位及编号均应一致，并应与组合示意图一致，如图 1-4 所示。

4）总平面图应当反映建筑物在室外地坪上的墙基外包线，不应画屋顶平面投影图。同一工程不同专业的总平面图，在图纸上的布图方向均应一致；单体建（构）筑物平面图在图纸上的布图方向，必要时可以与其在总平面图上的布图方向不一致，但必须标明方位；不同专业的单体建（构）筑物平面图，在图纸上的布图方向均应一致。在建筑设计中，表示拟建房屋所在规划用地范围内的总体布置图，并且反映与原有环境的关系及临界的情况等的图样，称为总平面图。在房屋建筑室内装饰装修设计中，表示需要设计的平面与所在楼层平面或者环境的总体关系的图样称为总平面图。

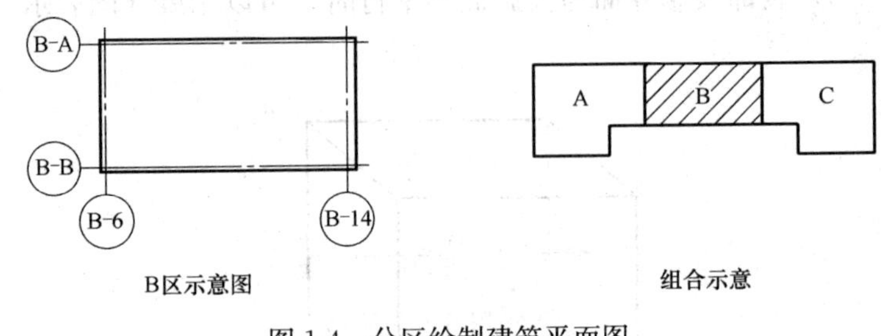

图 1-4　分区绘制建筑平面图

5）建（构）筑物的某些部分，如与投影面不平行（如圆形、折线形、曲线形等），在画立面图时，可以将该部分展至与投影面平行，再以正投影法绘制，并应当在图名后注写“展开”字样。

6）建筑吊顶（顶棚）灯具、风口等设计绘制布置图，应当是反映在地面上的镜面图，而不是仰视图。

（3）平面图

1）除了顶棚平面图外，各种平面图应当按照正投影法绘制。

2）平面图宜取视平线以下适宜高度水平剖切俯视所得，并且根据表现内容的需要，可增加剖视高度和剖切平面。

3）建筑物平面图应在建筑物的门窗洞口处水平剖切俯视（屋顶平面图应在屋面以上俯视），图内应当包括剖切面及投影方向可见的建筑构造以及必要的尺寸、标高等，如需表示高窗、洞口、通气孔、槽、地沟及起重机等不可见部分，则应以虚线绘制。

4）平面图应当表达室内水平界面中正投影方向的物象，且需要时，还应当表示剖切位置中正投影方向墙体的可视物象。

5）局部平面放大图的方向宜与楼层平面图的方向一致。

6）平面图中应注写房间的名称或编号，编号注写在直径为 6mm 细实线绘制的圆圈内，其字体大小应当大于图中索引用文字标注，并应在同张图纸上列出房间名称表。

7）对于平面图中的装饰装修物件，可以注写名称或用相应的图例符号表示。

8）当在同一张图纸上绘制多于一层的平面图时，各层平面图宜按照层数由低向高的顺序从左至右或从下至上布置。

9）对于较大的房屋建筑室内装饰装修平面图，可以分区绘制平面图，且每张分区平面图均应以组合示意图表示所在位置。对于在组合示意图中要表示的分区，可以采用阴影线或填充色块表示。各分区应分别用大写拉丁字母或功能区名称表示。各分区视图的分区部位及编号应一致，并且应当与组合示意图对应。

10）房屋建筑室内装饰装修平面起伏较大的呈弧形、曲折形或异形时，可以用展开图表示，不同的转角面用转角符号表示连接，且画法应符合现行国家标准《建筑制图标准》GB/T 50104—2010 的规定。

11）在同一张平面图内，对于不在设计范围内的局部区域应用阴影线或填充色块的方式表示。

12）为表示室内立面在平面上的位置，应当在平面图上表示出相应的立面索引符号。立面索引符号的绘制应当符合《房屋建筑室内装饰装修制图标准》JGJ/T 244—2011 第 3.6.6 条、第 3.6.7 条的规定。

13）对于平面图上未被剖切到的墙体立面的洞、龛等，在平面图中可用细虚线连接表明其位置。

14）房屋建筑室内各种平面中出现异形的凹凸形状时，可以用剖面图表示。

（4）顶棚平面图

1）房屋建筑室内装饰装修顶棚平面图应当按镜像投影法绘制。

2）顶棚平面图中应省去平面图中门的符号，并应用细实线连接门洞以表明位置。墙体立面的洞、龛等，在顶棚平面中可以用细虚线连接表明其位置。

3）顶棚平面图应表示出镜像投影后水平界面上的物象，且需要时，还应表示剖切位置中投影方向的墙体的可视内容。

4）平面为圆形、弧形、曲折形、异形的顶棚平面，可以用展开图表示，不同的转角面用转角符号表示连接。

5）房屋建筑室内顶棚上出现异形的凹凸形状时，可以用剖面图表示。

（5）立面图

1）房屋建筑室内装饰装修立面图应当按正投影法绘制。

2）立面图应表达室内垂直界面中投影方向的物体，需要时，还应当表示剖切位置中投影方向的墙体、顶棚、地面的可视内容。

3）室内立面图应包括投影方向可见的室内轮廓线和装修构造、门窗、构配件、墙面做法、固定家具、灯具、必要的尺寸和标高及需要表达的非固定家具、灯具、装饰物件等（室内立面图的顶棚轮廓线，可以根据具体情况只表达吊平顶或同时表达吊平顶及结构顶棚）。

4）立面图的两端宜标注建筑平面定位轴线编号。

5）面为圆形、弧形、曲折形或异形的室内立面，可以用展开图表示，不同的转角面用转角符号表示连接，圆形或多边形平面的建筑物，可分段展开绘制立面图，但是均应在图名后加注“展开”二字。

6）对称式装饰装修面或物体等，在不影响物象表现的情况下，立面图可以绘制一半，并且应在对称轴线处画对称符号。

7）房屋建筑室内装饰装修立面图上，相同的装饰装修构造样式可选择一个样式绘出完整图样，其余部分可只画图样轮廓线。

8）在房屋建筑室内装饰装修立面图上，表面分隔线应表示清楚，并且应用文字说明各部位所用材料及色彩等。

9）圆形或弧线形的立面图应以细实线表示出该立面的弧度感。

10）立面图宜根据平面图中立面索引编号标注图名。对于有定位轴线的立面，也可以根据两端定位轴线号编注立面图名称（如①～②立面图、Ⓐ～Ⓑ立面图）。

（6）剖面图和断面图

1）剖面图的剖切部位，应当根据图纸的用途或设计深度，在平面图上选择能反映全貌、构造特征以及有代表性的部位剖切。各种剖面图应当按正投影法绘制。

2）建筑剖面图内应当包括剖切面和投影方向可见的建筑构造、构配件以及必要的尺寸、标高等。

3）剖切符号可以采用阿拉伯数字、罗马数字或者拉丁字母编号。

4）当画室内剖立面时，相应部位的墙体、楼地面的剖切面宜有所表示。占空间较大的设备管线、灯具等的剖切面，也应在图纸上绘出。

5）剖面图除应画出剖切面切到部分的图形外，还应当画出沿投射方向看到的部分，被剖切面切到部分的轮廓线用粗实线绘制，剖切面没有切到，但沿投射方向可以看到的部分，用中实线绘制；断面图则只需（用粗实线）画出剖切面切到部分的图形，如图 1-5 所示。

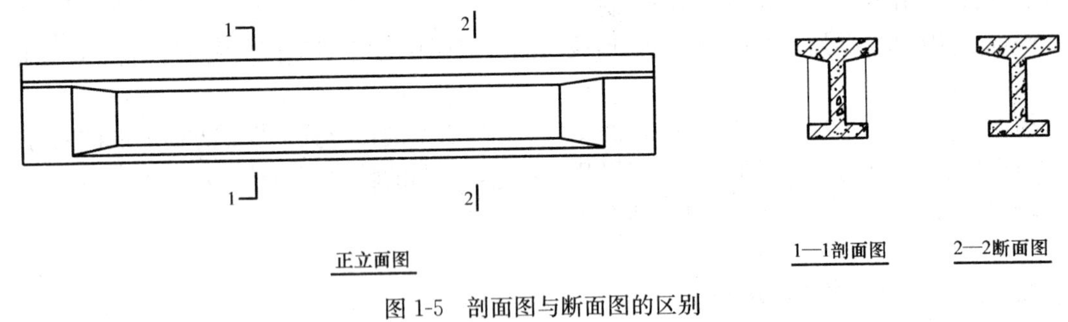

图 1-5　剖面图与断面图的区别

6）剖面图和断面图应按下列方法剖切后绘制：

① 用一个剖切面剖切（图 1-6）；

② 用两个或两个以上平行的剖切面剖切（图 1-7）；

③ 用两个相交的剖切面剖切（图 1-8）。当用此法剖切时，应在图名后注明“展开”字样。

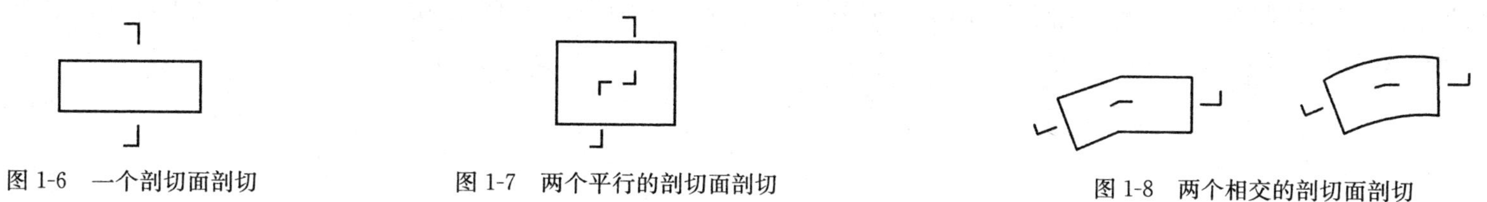

图 1-6　一个剖切面剖切　　图 1-7　两个平行的剖切面剖切　　图 1-8　两个相交的剖切面剖切

7）分层剖切的剖面图，应当按层次以波浪线将各层隔开，波浪线不应与任何图线重合（图 1-9）。

当画剖视图时，根据物体的不同形状、特征，常选用下述几种不同的剖切方法形成剖视图。

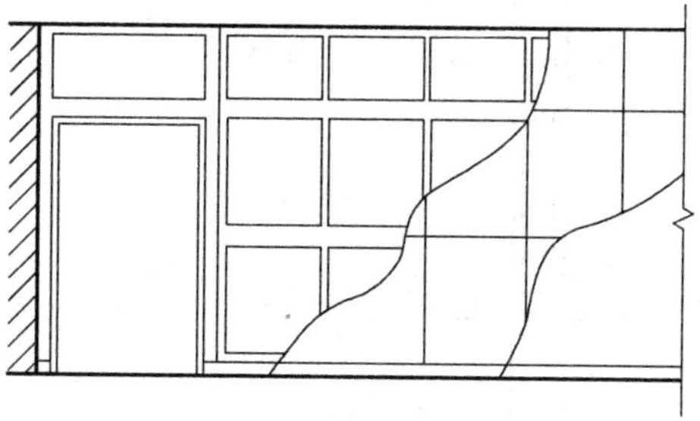

① 全剖视图。用一个剖切面完全剖开物体后画出的剖视图，称为全剖视图。当一个物体的外形简单、内部复杂，或者外形虽然复杂而另有视图表达清楚时，通常采用全剖视图。

② 半剖视图。需要表示对称的物体时，可以对称线为界，一半画外形图（视图），一半画剖视图，这样的剖视图称为半剖视图。因此，设计对称的物体，一般采用半剖视图，其图样同时表达出内形与外形，表示外形的半个视图不必再用虚线表示内形，半个剖视图与半个外形视图的分界线是对称符号。

图 1-9　分层剖切的剖面图

③ 局部剖视图。当设计只需要表示物体内部局部构造时，表示局部剖开的物体图样称为局部剖视图。局部剖视图的外层视图部分与内层剖视图部分也用细波浪线分界，波浪线表明剖切范围，不能够超出图样的轮廓线，也不应当与图样上的其他图线相重合。由于局部剖视图的剖切位置一般都相对明显，因此局部剖视图通常都不会标注剖切符号，也不另行标注剖视图的图名。

④ 斜剖视图。前面讲述的全剖视图、半剖视图与局部剖视图都是用一剖切面剖开物体后得到的，其图样均是最常用的剖视图。而用不平行于任何基本投影面的剖切面剖开物体后得到的剖视图，称为斜剖视图。

⑤ 阶梯剖视图。利用两个或者两个以上平行的剖切面剖切物体的方法，称为阶梯剖，所获得的剖视图称为阶梯剖视图。当物体内部结构需要用两个或者两个以上平行的剖切面剖开才能显示清楚时，可采用阶梯剖。在画阶梯剖视图时需注意，不应当画出两个剖切平面的转折处的分界线。

⑥ 旋转剖视图。利用两个相交的剖切平面（交线垂直于某基本投影面）剖开物体的方法，称为旋转剖。采用旋转剖画剖视图时，以假想的两个相交的剖切平面剖开物体，移除假想剖切掉的部分，将留下的部分向选定的基本投影面作正投影，但是对倾斜于选定的基本投影面的

剖切平面剖开的结构及其有关部分，要旋转到与选定的基本投影面平行面后再进行投影。利用旋转剖获得的剖视图，称为旋转剖视图，其剖视图应在图名后加注字样。画旋转剖视图时，应当注意不画两个剖切平面截出的断面的转折线。

⑦ 分层剖切剖视图。对物体的多层构造可以用相互平行的剖切面按构造层次逐层局部剖开，利用这种分层剖切的方法所获得的剖视图，称为分层剖切剖视图，在房屋建筑室内装饰装修制图中用来表达室内物体的复杂构造。分层剖切剖视图应表达各层次的构造。

⑧ 杆件的断面图可以绘制在靠近杆件的一侧或端部处并按顺序依次排列（图 1-10），也可绘制在杆件的中断处（图 1-11）；结构梁板的断面图可画在结构布置图上（图 1-12）。

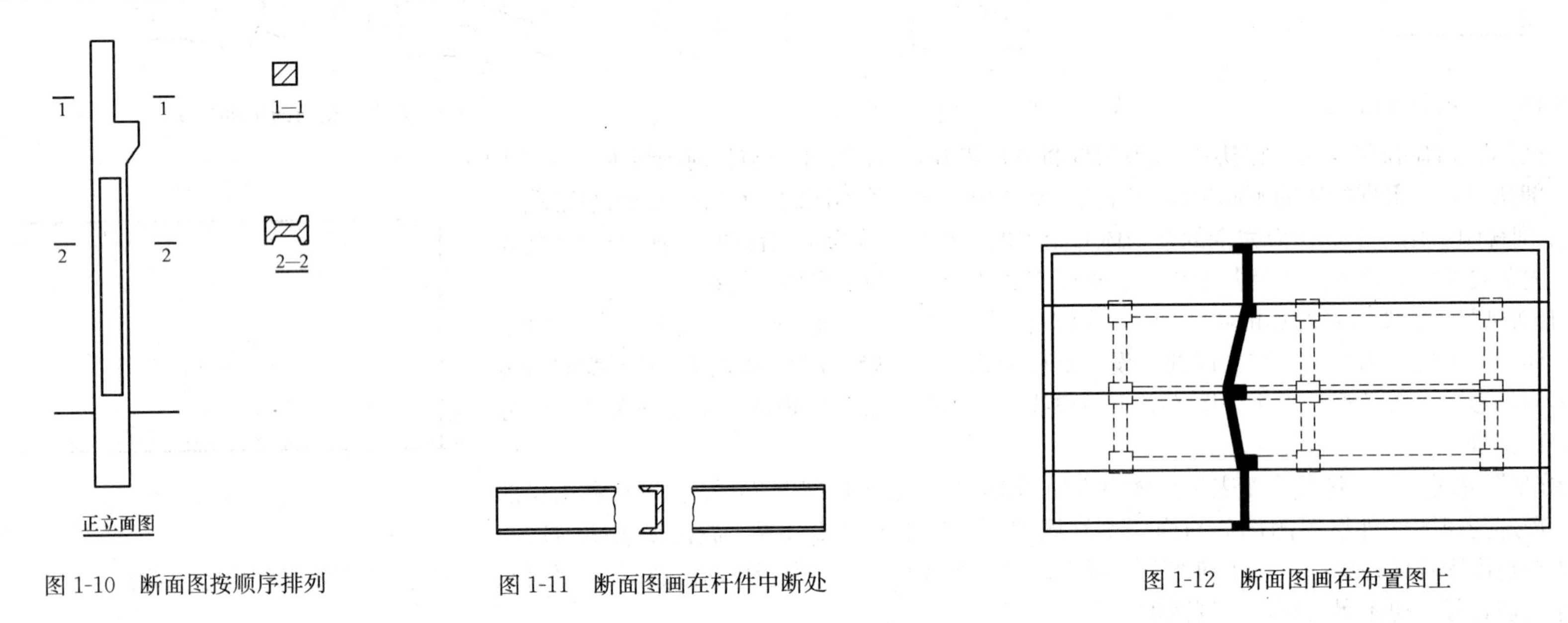

图 1-10　断面图按顺序排列

图 1-11　断面图画在杆件中断处

图 1-12　断面图画在布置图上

（7）简化画法

1）构配件的视图有一条对称线，可以只画该视图的一半；视图有两条对称线，可以只画该视图的 1/4，并画出对称符号（图 1-13）。图形也可以稍超出其对称线，此时可以不画对称符号（图 1-14）。对称的形体需画剖面图或断面图时，可以对称符号为界，一半画视图（外形图），一半画剖面图或断面图（图 1-15）。

2）构配件内多个完全相同而连续排列的构造要素，可以仅在两端或适当位置画出其完整形状，其余部分以中心线或中心线交点表示，如图 1-16（a）所示。当相同构造要素少于中心线交点，则其余部分应在相同构造要素位置的中心线交点处用小圆点表示，如图 1-16（b）所示。

3）较长的构件，当沿长度方向的形状相同或按一定规律变化，可以断开省略绘制，断开处应以折断线表示，如图 1-17 所示。

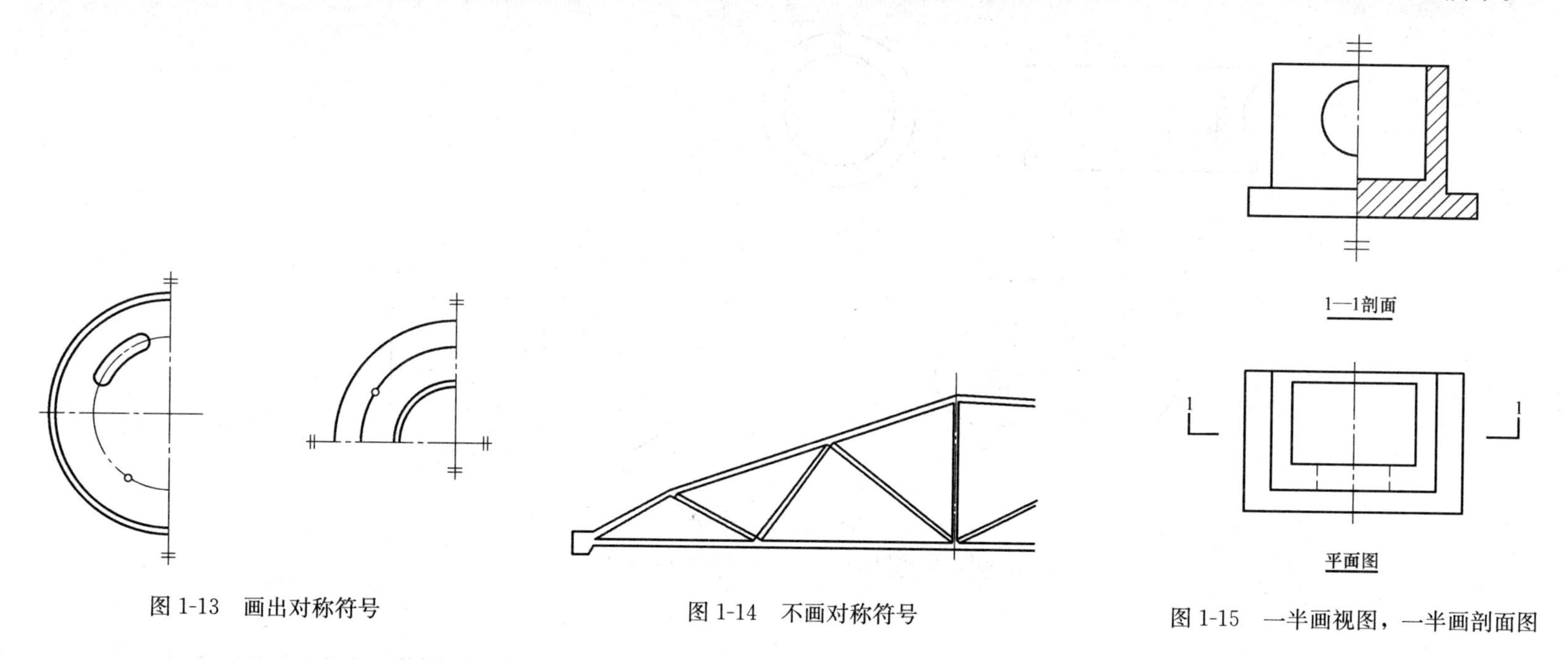

图 1-13　画出对称符号

图 1-14　不画对称符号

图 1-15　一半画视图，一半画剖面图

4）一个构配件，如绘制位置不够，可以分成几个部分绘制，并且应以连接符号表示相连。

5）一个构配件如与另一构配件仅部分不相同，该构配件可只画不同部分，但应当在两个构配件的相同部分与不同部分的分界线处，分别绘制连接符号，如图 1-18 所示。

2. 装饰装修施工图图纸深度

（1）一般规定

1）房屋建筑室内装饰装修设计的制图深度应当根据房屋建筑室内装饰装修设计文件的阶段性要求确定。

2）房屋建筑室内装饰装修设计中图纸的阶段性文件应当包括方案设计图、扩初设计图、施工设计图、变更设计图、竣工图。

3）房屋建筑室内装饰装修设计图纸的绘制应当符合《房屋建筑室内装饰装修制图标准》JGJ/T 244—2011 第 1 章～第 4 章的规定，图纸深度应当满足各阶段的深度要求。

房屋建筑室内装饰装修设计的图纸深度与设计文件深度有所区别，不包括对设计说明、施工说明以及材料样品表示内容的规定。

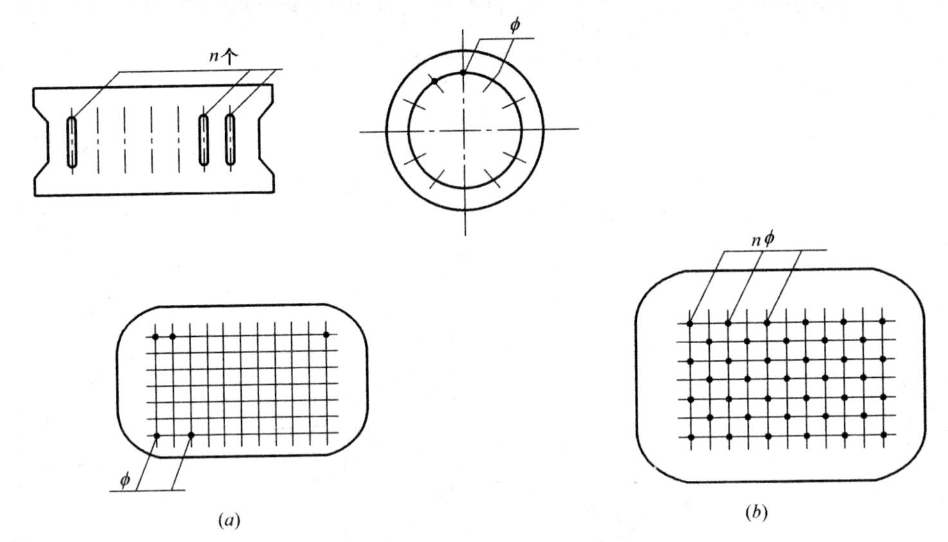

图 1-16　相同要素简化画法

（a）多个完全相同而连续排列的构造要素；（b）相同构造要素少于中心线交点

图 1-17　折断简化画法

图 1-18　构件局部不同的简化画法

（2）方案设计图

1）方案设计应包括设计说明、平面图、顶棚平面图、主要立面图、必要的分析图及效果图等。

2）方案设计的平面图绘制除应符合《房屋建筑室内装饰装修制图标准》JGJ/T 244—2011 第 5.2 节的规定外，尚应符合下列规定：

① 宜标明房屋建筑室内装饰装修设计的区域位置及范围；

② 宜标明房屋建筑室内装饰装修设计中对原建筑改造的内容；
③ 宜标注轴线编号，并应使轴线编号与原建筑图相符；
④ 宜标注总尺寸及主要空间的定位尺寸；
⑤ 宜标明房屋建筑室内装饰装修设计后的所有室内外墙体、门窗、管道井、电梯和自动扶梯、楼梯、平台和阳台等位置；
⑥ 宜标明主要使用房间的名称和主要部位的尺寸，标明楼梯的上下方向；
⑦ 宜标明主要部位固定和可移动的装饰造型、隔断、构件、家具、陈设、厨卫设施、灯具以及其他配置、配饰的名称和位置；
⑧ 宜标明主要装饰装修材料和部品部件的名称；
⑨ 宜标注房屋建筑室内地面的装饰装修设计标高；
⑩ 宜标注指北针、图纸名称、制图比例以及必要的索引符号、编号；
⑪ 根据需要绘制主要房间的放大平面图；
⑫ 根据需要绘制反映方案特性的分析图，宜包括：功能分区、空间组合、交通分析、消防分析、分期建设等图示。

3）顶棚平面图的绘制除应符合《房屋建筑室内装饰装修制图标准》JGJ/T 244—2011 第 5.3 节的规定外，还应符合下列规定：
① 标注轴线编号，并使轴线编号与原建筑图相符；
② 标注总尺寸及主要空间的定位尺寸；
③ 标明房屋建筑室内装饰装修设计调整过后的所有室内外墙体、管道井、天窗等的位置；
④ 标明装饰造型、灯具、防火卷帘以及主要设施、设备、主要饰品的位置；
⑤ 标明顶棚的主要装饰装修材料及饰品的名称；
⑥ 标注顶棚主要装饰装修造型位置的设计标高；
⑦ 标注图纸名称、制图比例以及必要的索引符号、编号。

4）方案设计的立面图绘制除应符合《房屋建筑室内装饰装修制图标准》JGJ/T 244—2011 第 5.4 节的规定外，尚应符合下列规定：
① 应标注立面范围内的轴线和轴线编号，以及立面两端轴线之间的尺寸；
② 应绘制有代表性的立面，标明房屋建筑室内装饰装修完成面的底界面线和装饰装修完成面的顶界面线，标注房屋建筑室内主要部位装饰装修完成面的净高，并且应当根据需要标注楼层的层高；
③ 应当绘制墙面和柱面的装饰装修造型、固定隔断、固定家具、门窗、栏杆、台阶等立面形状和位置，并且应当标注主要部位的定位尺寸；
④ 应标注主要装饰装修材料和部品部件的名称；
⑤ 标注图纸名称、制图比例以及必要的索引符号、编号。

5）方案设计的剖面图绘制除应符合《房屋建筑室内装饰装修制图标准》JGJ/T 244—2011 第 5.5 节的规定外，尚应符合下列规定：

① 方案设计可不绘制剖面图，对于在空间关系比较复杂、高度和层数不同的部位，应绘制剖面；

② 应标明房屋建筑室内空间中高度方向的尺寸和主要部位的设计标高及总高度；

③ 当遇有高度控制时，尚应标明最高点的标高；

④ 标注图纸名称、制图比例以及必要的索引符号、编号。

6）方案设计的效果图应当反映方案设计的房屋建筑室内主要空间的装饰装修形态，并应符合下列要求：

① 应当做到材料、色彩、质地真实，尺寸、比例准确；

② 应当体现设计的意图及风格特征；

③ 图面应美观、并应具有艺术性。

（3）扩初设计图

1）规模较大的房屋建筑室内装饰装修工程，根据需要，可以绘制扩大初步设计图。

2）扩大初步设计图的深度应符合下列规定：

① 应对设计方案进一步深化；

② 应能作为深化施工图的依据；

③ 应能作为工程概算的依据；

④ 应能作为主要材料和设备的订货依据。

3）扩大初步设计应包括设计说明、平面图、顶棚平面图、主要立面图、主要剖面图等。

4）平面图绘制除应符合本《房屋建筑室内装饰装修制图标准》JGJ/T 244—2011 第 5.2 节的规定外，尚应标明或标注下列内容：

① 房屋建筑室内装饰装修设计的区域位置及范围；

② 房屋建筑室内装饰装修中对原建筑改造的内容及定位尺寸；

③ 建筑图中柱网、承重墙以及需要装饰装修设计的非承重墙、建筑设施、设备的位置和尺寸；

④ 轴线编号，并应使轴线编号与原建筑图相符；

⑤ 轴线间尺寸及总尺寸；

⑥ 房屋建筑室内装饰装修设计后的所有室内外墙体、门窗、管道井、电梯和自动扶梯、楼梯、平台、阳台、台阶、坡道等位置和使用的主要材料；

⑦ 房间的名称和主要部位的尺寸，标明楼梯的上下方向；

⑧ 固定的和可移动的装饰装修造型、隔断、构件、家具、陈设、厨卫设施、灯具以及其他配置、配饰的名称和位置；

⑨ 定制部品部件的内容及所在位置；

⑩ 门窗、橱柜或其他构件的开启方向和方式；

⑪ 主要装饰装修材料和部品部件的名称；

⑫ 建筑平面或空间的防火分区和防火分区分隔位置，以及安全出口位置示意，并应单独成图，当只有一个防火分区，可不注防火分区面积；

⑬ 房屋建筑室内地面设计标高；

⑭ 索引符号、编号、指北针、图纸名称和制图比例。

5）顶棚平面图的绘制除应符合《房屋建筑室内装饰装修制图标准》JGJ/T 244—2011 第 5.3 节的规定外，尚应标明或标注下列内容：

① 建筑图中柱网、承重墙以及房屋建筑室内装饰装修设计需要的非承重墙；

② 轴线编号，并使轴线编号与原建筑图相符；

③ 轴线间尺寸及总尺寸；

④ 房屋建筑室内装饰装修设计调整过后的所有室内外墙体、管井、天窗等的位置，必要部位的名称与主要尺寸；

⑤ 装饰造型、灯具、防火卷帘以及主要设施、设备、主要饰品的位置；

⑥ 顶棚的主要饰品的名称；

⑦ 顶棚主要部位的设计标高；

⑧ 索引符号、编号、指北针、图纸名称与制图比例。

6）立面图绘制除应符合《房屋建筑室内装饰装修制图标准》JGJ/T 244—2011 第 5.4 节的规定外，尚应绘制、标注或标明符合下列内容：

① 绘制需要设计的主要立面；

② 标注立面两端的轴线、轴线编号与尺寸；

③ 标注房屋建筑室内装饰装修完成面的地面至顶棚的净高；

④ 绘制房屋建筑室内墙面和柱面的装饰装修造型、固定隔断、固定家具、门窗、栏杆、台阶与坡道等立面形状和位置，标注主要部位的定位尺寸；

⑤ 标明立面主要装饰装修材料和部品部件的名称；

⑥ 标注索引符号、编号、图纸名称与制图比例。

7）剖面应剖在空间关系复杂、高度和层数不同的部位和重点设计的部位。剖面图应当准确、清楚地表示出剖到或看到的各相关部位内容，其绘制除应符合《房屋建筑室内装饰装修制图标准》JGJ/T 244—2011 第 5.5 节的规定外，尚应标明或标注下列内容：

① 标明剖面所在的位置；

② 标注设计部位结构、构造的主要尺寸、标高、用材与做法；

③ 标注索引符号、编号、图纸名称与制图比例。

（4）施工设计图

1）施工设计图纸应包括平面图、顶棚平面图、立面图、剖面图、详图与节点图。

2）施工图的平面图应包括设计楼层的总平面图、建筑现状平面图、各空间平面布置图、平面定位图、地面铺装图与索引图等。

3）施工图中的总平面图除了应符合《房屋建筑室内装饰装修制图标准》JGJ/T 244—2011 第 A. 3. 4 条的规定外，尚应符合下列规定：

① 应全面反映房屋建筑室内装饰装修设计部位平面与毗邻环境的关系，包括交通流线、功能布局等；

② 应详细注明设计后对建筑的改造内容；

③ 应标明需做特殊要求的部位；

④ 在图纸空间允许的情况下，可以在平面图旁绘制需要注释的大样图。

4）施工图中的平面布置图可以分为陈设、家具平面布置图、部品部件平面布置图、设备设施布置图、绿化布置图、局部放大平面布置图等。平面布置图除了应符合《房屋建筑室内装饰装修制图标准》JGJ/T 244—2011 第 A. 3. 4 条的规定外，尚应符合下列规定：

① 陈设、家具平面布置图应当标注陈设品的名称、位置、大小、必要的尺寸以及布置中需要说明的问题；应标注固定家具和可移动家具及隔断的位置、布置方向，以及柜门或橱门开启方向，并且应以标注家具的定位尺寸和其他必要的尺寸。必要时，还应确定家具上电器摆放的位置；

② 部品部件平面布置图应标注部品部件的名称、位置、尺寸、安装方法及需要说明的问题；

③ 设备设施布置图应标明设备设施的位置、名称及需要说明的问题；

④ 规模较小的房屋建筑室内装饰装修设计中陈设、家具平面布置图、设备设施布置图以及绿化布置图，可合并；

⑤ 规模较大的房屋建筑室内装饰装修设计中应有绿化布置图，应当标注绿化品种、定位尺寸和其他必要尺寸；

⑥ 建筑单层面积较大，可根据需要绘制局部放大平面布置图，但应在各分区平面布置图适当位置上绘出分区组合示意图，并且应当明显表示本分区部位编号；

⑦ 应标注所需的构造节点详图的索引号；

⑧ 当照明、绿化、陈设、家具、部品部件或者设备设施另行委托设计时，可以根据需要绘制照明、绿化、陈设、家具、部品部件及设备设施的示意性和控制性布置图；

⑨ 图纸的省略：对于对称平面，对称部分的内部尺寸可以省略，对称轴部位应用对称符号表示，轴线号不得省略；楼层标准层可以共用同一平面，但应注明层次范围及各层的标高。

5）施工图中的平面定位图应表达与原建筑图的关系，并应体现平面图的定位尺寸。平面定位图除了应当符合《房屋建筑室内装饰装修制图标准》JGJ/T 244—2011 第 A. 3. 4 条的规定外，尚应标注下列内容：

① 房屋建筑室内装饰装修设计对原建筑或房屋建筑室内装饰装修设计的改造状况；

② 房屋建筑室内装饰装修设计中新设计的墙体和管井等的定位尺寸、墙体厚度与材料种类，并且注明做法；

③ 房屋建筑室内装饰装修设计中新设计的门窗洞定位尺寸、洞口宽度与高度尺寸、材料种类、门窗编号等；

④ 房屋建筑室内装饰装修设计中新设计的楼梯、自动扶梯、平台、台阶及坡道等的定位尺寸、设计标高及其他必要尺寸，并且注明材料及其做法；

⑤ 固定隔断、固定家具、装饰造型、台面、栏杆等的定位尺寸和其他必要尺寸，并且注明材料及其做法。

6）施工图中的地面铺装图除应符合《房屋建筑室内装饰装修制图标准》JGJ/T 244—2011 第 A. 3. 4、A. 4. 4 条的规定外，尚应标注下列内容：

① 地面装饰材料的种类、拼接图案、不同材料的分界线；

② 地面装饰的定位尺寸、规格和异形材料的尺寸、施工做法；

③ 地面装饰嵌条、台阶和梯段防滑条的定位尺寸、材料种类及做法。

7）房屋建筑室内装饰装修设计需绘制索引图。索引图应注明立面、剖面、详图和节点图的索引符号及编号，并且可以增加文字说明帮助索引，在图面比较拥挤的情况下，可适当缩小图面比例。

8）施工图中的顶棚平面图应包括装饰装修楼层的顶棚总平面图、顶棚综合布点图、顶棚装饰灯具布置图与各空间顶棚平面图等。

9）施工图中顶棚总平面图的绘制除应符合《房屋建筑室内装饰装修制图标准》JGJ/T 244—2011 第 A. 3. 5 条的规定外，尚应符合下列规定：

① 应全面反映顶棚平面的总体情况，包括顶棚造型、顶棚装饰、灯具布置、消防设施及其他设备布置等内容；

② 应标明需做特殊工艺或造型的部位；

③ 应标注顶面装饰材料的种类、拼接图案、不同材料的分界线；

④ 在图纸空间允许的情况下，可以在平面图旁边绘制需要注释的大样图。

10）施工图中顶棚平面图的绘制除了应符合《房屋建筑室内装饰装修制图标准》JGJ/T 244—2011 第 A. 3. 5 条的规定外，尚应符合下列规定：

① 应当标明顶棚造型、天窗、构件、装饰垂挂物及其他装饰配置和饰品的位置，注明定位尺寸、标高或高度、材料名称和做法；

② 建筑单层面积较大，可以根据需要单独绘制局部的放大顶棚图，但应在各放大顶棚图的适当位置上绘出分区组合示意图，并应明显地表示本分区部位编号；

③ 应当标注所需的构造节点详图的索引号；

④ 表述内容单一的顶棚平面，可以缩小比例绘制；

⑤ 图纸的省略：对于对称平面，对称部分的内部尺寸可省略，对称轴部位应用对称符号表示，但轴线号不得省略；楼层标准层可共用同一顶棚平面，但应当注明层次范围及各层的标高。

11）施工图中的顶棚综合布点图除了应当符合《房屋建筑室内装饰装修制图标准》JGJ/T 244—2011 第 A. 3. 5 条的规定外，还应当标明顶棚装饰装修造型与设备设施的位置、尺寸关系。

12）施工图中顶棚装饰灯具布置图的绘制除应符合《房屋建筑室内装饰装修制图标准》JGJ/T 244—2011 第 A.3.4 条的规定外，还应当标注所有明装和暗藏的灯具（包括火灾和事故照明灯具）、发光顶棚、空调风口、喷头、扬声器、探测器、挡烟垂壁、防火卷帘、防火挑檐、疏散和指示标志牌等的位置，标明定位尺寸、材料名称、编号以及做法。

13）施工图中立面图的绘制除应符合《房屋建筑室内装饰装修制图标准》JGJ/T 244—2011 第 A.3.6 条的规定外，尚应符合下列规定：

① 应绘制立面左右两端的墙体构造或界面轮廓线、原楼地面至装修楼地面的构造层、顶棚面层装饰装修的构造层；

② 应当标注设计范围内立面造型的定位尺寸及细部尺寸；

③ 应当标注立面投视方向上装饰物的形状、尺寸及关键控制标高；

④ 应当标明立面上装饰装修材料的种类、名称、施工工艺、拼接图案、不同材料的分界线；

⑤ 应当标注所需要构造节点详图的索引号；

⑥ 对需要特殊和详细表达的部位，可以单独绘制其局部放大立面图，并应当标明其索引位置；

⑦ 无特殊装饰装修要求的立面，可以不画立面图，但应在施工说明中或相邻立面的图纸上予以说明；

⑧ 各个方向的立面应绘齐全，对于差异小，左右对称的立面可以简略，但应在与其对称的立面的图纸上予以说明；中庭或看不到的局部立面，可在相关剖面图上表示，当剖面图未能表示完全时，应当单独绘制；

⑨ 对于影响房屋建筑室内装饰装修设计效果的装饰物、家具、陈设品、灯具、电源插座、通讯和电视信号插孔、空调控制器、开关、按钮、消火栓等物体，宜在立面图中绘制出其位置。

14）施工图中的剖面图应标明平面图、顶棚平面图和立面图中需要清楚表达的部位。剖面图除应符合《房屋建筑室内装饰装修制图标准》JGJ/T 244—2011 第 A.3.7 条的规定外，尚应符合下列规定：

① 应当标注平面图、顶棚平面图和立面图中需要清楚表达部分的详细尺寸、标高、材料名称、连接方式和做法；

② 剖切的部位应当根据表达的需要确定；

③ 标注所需的构造节点详图的索引号。

15）施工图应当将平面图、顶棚平面图、立面图和剖面图中需要更清晰表达的部位索引出来，并应绘制详图或节点图。

16）施工图中的详图的绘制应当符合下列规定：

① 应当标明物体的细部、构件或配件的形状、大小、材料名称及具体技术要求，注明尺寸和做法；

② 对于在平、立、剖面图或文字说明中对物体的细部形态无法交代或交代不清的，可以绘制详图；

③ 应当标注详图名称和制图比例。

17）施工图中节点图的绘制应符合下列规定：

① 应标明节点处构造层材料的支撑、连接的关系，标注材料的名称及技术要求，注明尺寸与构造做法；

② 对于在平、立、剖面图或文字说明中对物体的构造做法无法交代或交代不清的，可以绘制节点图；

③ 应当标注节点图名称和制图比例。

（5）变更设计图。变更设计应当包括变更原因、变更位置、变更内容等。变更设计的形式可采取图纸的形式，也可采取文字说明的形式。

（6）竣工图。竣工图的制图深度应与施工图的制图深度一致，其内容应能完整记录施工情况，并应满足工程决算、工程维护以及存档的要求。

3. 装饰装修施工图尺寸标注

在绘制工程图样时，图形仅表达物体的形状，还必须标注完整的尺寸数据且配以相关文字说明，才能作为施工等工作的依据。

（1）尺寸界线、尺寸线及尺寸起止符号

1）图样上的尺寸，包括尺寸界线、尺寸线、尺寸起止符号与尺寸数字，如图 1-19 所示。

2）尺寸界线应当用细实线绘制，一般应与被注长度垂直，其一端应离开图样轮廓线不应小于 2mm，另一端宜超出尺寸线 2～3mm。图样轮廓线可用作尺寸界线，如图 1-20 所示。

3）尺寸线应用细实线绘制，应当与被注长度平行。图样本身的任何图线均不得用作尺寸线。

4）尺寸起止符号一般用中粗斜短线绘制，其倾斜方向应与尺寸界线成顺时针 45°角，长度宜为 2～3mm。也可用黑色圆点绘制，其直径宜为 1mm。半径、直径、角度与弧长的尺寸起止符号，宜用箭头表示，如图 1-21 所示。

尺寸起止符号一般情况下可以用斜短线，也可以用小圆点，圆弧的直径、半径等用箭头。轴测图中用小圆点，效果还是相对较好的。

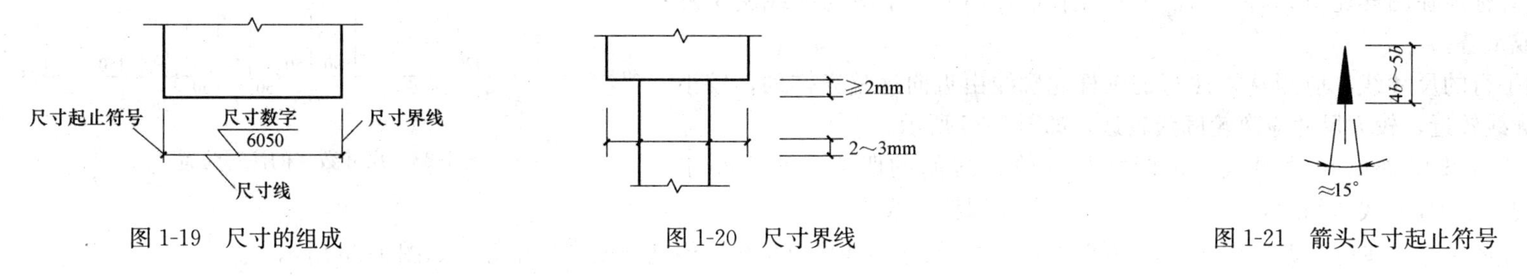

图 1-19　尺寸的组成　　图 1-20　尺寸界线　　图 1-21　箭头尺寸起止符号

（2）尺寸数字

1）图样上的尺寸，应当以尺寸数字为准，不得从图上直接量取。

2）图样上的尺寸单位，除标高及总平面以米（m）为单位外，其他必须以毫米（mm）为单位。

3）尺寸数字的方向，应当按图 1-22（*a*）的规定注写。若尺寸数字在 30°斜线区内，也可以按图 1-22（*b*）的形式注写。

按图 1-22 所示，尺寸数字的注写方向与阅读方向规定为：当尺寸线为竖直时，尺寸数字注写在尺寸线的左侧，字头朝左；其他任何方向，尺寸数字字头应保持向上，且注写在尺寸线的上方，如果在 30°斜线区内注写时，容易引起误解，故推荐采用两种水平注写方式。

图 1-22（*a*）中斜线区内尺寸数字注写方式为软件默认方式，图 1-22（*b*）注写方式比较适合手绘操作。因此，《房屋建筑室内装饰装修制图标准》JGJ/T 244—2011 将图 1-22（*a*）注写方式定为首选方案。

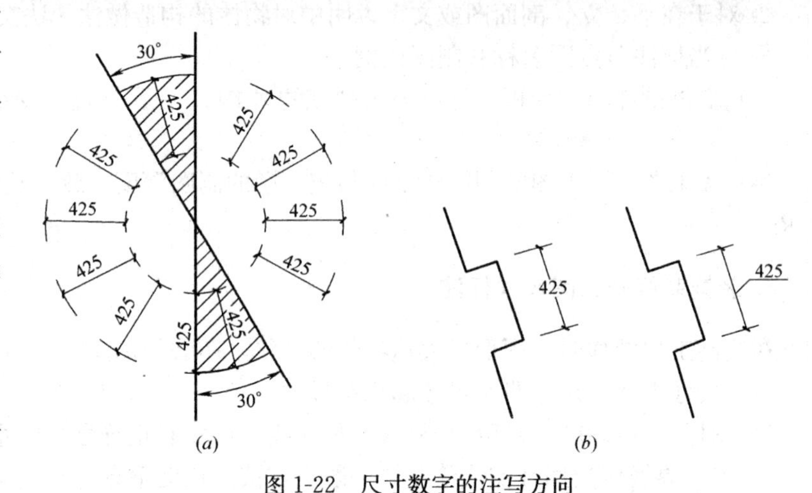

图 1-22　尺寸数字的注写方向

（*a*）尺寸数字的注写方向；（*b*）尺寸数字在 30°斜线区内的注写方向

4）尺寸数字一般应当依据其方向注写在靠近尺寸线的上方中部。如没有足够的注写位置，最外边的尺寸数字可注写在尺寸界线的外侧，中间相邻的尺寸数字可上下错开注写，引出线端部用圆点表示标注尺寸的位置，如图 1-23 所示。

（3）尺寸的排列与布置

1）尺寸分为总尺寸、定位尺寸及细部尺寸三种。绘图时，应当根据设计深度和图纸用途确定所需注写的尺寸。

2）尺寸标注应清晰，不应与图线、文字及符号等相交或重叠，如图 1-24 所示。

如果尺寸标注在图样轮廓线以内时，尺寸数字处的图线应断开。另外，图样轮廓线也可用作尺寸界限。

3）尺寸宜标注在图样轮廓以外，当需要标注在图样内时，不应与图线文字及符号等相交或重叠。

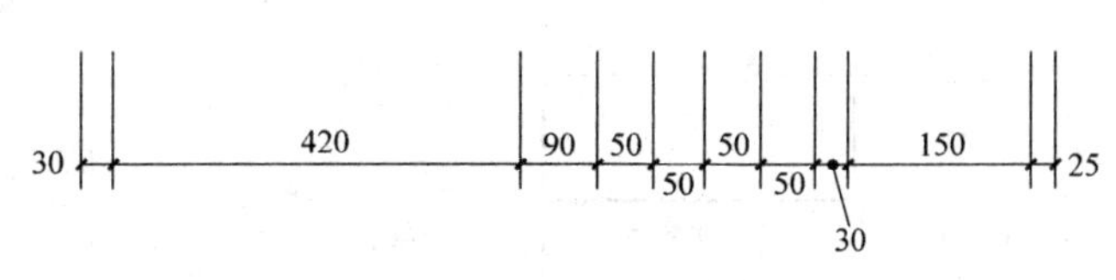

图 1-23　尺寸数字的注写位置

4）互相平行的尺寸线，应当从被注写的图样轮廓线由近向远整齐排列，较小尺寸应离轮廓线较近，较大尺寸应离轮廓线较远，如图 1-25 所示。

5）图样轮廓线以外的尺寸界线，距图样最外轮廓之间的距离，不宜小于 10mm。平行排列的尺寸线的间距，宜为 7～10mm，并应保持一致。

6）总尺寸的尺寸界线应靠近所指部位，中间的分尺寸的尺寸界线可以稍短，但其长度应当相等，如图 1-25 所示。

7）总尺寸应标注在图样轮廓以外。定位尺寸及细部尺寸可以根据用途和内容注写在图样外或图样内相应的位置。注写要求应以符合《房屋建筑室内装饰装修制图标准》JGJ/T 244—2011 第 3.10.3 条的规定。

8）尺寸标注和标高注写应符合下列规定：

① 立面图、剖面图及详图应标注标高和垂直方向尺寸；不易标注垂直距离尺寸时，可以在相应位置表示标高，如图 1-26 所示；

② 各部分定位尺寸及细部尺寸应注写净距离尺寸或轴线间尺寸；

③ 标注剖面或详图各部位的定位尺寸时，应注写其所在层次内的尺寸，如图 1-27 所示；

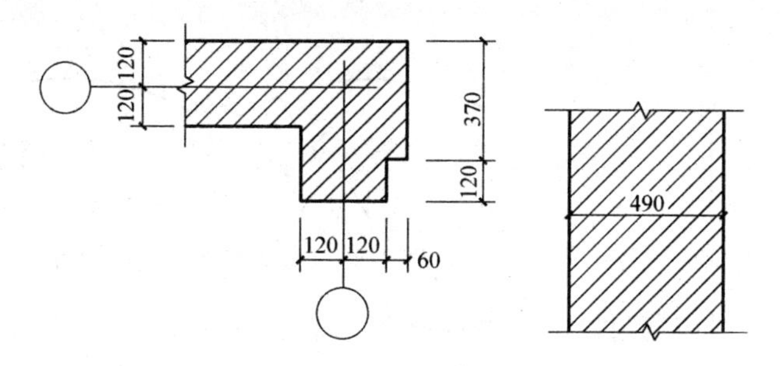

图 1-24 尺寸数字的注写

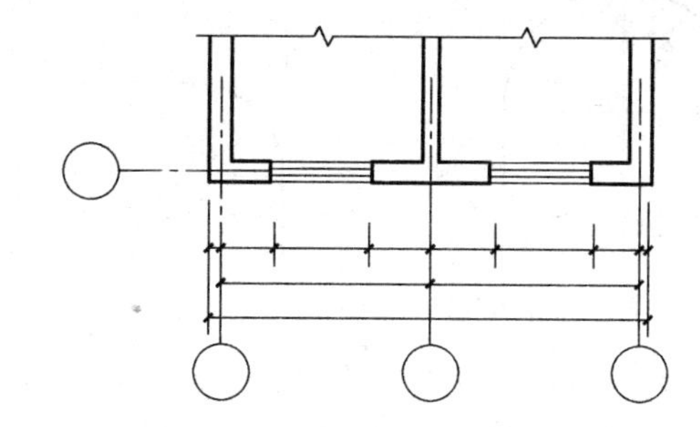

图 1-25 尺寸的排列

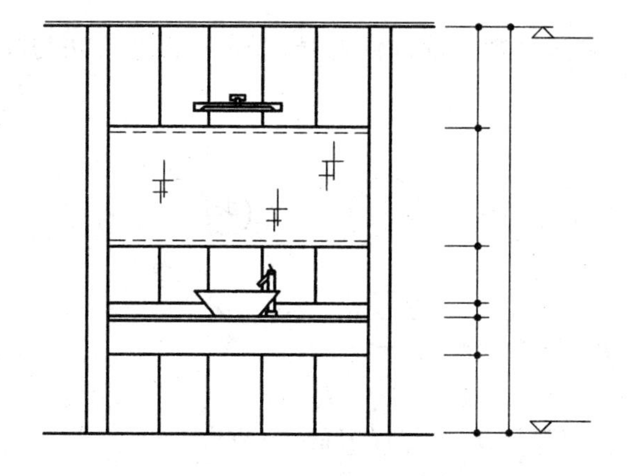

图 1-26 尺寸及标高的注写

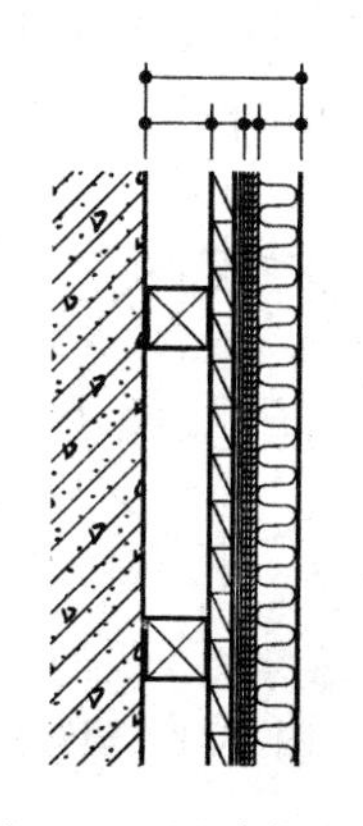

图 1-27 尺寸的注写

④ 图中连续等距重复的图样，当不易标明具体尺寸时，可以按现行国家标准《建筑制图标准》GB/T 50104—2010 的规定表示；

⑤ 对于不规则图样，可用网格形式标注尺寸，标注方法应符合现行国家标准《房屋建筑制图统一标准》GB/T 50001—2010 的规定。

（4）半径、直径、球的尺寸标注

1）半径的尺寸线应一端从圆心开始，另一端画箭头指向圆弧。半径数字前应当加注半径符号“*R*”，如图 1-28 所示。加注半径符号 *R* 时，“*R*20”不能注写为“*R*=20”或“*r*=20”。

2）较小圆弧的半径，可以按图 1-29 形式标注。

3）较大圆弧的半径，可以按图 1-30 形式标注。

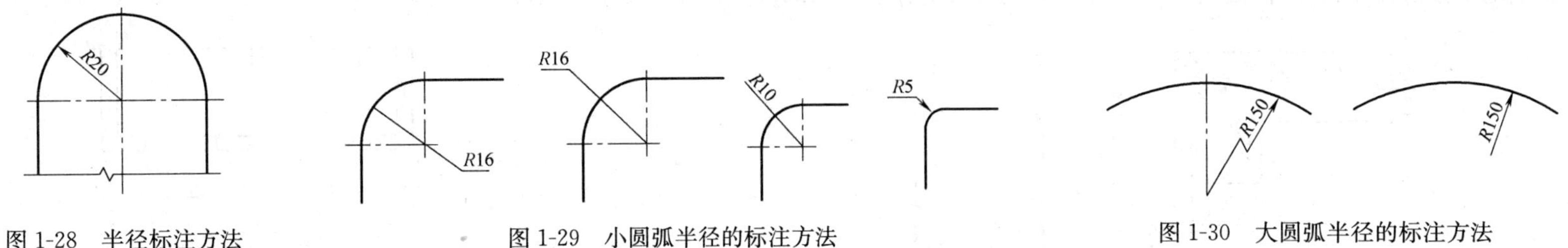

图 1-28　半径标注方法　　图 1-29　小圆弧半径的标注方法　　图 1-30　大圆弧半径的标注方法

4）标注圆的直径尺寸时，直径数字前应加直径符号“ϕ”。在圆内标注的尺寸线应通过圆心，两端画箭头指至圆弧，如图 1-31 所示。

5）较小圆的直径尺寸，可以标注在圆外，如图 1-32 所示。

加注直径符号 ϕ 时，“ϕ”不能注写为“ϕ=60”、“D=60”或“d=60”。

6）标注球的半径尺寸时，应在尺寸前加注符号“SR”。标注球的直径尺寸时，应在尺寸数字前加注符号“$S\phi$”。注写方法与圆弧半径和圆直径的尺寸标注方法相同。

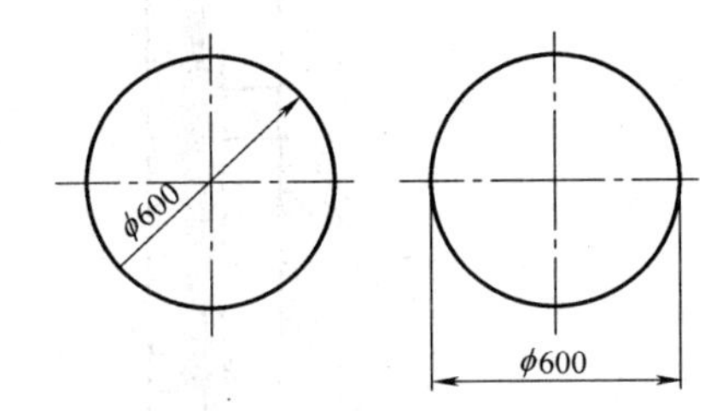

图 1-31　圆直径的标注方法

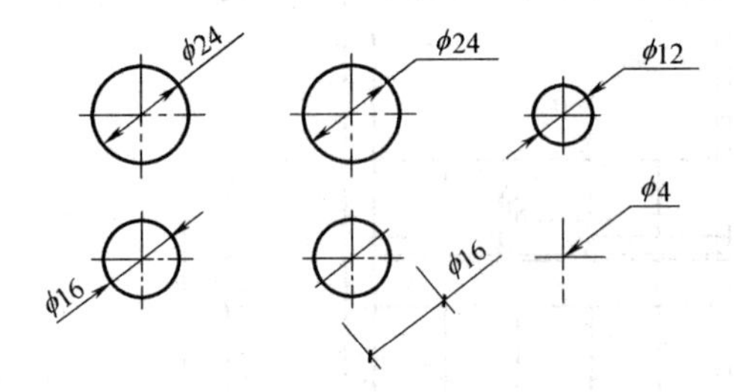

图 1-32　小圆直径的标注方法

（5）角度、弧度、弧长的标注

1）角度的尺寸线应以圆弧表示。该圆弧的圆心应当是该角的顶点，角的两条边为尺寸界线。起止符号应当以箭头表示，如没有足够位置画箭头，可用圆点代替，角度数字应当沿尺寸线方向注写，如图 1-33 所示。

2）标注圆弧的弧长时，尺寸线应以与该圆弧同心的圆弧线表示，尺寸界线应当指向圆心，起止符号用箭头表示，弧长数字上方应当加注圆弧符号“⌒”，如图 1-34 所示。

根据计算机制图的特点，弧长数字的注写方法改为软件较易实现的在数字前方加注圆弧符号“⌒”的方式，尺寸界线也改为更容易理解的沿径向引出的方式。

3）标注圆弧的弦长时，尺寸线应以平行于该弦的直线表示，尺寸界线应当垂直于该弦，起止符号用中粗斜短线表示，如图 1-35 所示。

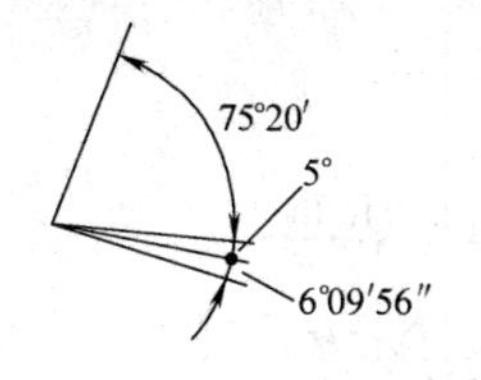

图 1-33　角度标注方法

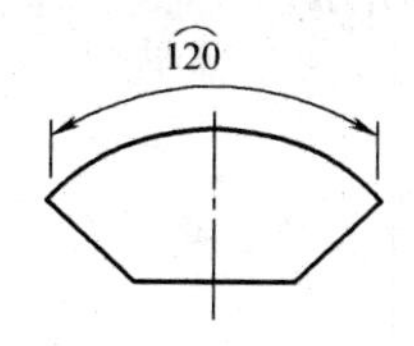

图 1-34　弧长标注方法

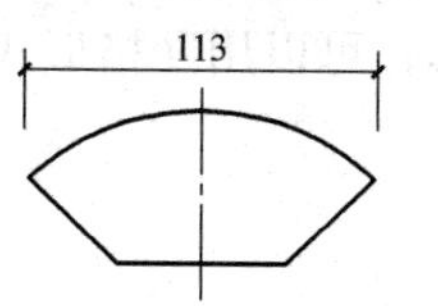

图 1-35　弦长标注方法

（6）薄板厚度、正方形、坡度、非圆曲线等尺寸标注

1）在薄板板面标注板厚尺寸时，应当在厚度数字前加厚度符号“*t*”，如图 1-36 所示。

2）标注正方形的尺寸，可以用“边长×边长”的形式，也可以在边长数字前加正方形符号“□”，如图 1-37 所示。正方形符号“□”与直径符号“ϕ”的标注方法一样。

3）标注坡度时，应当加注坡度符号“↙”［图 1-38（*a*）、图 1-38（*b*）］，该符号为单面箭头，箭头应指向下坡方向。坡度也可用直角三角形形式标注［图 1-38（*c*）］。

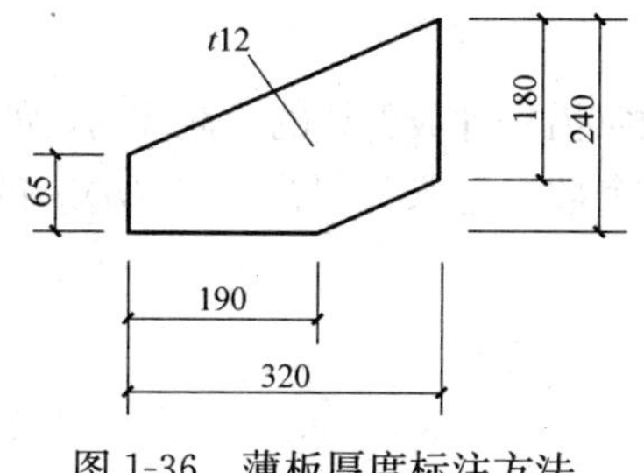

图 1-36　薄板厚度标注方法

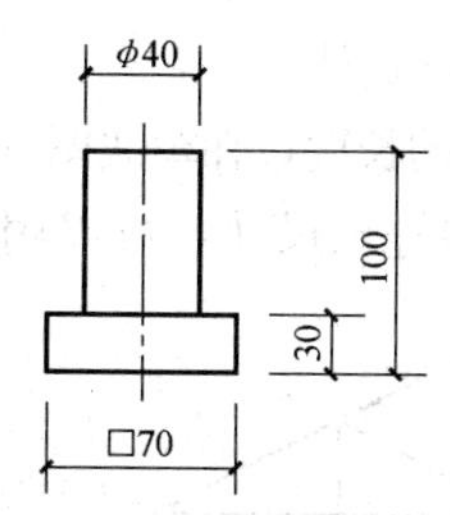

图 1-37　标注正方形尺寸

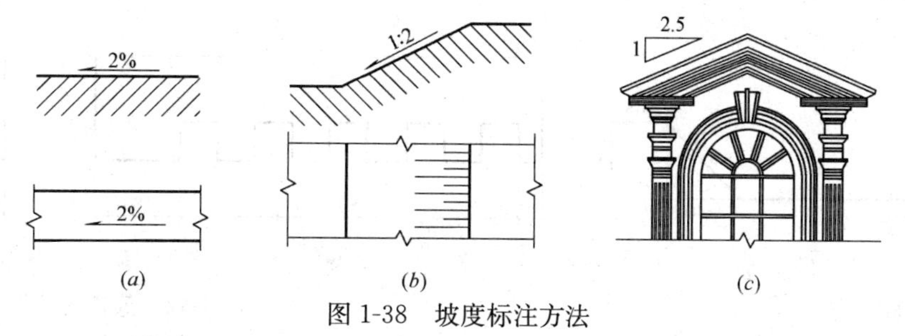

图 1-38　坡度标注方法

（*a*）坡度标注形式一；（*b*）坡度标注形式二；（*c*）坡度标注形式三

注意坡度的符号是单面箭头，而不是双面箭头。

4）外形为非圆曲线的构件，可以用坐标形式标注尺寸，如图 1-39 所示。

5）复杂的图形，可以用网格形式标注尺寸，如图 1-40 所示。

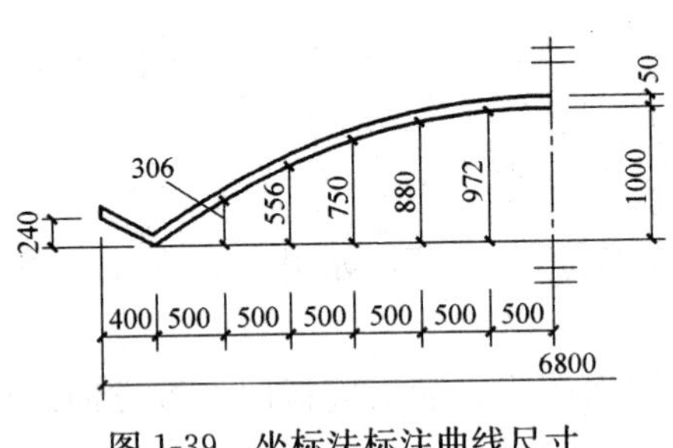

图 1-39　坐标法标注曲线尺寸

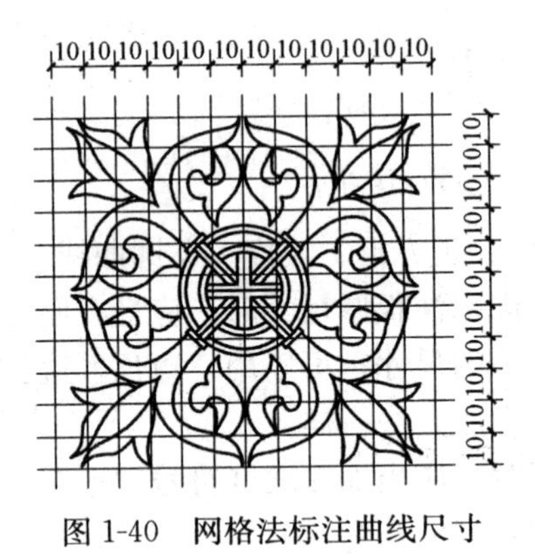

图 1-40　网格法标注曲线尺寸

(7) 尺寸的简化标注

1）杆件或管线的长度，在单线图（桁架简图、钢筋简图、管线简图）上，可以直接将尺寸数字沿杆件或管线的一侧注写，如图 1-41 所示。

2）连续排列的等长尺寸，可以用“等长尺寸×个数＝总长”［图 1-42（*a*）］或“等分×个数＝总长”［图 1-42（*b*）］的形式标注。

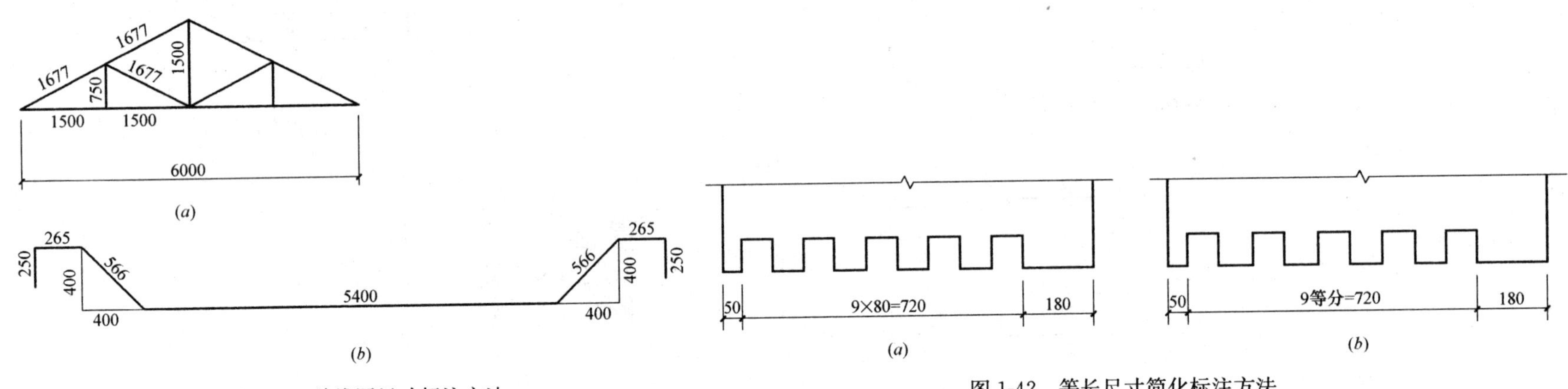

图 1-41　单线图尺寸标注方法

（*a*）标注形式一；（*b*）标注形式二

图 1-42　等长尺寸简化标注方法

（*a*）标注形式一；（*b*）标注形式二

3）设计图中连续重复的构配件等，当不易标明定位尺寸时，可以在总尺寸的控制下，定位尺寸不用数值而用“均分”或“EQ”字样表示，如图 1-43 所示。

4）构配件内的构造因素（如孔、槽等）如相同，可仅标注其中一个要素的尺寸，如图 1-44 所示。

所谓相同的构造要素，是指一个图样中构造的形状、大小相同且距离均匀相等的孔、洞、构件等。

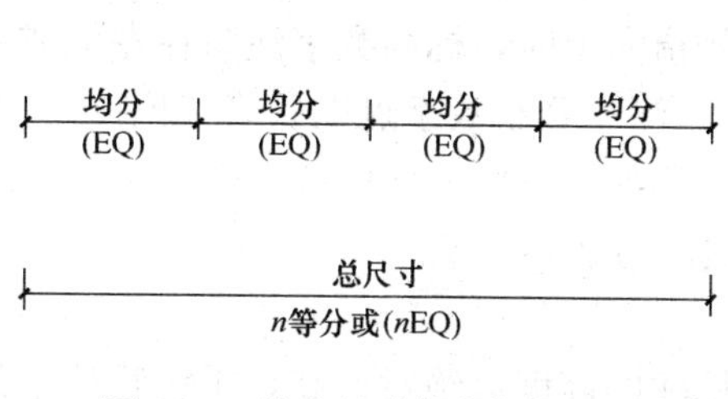

图 1-43　均分尺寸简化标注方法

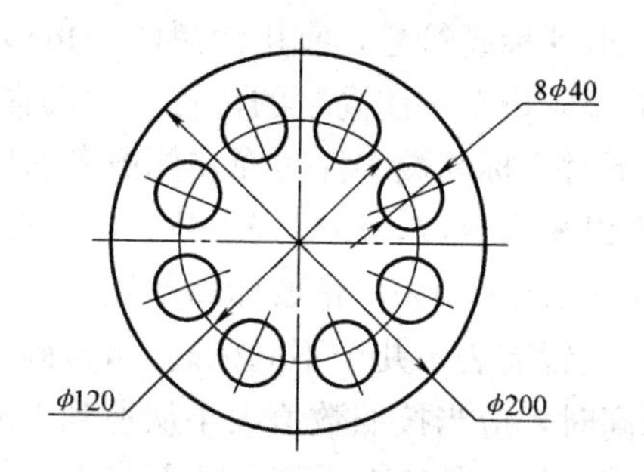

图 1-44　相同要素尺寸标注方法

5）对称构配件采用对称省略画法时，该对称构配件的尺寸线应略超过对称符号，仅在尺寸线的一端画尺寸起止符号，尺寸数字应按整体全尺寸注写，其注写位置宜与对称符号对齐，如图 1-45 所示。

6）对于两个构配件，如果个别尺寸数字不同，可在同一图样中将其中一个构配件的不同尺寸数字注写在括号内，该构配件的名称也应注写在相应的括号内，如图 1-46 所示。

7）对于数个构配件，如仅某些尺寸不同，这些有变化的尺寸数字，可用拉丁字母注写在同一图样中，另列表格写明其具体尺寸，如图 1-47 所示。

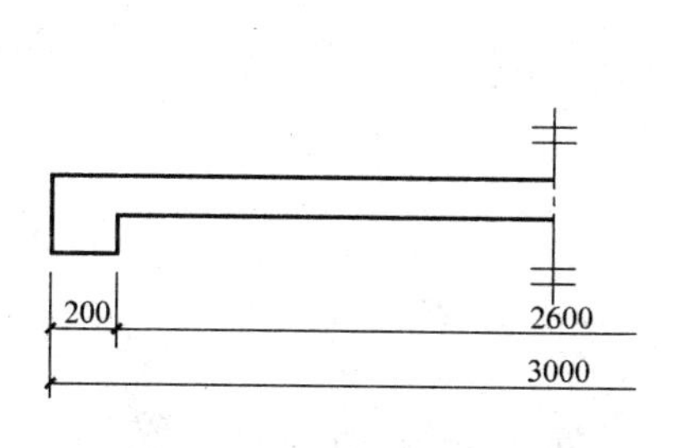

图 1-45　对称构件尺寸标注方法

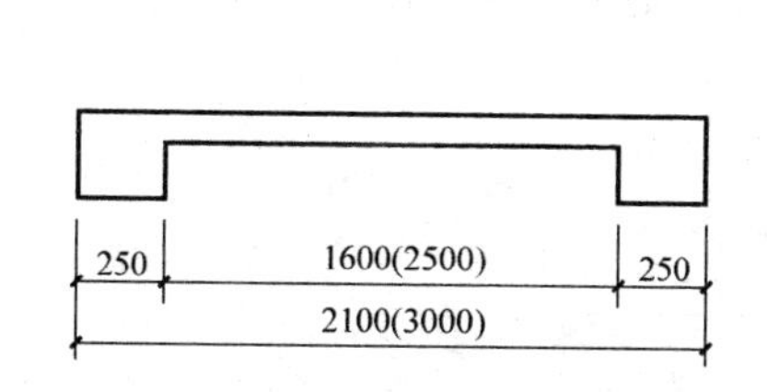

图 1-46　相似构件尺寸标注方法

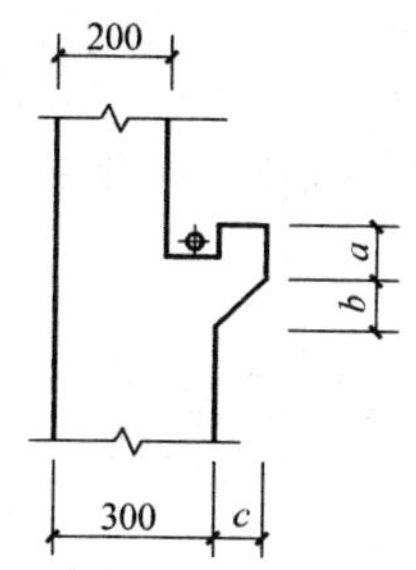

构件编号	a	b	c
Z-1	200	50	100
Z-2	250	100	100
Z-3	200	100	150

图 1-47　相似构配件尺寸表格式标注方法

（8）标高

1）房屋建筑室内装饰装修设计中，设计空间应当标注标高，标高符号可以采用直角等腰三角形［图 1-48（*a*）］，也可采用涂黑的三角形或 90°对顶角的圆［图 1-48（*b*）、图 1-48（*c*）］，标注顶棚标高时也可以采用 CH 符号表示［图 1-48（*d*）］。标高符号的具体画法如图 1-48（*e*）、图 1-48（*f*）、图 1-48（*g*）所示。

2）总平面图室外地坪标高符号，宜用涂黑的三角形表示，具体画法如图 1-49 所示。

3）标高符号的尖端应指至被注高度的位置。尖端宜向下，也可以向上。标高数字应注写在标高符号的上侧或下侧，如图 1-50 所示。当标高符号指向下时，标高数字注写在左侧或者右侧横线的上方；当标高符号指向上时，标高数字注写在左侧或者右侧横线的下方。

4）标高数字应当以米为单位，注写到小数点以后第三位。在总平面图中，可以注写到小数字点以后第二位。

5）零点标高应注写成±0.000，正数标高不注“＋”，负数标高应当注“－”，例如 3.000、－0.600。

6）在图样的同一位置需表示几个不同标高时，标高数字可以按图 1-51 的形式注写。同时注写几个标高时，应当按照数值大小从上到下顺序书写。

标高是能够反映工程物体的绝对高度与相对高度的符号，在总图上等高线所标注的高度为绝对标高，工程物体上的标高为相对标高。

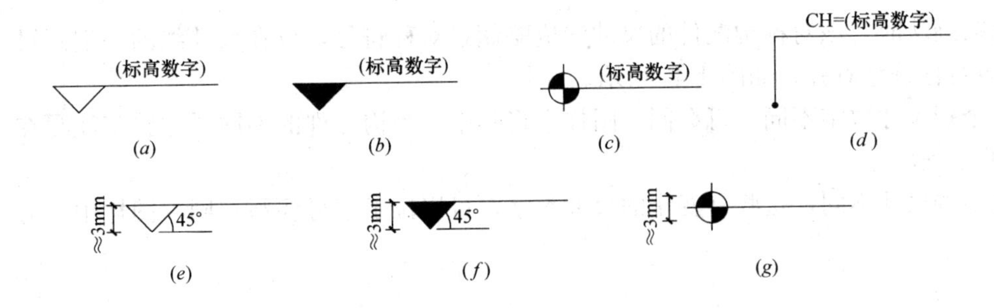

图 1-48　标高符号

（*a*）直角等腰三角形；（*b*）涂黑的三角形；（*c*）对顶角的圆；（*d*）CH 符号；（*e*）画法一；（*f*）画法二；（*g*）画法三

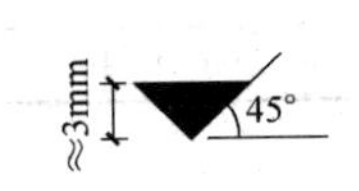

图 1-49　总平面图室外地坪标高符号

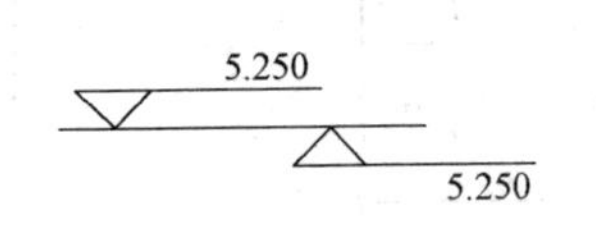

图 1-50　标高的指向

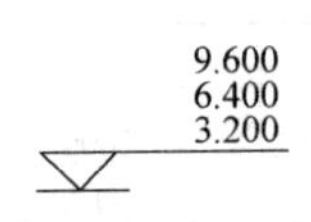

图 1-51　同一位置注写多个标高数字

1.2 装饰装修工程常用图例及代号

1. 常用房屋建筑室内装饰装修材料平、立面图例

常用房屋建筑室内装饰装修材料平、立面图例，见表 1-1。

常用房屋建筑室内装饰装修材料平、立面图例 表 1-1

序号	名称	图例(平、立面)	备注
1	混凝土		—
2	钢筋混凝土		—
3	泡沫塑料材料		—
4	金属		—
5	不锈钢		—
6	液体		注明具体液体名称
7	普通玻璃		注明材质、厚度
8	磨砂玻璃		1. 注明材质、厚度 2. 本图例采用较均匀的点
9	夹层(夹绢、夹纸)玻璃		注明材质、厚度
10	镜面		注明材质、厚度

续表

序号	名称	图例(平、立面)	备注
11	镜面石材	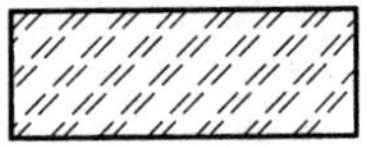	—
12	毛面石材	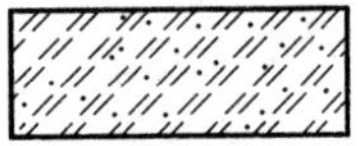	—
13	大理石		—
14	文化石立面	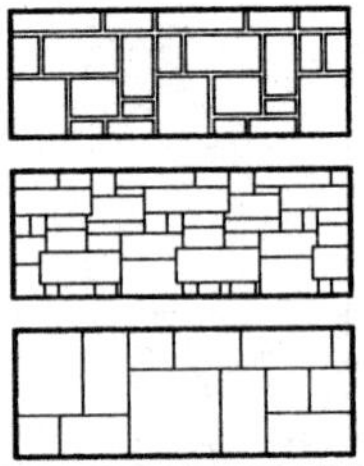	—
15	砖墙立面	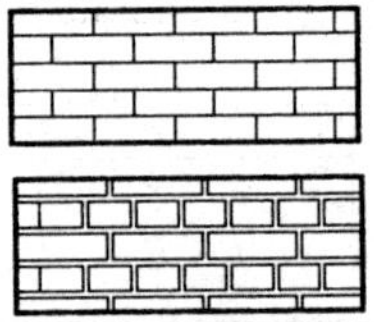	—
16	木饰面	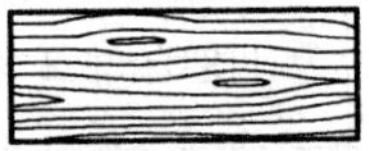	—
17	木地板	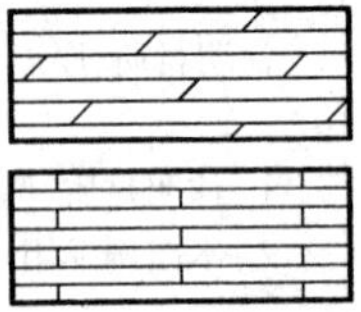	—
18	墙纸	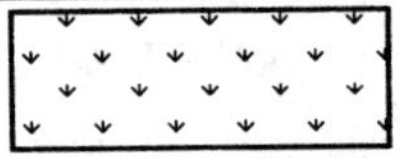	—
19	软包/扪皮	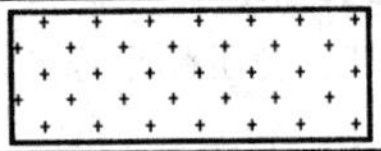	—

序号	名称	图例(平、立面)	备注
20	马赛克		—
21	地毯		—

注：序号 2、4、5、7、9、11、12 图例中的斜线、短斜线、交叉斜线等均为 45°。

2. 常用房屋建筑室内装饰装修材料剖面图例

常用房屋建筑室内装饰装修材料剖面图例，见表 1-2。

常用房屋建筑室内装饰装修材料剖面图例 **表 1-2**

序号	名称	图例(剖面)	备注
1	夯实土壤		—
2	砂砾石、碎砖三合土		—
3	石材		注明厚度
4	毛石		必要时注明石料块面大小及品种
5	普通砖		包括实心砖、多孔砖、砌块等砌体。断面较窄不易绘出图例线时，可涂黑，并在备注中加注说明，画出该材料图例
6	轻质砌块砖		指非承重砖砌体
7	轻钢龙骨板材隔墙		注明材料品种
8	饰面砖		包括铺地砖、墙面砖、陶瓷锦砖等

续表

序号	名称	图例(剖面)	备注
9	混凝土		1. 指能承重的混凝土 2. 各种强度等级、骨料、添加剂的混凝土 3. 断面图形小,不易画出图例线时,可涂黑
10	钢筋混凝土		1. 指能承重的钢筋混凝土 2. 各种强度等级、骨料、添加剂的混凝土 3. 在剖面图上画出钢筋时,不画图例线 4. 断面图形小,不易画出图例线时,可涂黑
11	多孔材料		包括水泥珍珠岩、沥青珍珠岩、泡沫混凝土、非承重加气混凝土、软木、蛭石制品等
12	纤维材料		包括矿棉、岩棉、玻璃棉、麻丝、木丝板、纤维板等
13	泡沫塑料材料		1. 包括聚苯乙烯、聚乙烯、聚氨酯等多孔聚合物类材料 2. 若对于手工制图难以绘制蜂窝状图案时,可使用“多孔材料”图例并增加文字说明,或自行设定其他表示方法
14	密度板		注明厚度
15	木材	垫木、木砖或木龙骨 横断面	
16	胶合板		注明厚度或层数

续表

序号	名称	图例(剖面)	备注
17	多层板	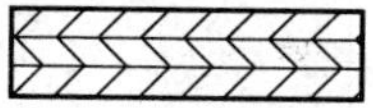	注明厚度或层数
18	木工板	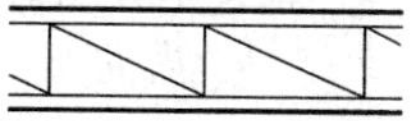	注明厚度
19	石膏板	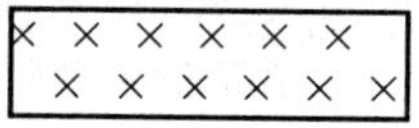	1. 注明厚度 2. 注明石膏板品种名称
20	金属	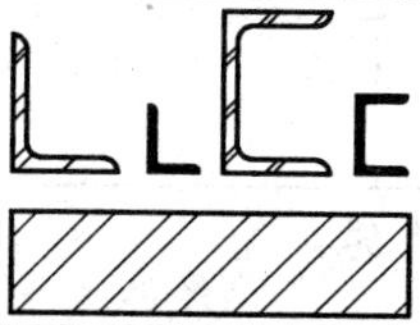	1. 包括各种金属,注明材料名称 2. 图形小时,可涂黑
21	液体	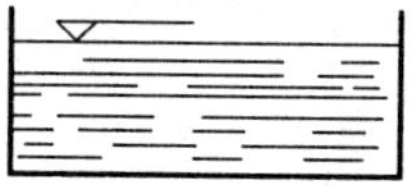	注明具体液体名称
22	玻璃砖	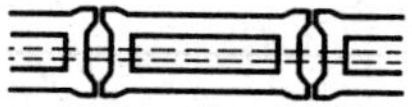	注明厚度
23	普通玻璃	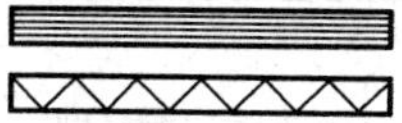	注明材质、厚度
24	橡胶	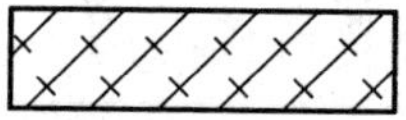	—
25	塑料	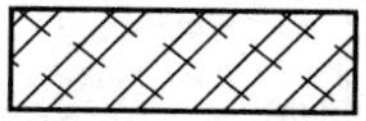	包括各种软、硬塑料及有机玻璃等
26	地毯	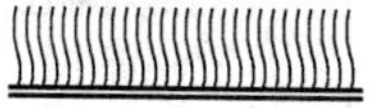	注明种类
27	防水材料		注明材质、厚度
28	粉刷		本图例采用较稀的点
29	窗帘	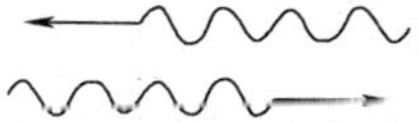	箭头所示为开启方向

序号	名称	图例(剖面)	备注
29	窗帘	立面	箭头所示为开启方向
30	砂、灰土		靠近轮廓线绘制较密的点
31	胶粘剂		—

注：序号 1、3、5、6、10、11、16、17、20、24、25 图例中的斜线、短斜线、交叉斜线均为 45°。

3. 门、窗常用图例及代号

(1) 门常用图例及代号见表 1-3。

常用门的图例 **表 1-3**

序号	名称	图例	备注
1	空门洞	h=	h 为门洞高度
2	单面开启单扇门(包括平开或单面弹簧)		1. 门的名称代号用 M 表示 2. 平面图中,下为外,上为内。门开启线为 90°、60°或 45°,开启弧线宜绘出 3. 立面图中,开启线实线为外开,虚线为内开,开启线交角的一侧为安装合页一侧。开启线在建筑立面图中可不表示,在立面大样图中可根据需要绘出 4. 剖面图中,左为外,右为内 5. 附加纱扇应以文字说明,在平、立、剖面图中均不表示 6. 立面形式应按实际情况绘制
	双面开启单扇门(包括双面平开或双面弹簧)		
	双层单扇平开门		

续表

序号	名称	图例	备注
3	单面开启双扇门(包括平开或单面弹簧)	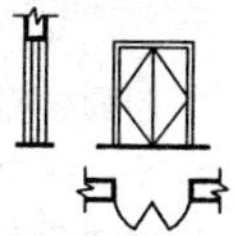	1. 门的名称代号用M表示 2. 平面图中,下为外,上为内。门开启线为90°、60°或45°,开启弧线宜绘出 3. 立面图中,开启线实线为外开,虚线为内开。开启线交角的侧为安装合页一侧。开启线在建筑立面图中可不表示,在立面大样图中可根据需要绘出 4. 剖面图中,左为外,右为内 5. 附加纱扇应以文字说明,在平、立、剖面图中均不表示 6. 立面形式应按实际情况绘制
	双面开启双扇门(包括双面平开或双面弹簧)		
	双层双扇平开门		
4	折叠门 、	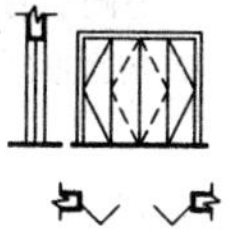	1. 门的名称代号用M表示 2. 平面图中,下为外,上为内 3. 立面图中,开启线实线为外开,虚线为内开,开启线交角的一侧为安装合页一侧 4. 剖面图中,左为外,右为内 5. 立面形式应按实际情况绘制
	推拉折叠门		
5	墙洞外单扇推拉门	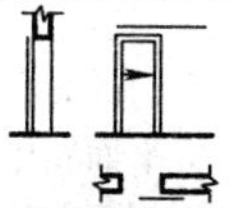	1. 门的名称代号用M表示 2. 平面图中,下为外,上为内 3. 剖面图中,左为外,右为内 4. 立面形式应按实际情况绘制
	墙洞外双扇推拉门		
	墙中单扇推拉门	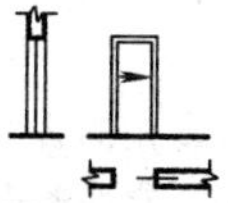	1. 门的名称代号用M表示 2. 立面形式应按实际情况绘制
	墙中双扇推拉门		

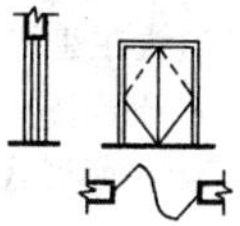

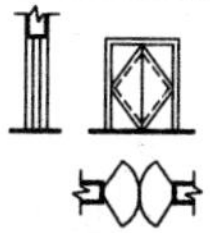

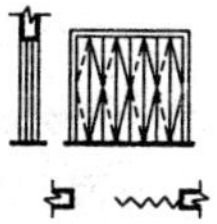

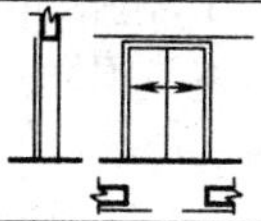

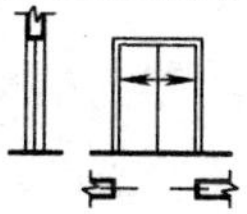

续表

序号	名称	图例	备注
6	推杠门	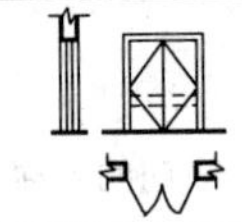	1. 门的名称代号用 M 表示 2. 平面图中，下为外，上为内。门开启线为 90°、60°或 45° 3. 立面图中，开启线实线为外开，虚线为内开，开启线交角的一侧为安装合页一侧。开启线在建筑立面图中可不表示，在室内设计门窗立面大样图中需绘出 4. 剖面图中，左为外，右为内 5. 立面形式应按实际情况绘制
7	门连窗	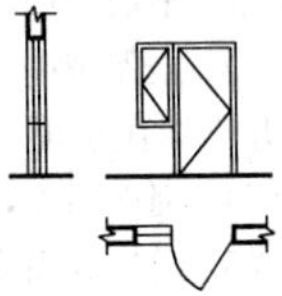	
8	旋转门	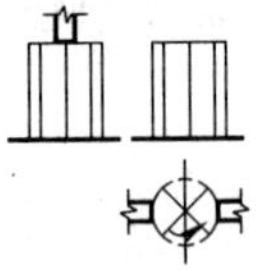	1. 门的名称代号用 M 表示 2. 立面形式应按实际情况绘制
	两翼智能旋转门	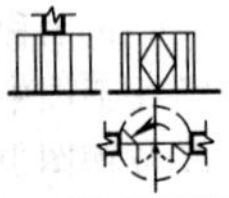	
9	自动门	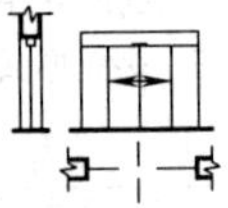	1. 门的名称代号用 M 表示 2. 立面形式应按实际情况绘制
10	折叠上翻门	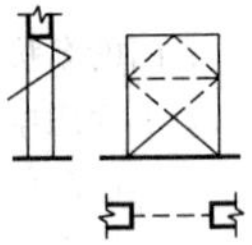	1. 门的名称代号用 M 表示 2. 平面图中，下为外，上为内 3. 剖面图中，左为外，右为内 4. 立面形式应按实际情况绘制
11	提升门	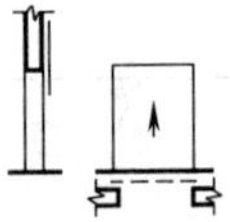	1. 门的名称代号用 M 表示 2. 立面形式应按实际情况绘制
12	分节提升门	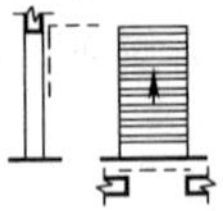	

序号	名称	图例	备注
13	人防单扇防护密闭门	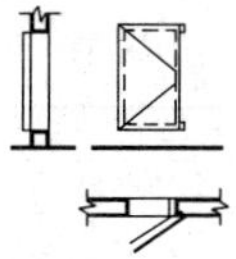	1. 门的名称代号按人防要求表示 2. 立面形式应按实际情况绘制
	人防单扇密闭门	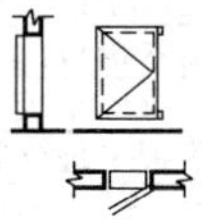	
14	人防双扇防护密闭门	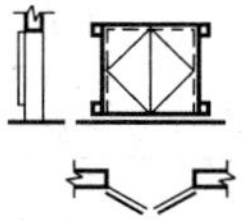	1. 门的名称代号按人防要求表示 2. 立面形式应按实际情况绘制
	人防双扇密闭门	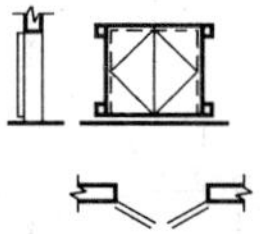	
15	横向卷帘门	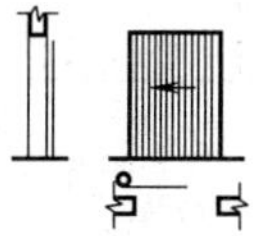	
	竖向卷帘门	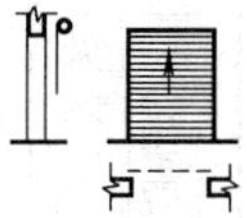	
	单侧双层	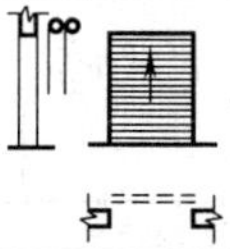	
	卷帘门	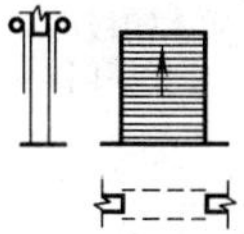	

门的类型及代号见表 1-4。

门的类型与代号 **表 1-4**

代号 木门	门类型	代号 木门	门类型	代号 木门	门类型
M1	夹板门	M9	实木镶板半玻门	M17	夹板吊柜、壁柜、门
M2	夹板带小玻门	M10	实木整玻门	TM	推拉木门
M3	夹板带百叶门	M11	实木小格全玻门	JM	夹板装饰门
M4	夹板带小玻百叶门	M12	实木镶板小格半玻门	SM	实木装饰门
M5	夹板侧条玻璃门	M13	实木拼板门	BM	实木玻璃装饰门
M6	夹板中条玻璃门	M14	实木拼板小玻门	XM	实木镶板装饰门
M7	夹板半玻门	M15	实木镶板半玻弹簧门	FM	木质防火门
M8	夹板带观察孔门	M16	实木整玻弹簧门		

表 1-4 中相应的编号图如图 1-52 所示。

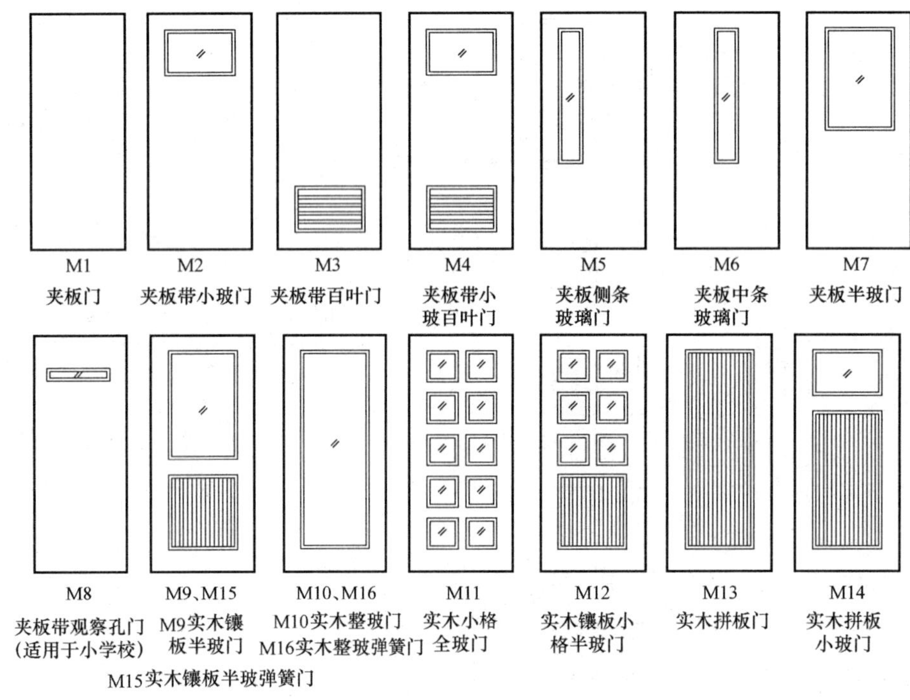

图 1-52　门的编号图

（2）窗常用图例及代号。

窗常用图例及代号见表 1-5。

窗常用图例及代号 **表 1-5**

序号	名称	图例	备注
1	固定窗	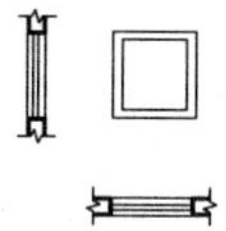	1. 窗的名称代号用 C 表示 2. 平面图中，下为外，上为内 3. 立面图中，开启线实线为外开，虚线为内开，开启线交角的一侧为安装合页一侧。开启线在建筑立面图中可不表示，在门窗立面大样图中需绘出 4. 剖面图中，左为外，右为内，虚线仅表示开启方向，项目设计不表示 5. 附加纱窗应以文字说明，在平、立、剖面图中均不表示 6. 立面形式应按实际情况绘制
2	上悬窗	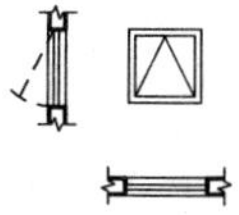	
	中悬窗	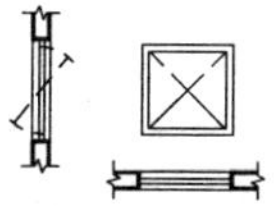	
3	下悬窗	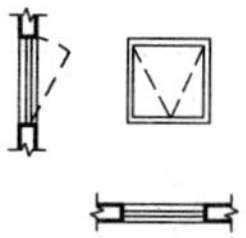	1. 窗的名称代号用 C 表示 2. 平面图中，下为外，上为内 3. 立面图中，开启线实线为外开，虚线为内开。开启线交角的一侧为安装合页一侧。开启线在建筑立面图中可不表示，在门窗立面大样图中需绘出 4. 剖面图中，左为外，右为内，虚线仅表示开启方向，项目设计不表示 5. 附加纱窗应以文字说明，在平、立、剖面图中均不表示 6. 立面形式应按实际情况绘制
4	立转窗	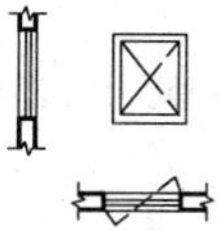	
5	内开平开内倾窗	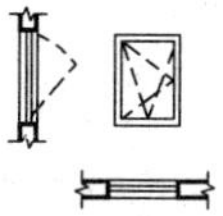	
6	单层外开平开窗	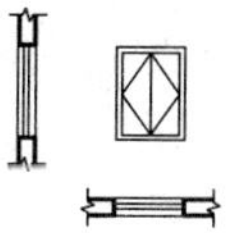	

序号	名称	图例	备注
7	双层内外开平开窗		1. 窗的名称代号用C表示 2. 平面图中，下为外，上为内 3. 立面图中，开启线实线为外开，虚线为内开。开启线交角的一侧为安装合页一侧。开启线在建筑立面图中可不表示，在门窗立面大样图中需绘出 4. 剖面图中，左为外，右为内，虚线仅表示开启方向，项目设计不表示 5. 附加纱窗应以文字说明，在平、立、剖面图中均不表示 6. 立面形式应按实际情况绘制
8	单层推拉窗		1. 窗的名称代号用C表示 2. 立面形式应按实际情况绘制
	双层推拉窗		
9	上推窗		1. 窗的名称代号用C表示 2. 立面形式应按实际情况绘制
10	百叶窗		1. 窗的名称代号用C表示 2. 立面形式应按实际情况绘制
11	高窗	$h=$	1. 窗的名称代号用C表示 2. 立面图中，开启线实线为外开虚线为内开。开启线交角的一侧为安装合页一侧。开启线在建筑立面图中可不表示，在门窗立面大样图中需绘出 3. 剖面图中，左为外，右为内 4. 立面形式应按实际情况绘制 5. h 表示高窗底距本层地面高度 6. 高窗开启方式参考其他窗型
12	平推窗		1. 窗的名称代号用C表示 2. 立面形式应按实际情况绘制

塑钢门窗的类型及代号见表 1-6。

塑钢门窗类型及代号 表 1-6

代号	类型	备注
TC	推拉窗	中空玻璃、带纱扇
WC	外开窗	中空玻璃、带纱扇(宜用于多层及低层建筑)
NC	内开下悬翻转窗	中空玻璃、带纱扇(可调节开启大小,可作为室内换气用)
DC	内开叠合窗	中空玻璃、带纱扇(内开扇叠向固定扇,不占空间)
H	异型固定窗	中空玻璃、带纱扇
TH	异型推拉窗	中空玻璃、带纱扇
WH	异型外开窗	中空玻璃、带纱扇
NH	异型内开窗	中空玻璃、带纱扇
TY	推拉窗外开门联窗	中空玻璃(如用在封闭阳台,阳台门和门联窗也可不设纱扇,工程设计中如增设纱扇或需改为单玻时可加注说明)
Y	外开窗外开门联窗	备注

4. 常用家具图例

常用家具图例,见表 1-7。

常用家具图例 表 1-7

序号	名称		图例	备注
1	沙发	单人沙发		1. 立面样式根据设计自定 2. 其他家具图例根据设计自定
		双人沙发		
		三人沙发		
2	办公桌			
3	椅	办公椅		

续表

序号	名　称		图　例	备注
3	椅	休闲椅		
		躺椅		
4	床	单人床		
		双人床		
5	橱柜	衣柜		1. 柜体的长度及立面样式根据设计自定 2. 其他家具图例根据设计自定
		低柜		
		高柜		

5. 常用电器图例

常用电器图例，见表 1-8。

常用电器图例 　　　　**表 1-8**

序号	名称	图例	备注
1	电视	TV	1. 立面样式根据设计定义 2. 其他电器图例根据设计定义
2	冰箱	REF	

续表

序号	名称	图例	备注
3	空调	A/C	1. 立面样式根据设计定义 2. 其他电器图例根据设计定义
4	洗衣机	W/M	
5	饮水机	WD	
6	电脑	PC	
7	电话	TEL	

6. 常用厨具图例

常用厨具图例，见表 1-9。

常用厨具图例 **表 1-9**

序号	名称		图例	备注
1	灶具	单头灶		1. 立面样式根据设计自定 2. 其他厨具根据设计自定
		双头灶		
		三头灶		
		四头灶		
		六头灶		

续表

序号	名称		图例	备注
2	水槽	单盆	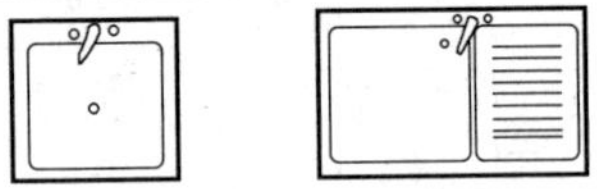	1. 立面样式根据设计自定 2. 其他厨具根据设计自定
		双盆	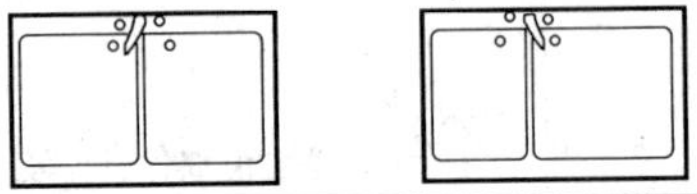	

7. 常用卫生洁具图例

常用卫生洁具图例，见表 1-10。

表 1-10

常用洁具图例

序号	名称		图例	备注
1	大便器	坐式	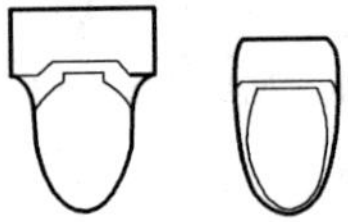	1. 立面样式根据设计自定 2. 其他洁具图例根据设计自定
		蹲式	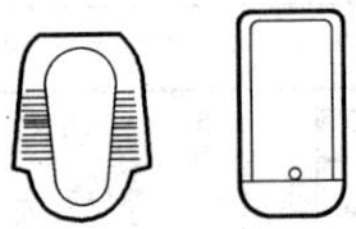	
2	小便器		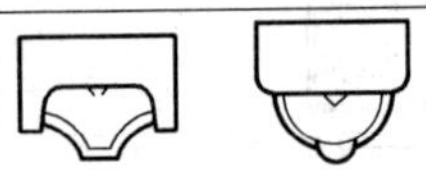	
3	台盆	立式	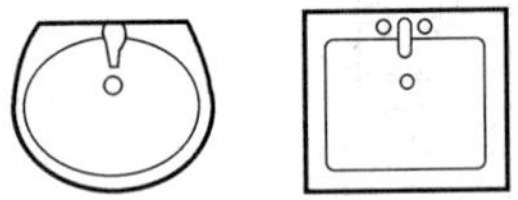	
		台式	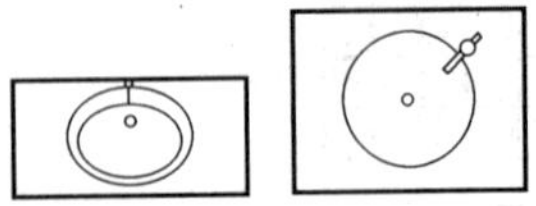	

续表

序号	名称		图例	备注
4	台盆	挂式		1. 立面样式根据设计自定 2. 其他洁具图例根据设计自定
5	污水池		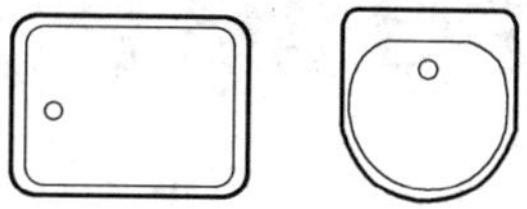	
6	浴缸	长方形	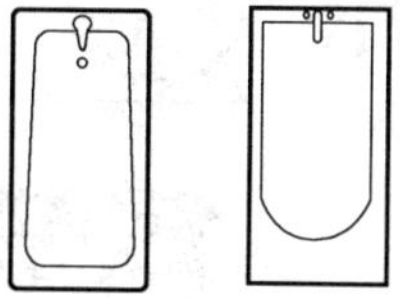	
		三角形	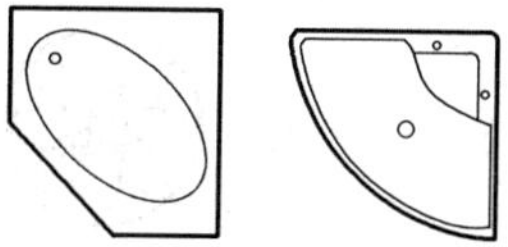	
		圆形	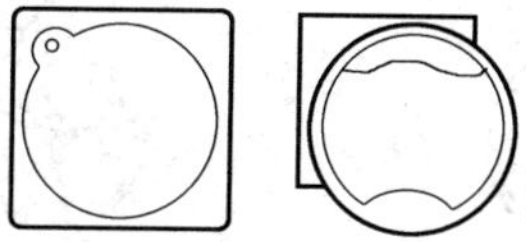	
7	沐浴房		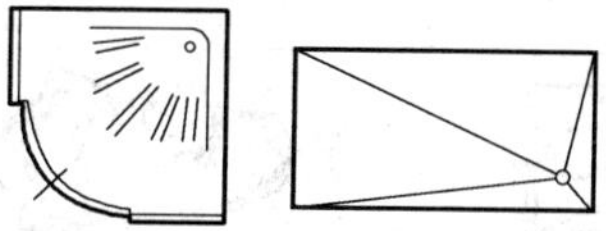	

8. 室内常用景观配饰图例

室内常用景观配饰图例，见表 1-11。

室内常用景观配饰图例

表 1-11

序号	名称		图例	备注
1	阔叶植物		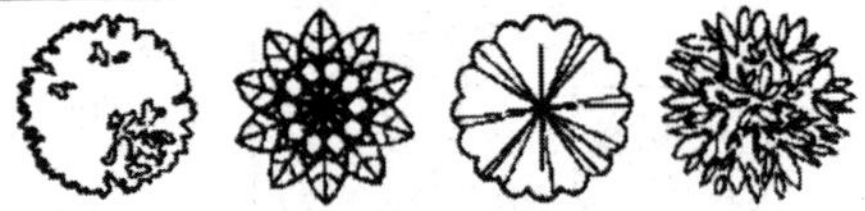	1. 立面样式根据设计自定 2. 其他景观配饰图例根据设计自定
2	针叶植物		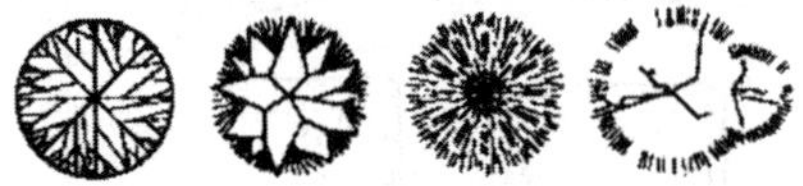	
3	落叶植物		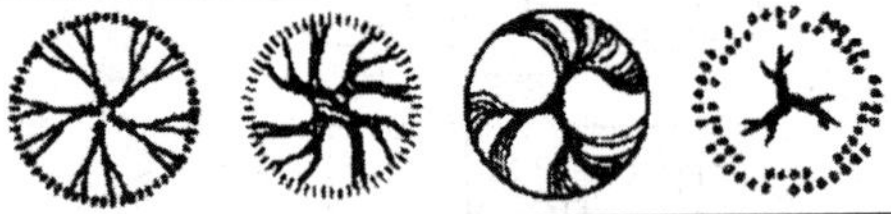	
4	盆景类	树桩类		—
		观花类		—
		观叶类	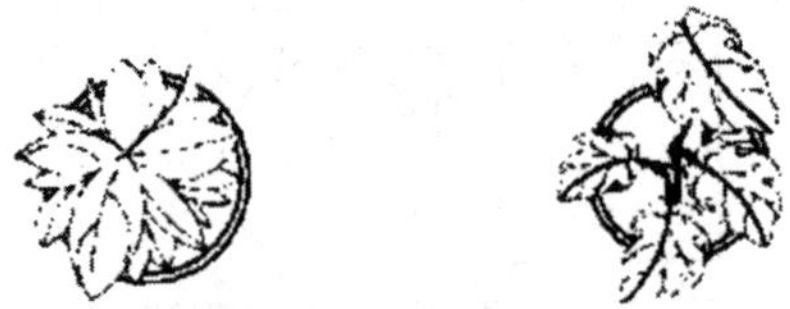	—
		山水类	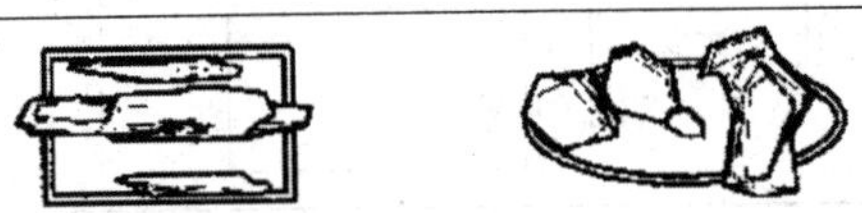	—
5	插花类			—

续表

序号	名称		图例	备注
6	吊挂类			—
7	棕榈植物			—
8	水生植物			—
9	假山石			—
10	草坪			—
11	铺地	卵石类		—
		条石类		—
		碎石类		—

9. 常用灯光照明图例

常用灯光照明图例，见表 1-12。

常用灯光照明图例 表 1-12

序号	名称	图例
1	艺术吊灯	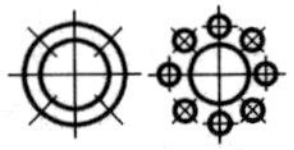
2	吸顶灯	
3	筒灯	
4	射灯	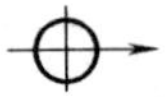
5	轨道射灯	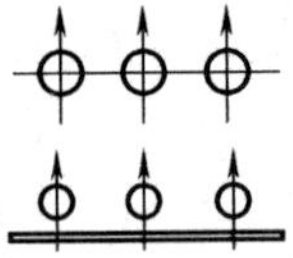
6	格栅射灯	 (单头)
		 (双头)
		 (三头)
7	格栅荧光灯	 (正方形)
		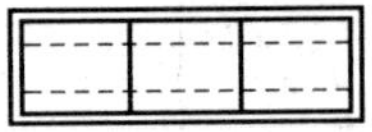 (长方形)
8	暗藏灯带	

序号	名称	图例
9	壁灯	
10	台灯	
11	落地灯	
12	水下灯	
13	踏步灯	
14	荧光灯	
15	投光灯	
16	泛光灯	
17	聚光灯	

10. 常用开关、插座图例

常用开关、插座图例，见表 1-13。

常用开关、插座图例 表 1-13

序号	名称	图例
1	单相二级电源插座	

序号	名称	图例
2	单相三级电源插座	
3	单相二、三级电源插座	
4	电话、信息插座	(单孔)
		(双孔)
5	电视插座	(单孔)
		(双孔)
6	地插座	
7	连接盒、接线盒	
8	音响出线盒	M
9	单联开关	
10	双联开关	
11	三联开关	
12	四联开关	

序号	名称	图例
13	钥匙开关	
14	请勿打扰开关	DTD
15	可调节开关	
16	紧急呼叫按钮	

11. 常用设备图例

常用设备图例，见表 1-14。

常用设备图例　表 1-14

序号	名称	图例
1	送风口	(条形)
		(方形)
2	回风口	(条形)
		(方形)
3	侧送风、侧回风	
4	排气扇	

序号	名称	图例
5	风机盘管	(立式明装)
		(卧式明装)
6	安全出口	EXIT
7	防火卷帘	F
8	消防自动喷头	
9	感温探测器	
10	感烟探测器	S
11	室内消火栓	(单口)
		(双口)
12	扬声器	

2　装饰装修施工图识读技巧

2.1　建筑装饰平面图识读技巧

建筑装饰平面图是装饰施工图的首要图纸，其他图样大多数以平面图为依据而设计绘制。装饰平面图包括装饰平面布置图与顶棚平面图两种。

装饰平面布置图是指假想用一个水平的剖切平面，在窗台上方的位置，将经过内外装饰的房屋整个剖开，移去以上部分向下所作的水平投影图。其作用主要是用来表明建筑室内外种种装饰布置的平面形状、位置、大小以及所用材料；表明这些布置与建筑主体结构间，以及这些布置与布置间的相互关系等。

顶棚平面图主要有两种形成方法：其中一种是假想房屋水平剖开后，移去下面的部分向上所作直接正投影而形成；另一种则是采用镜像投影法，将地面看作镜面，对镜中顶棚的形象作正投影而成。顶棚平面图主要采用镜像投影法来绘制。顶棚平面图的作用主要是用来表明顶棚装饰的平面形式、尺寸和材料，以及灯具和其他各种室内顶部设施的位置和大小等。

装饰平面布置图和顶棚平面图都是建筑装饰施工放样、制作安装、预算和备料，以及绘制室内有关设备施工图的重要依据。以上两种平面图，其中以平面布置图的内容特别繁杂，加上它控制了水平向纵横两轴的尺寸数据，其他视图大多数又由它引出，所以是我们识读建筑装饰施工图的基础与重点。

1. 装饰平面布置图

（1）装饰平面布置图的主要内容和表示方法

1）建筑平面基本结构和尺寸：装饰平面布置图是在图示建筑平面图的有关内容。它主要包括建筑平面图上由剖切引起的墙柱断面和门窗洞口、定位轴线及其编号、建筑平面结构的各部尺寸、室外台阶、雨篷、花台、阳台及室内楼梯和其他细部布置等内容。以上内容在没有特殊要求的情况下，都要按照原建筑平面图来套用，其具体表示方法同建筑平面图。当然，装饰平面布置图要突出装饰结构与布置，对于建筑平面图上的内容也不是完全不漏地照搬。

2）装饰结构的平面形式和位置：装饰平面布置图应表明楼地面、门窗和门窗套、护壁板或墙裙、隔断及装饰柱等装饰结构的平面形式与位置。

3）室内外配套装饰设置的平面形状与位置：装饰平面布置图还应标明室内家具、绿化、陈设、配套产品和室外水池、装饰小品等配套设置体的平面形状、数量和位置。这些布置不能将实物原形画在平面布置图上，只可借助一些简单、明确的图例来进行表示。

（2）装饰平面布置图的阅读技巧

1）看装饰平面布置图应先看图名、比例及标题栏，认定该图为什么平面图。再看建筑平面基本结构及其尺寸，将各个房间的名称、面积，及门窗、楼梯及走廊等的主要位置和尺寸弄清楚。然后看建筑平面结构内的装饰结构与装饰设置的平面布置等内容。

2）通过对各房间和其他空间主要功能的了解，明确为满足功能要求所设置的设备与设施的种类、规格与数量，以便制定相关的购买计划。

3）通过图中对装饰面的文字说明，了解各装饰面对材料规格、品种、色彩以及工艺制作的要求，明确各装饰面的结构材料与饰面材料的衔接关系与固定方式，并且结合面积作材料计划与施工安排计划。

4）面对众多的尺寸，应注意区分建筑尺寸与装饰尺寸。在装饰尺寸中，又要能分清其中的定位尺寸、外形尺寸及结构尺寸。确定装饰面或者装饰物在平面布置图上位置的尺寸即为定位尺寸。在平面图上，需要有两个定位尺寸来确定一个装饰物的平面位置，其基准一般是建筑结构面。外形尺寸是装饰面或装饰物的外轮廓尺寸，由此可以确定装饰面或装饰物的平面形状与大小。结构尺寸是指组成装饰面和装饰物各构件及其相互关系的尺寸，由此可以确定各种装饰材料的规格，以及材料间、材料与主体结构间的连接固定方法。平面布置图上为了避免重复，同样的尺寸常常只代表性地标注一个，读图时要注意将相同的构件或部件进行归类。

5）通过平面布置图上的投影符号，明确投影面编号与投影方向，并且查出各投影方向的立面图。

6）通过平面布置图上的剖切符号，明确剖切位置及其剖视方向，并且进一步查阅相应的剖面图。

7）通过平面布置图上的索引符号，明确被索引部位及详图所在的位置。

2. 顶棚平面图

（1）顶棚平面图的基本内容与表示方法

1）表明墙柱和门窗洞口位置。顶棚平面图一般采用镜像投影法进行绘制。用镜像投影法绘制的顶棚平面图，图形上的前后、左右位置与装饰平面布置图完全相同，纵横轴线的排列也与装饰平面布置图完全相同。所以，在图示墙柱断面与门窗洞口之后，不必再重复标注轴间尺寸、洞口尺寸及洞间墙尺寸，这些尺寸可对照平面布置图阅读。定位轴线与编号不必每轴都标注，只需在平面图形的四角部分标注出，能够确定它与平面布置图的对应位置便可。顶棚平面图一般不图示门扇及其开启方向线，只图示门窗过梁底面。为了区别门洞与窗洞，窗扇常采用一条细虚线来进行表示。

2）表明顶棚装饰造型的平面形式与尺寸，并且通过附加文字来说明其所用的材料、色彩及工艺要求。顶棚的选级变化要结合造型平面分区线用标高的形式表示，由于其所注的是顶棚各构件底面的高度，所以标高符号的尖端要向上。

3）表明顶部灯具的种类、规格、式样、数量及布置形式和安装位置。顶棚平面图上的小型灯具按照比例画出其正投影外形轮廓，力求简明扼要，并且附加一定的文字说明。

4）表明空调风口、顶部消防与音响设备等设施的布置形式与安装位置。

5）表明墙体顶部有关装饰配件（如窗帘盒、窗帘等）的形式与位置。

6）表明顶棚剖面构造详图的剖切位置及剖面构造详图所在位置。作为基本图的装饰剖面图，其剖切符号不在顶棚图上进行标注。

（2）顶棚平面图的识读技巧

1）要弄清楚顶棚平面图与平面布置图各部分的相互对应关系，核对顶棚平面图与平面布置图在基本结构与尺寸是否相符。

2）对于某些有选级变化的顶棚，应当分清它的标高尺寸和线型尺寸，并结合造型平面的分区线，在平面上建立起二维空间尺度概念。

3）通过顶棚平面图，了解顶部所用灯具和设备设施的规格、品种与数量。

4）通过顶棚平面图上的索引符号，找出详图对照，弄清楚顶棚的详细构造。

5）通过顶棚平面图上的文字标注，了解顶棚所用材料的规格、品种及其施工要求。

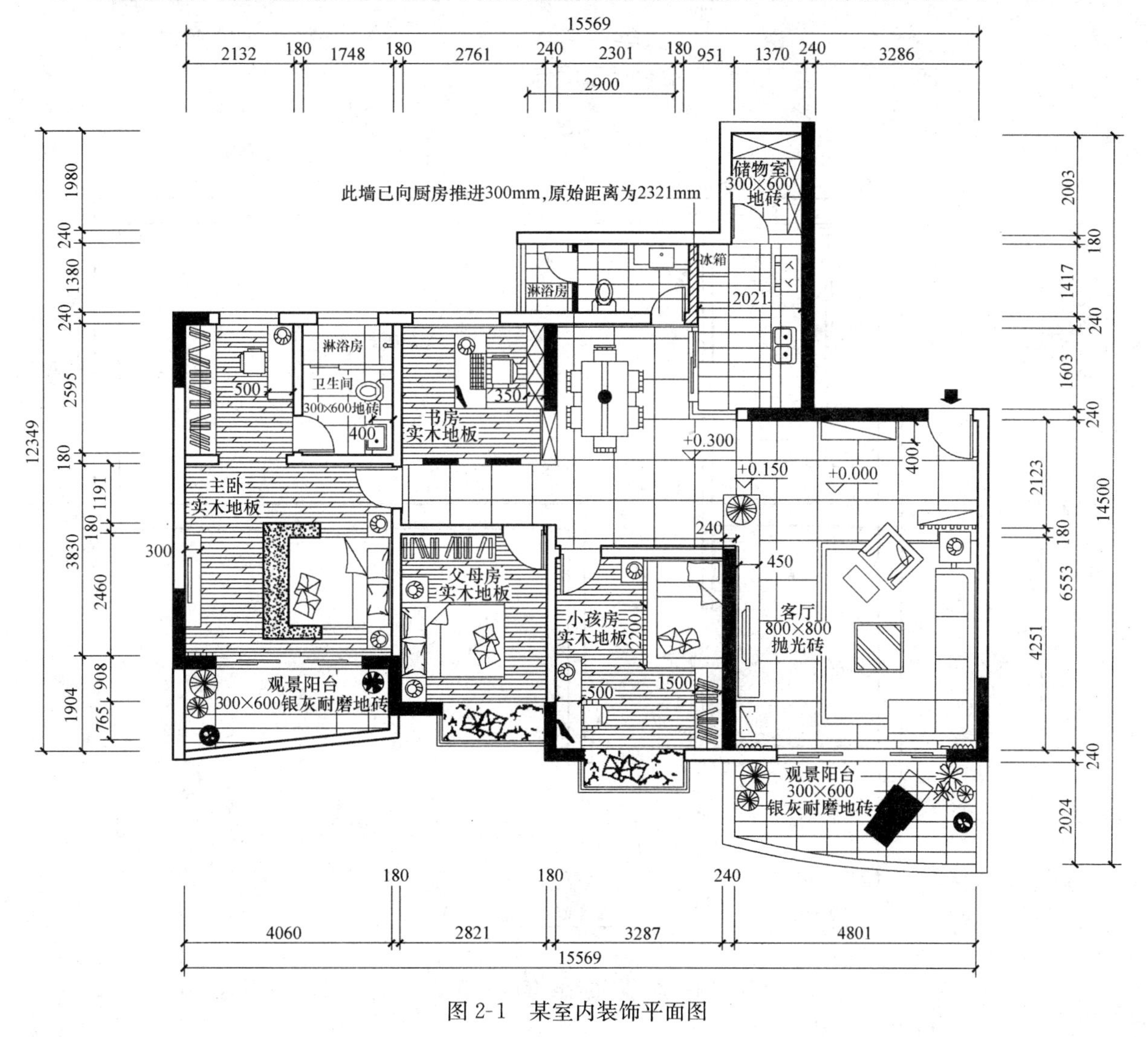

图 2-1　某室内装饰平面图

【例 2-1】　识读某室内装饰平面图。

图 2-1 为某室内装饰平面图，该平面图总长度为 15569mm，宽度为 14500mm，功能分区非常明显，动静分离。图中右侧为入口，入口处设置玄关，客厅的地面采用 800mm×800mm 的抛光砖装饰，观景阳台采用 300mm×600mm 的银灰耐磨地砖，并配有绿色植物，在休息区（包括主卧、书房、父母房与小孩房）地面均用实木地板装饰，图中左右家具的尺寸均已详细标出。

【例 2-2】 识读某住宅楼套房平面装饰布置图。

图 2-2 为某住宅楼套房原平面图，其比例为 1∶100。从图中可以看出，卫生间开间为 1.60m，进深为 2.13m；厨房开间为 1.60m，进深为 3.14m；起居室开间 5.67m，进深为 3.16m。

图 2-2 中，还有冲洗马桶、洗手盆、厨灯以及洗涤盒等。

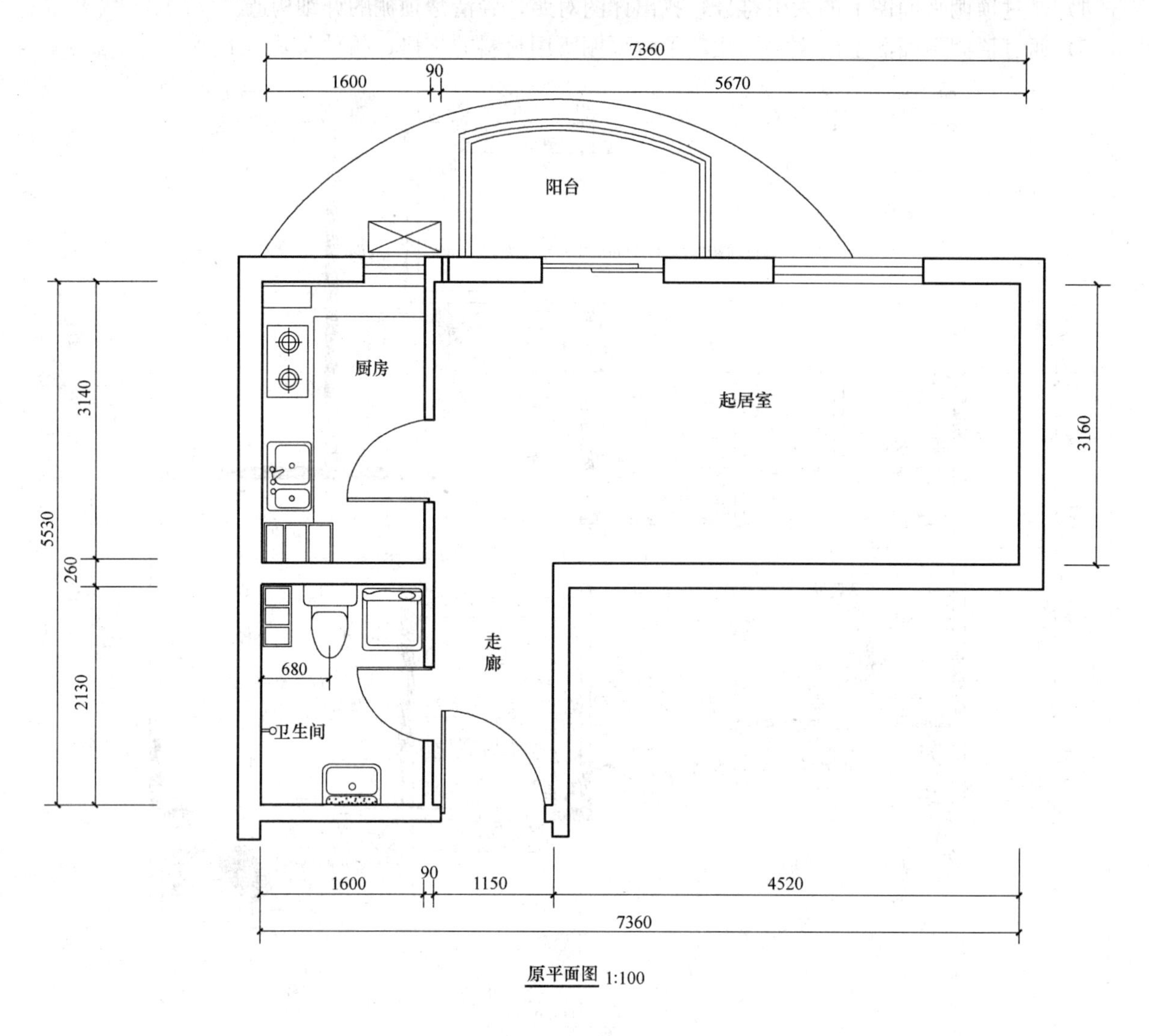

图 2-2 某住宅楼套房平面图

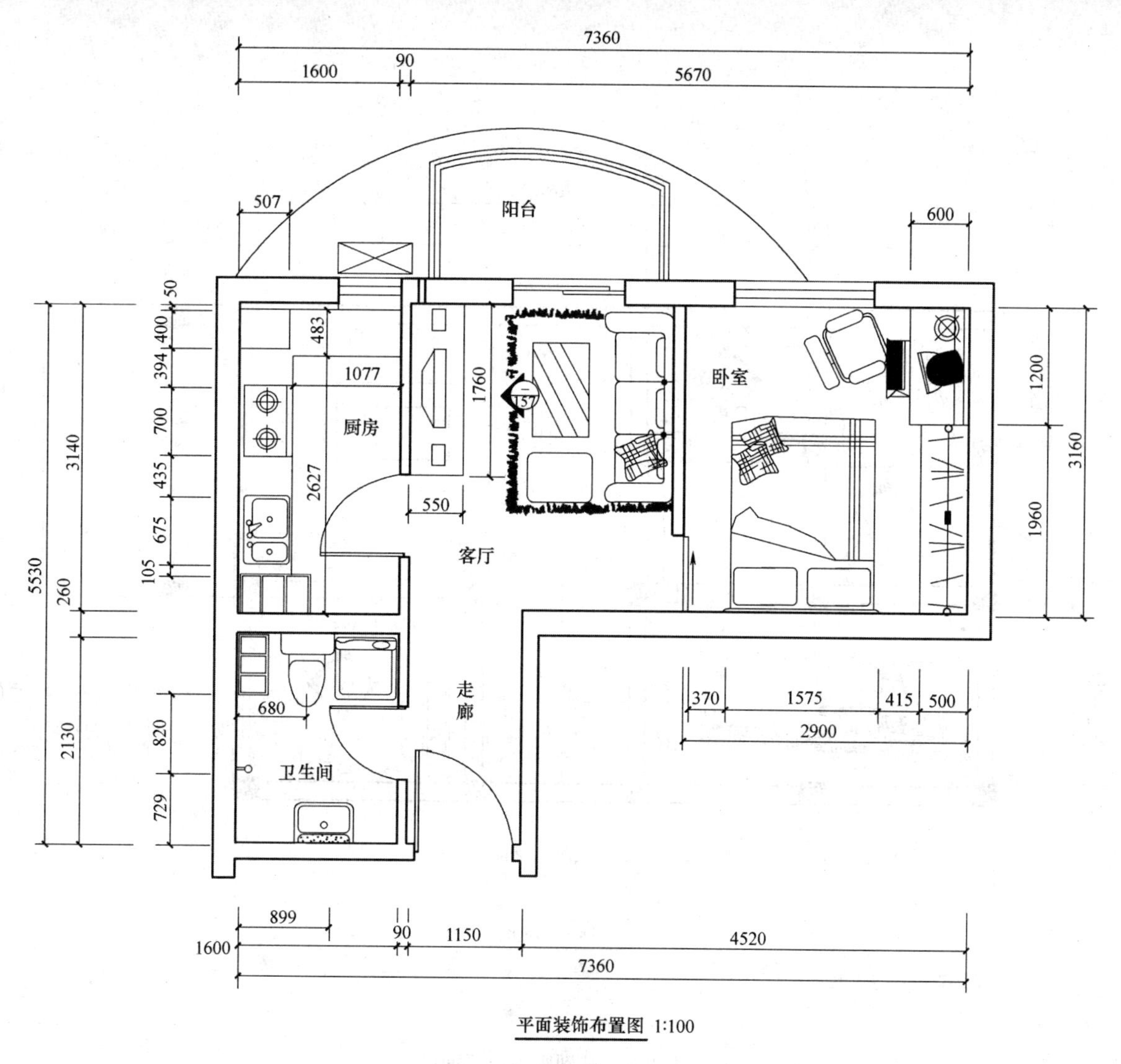

图 2-3 某住宅楼套平面装饰布置图

图 2-3 为该住宅楼套房修改后平面装饰布置图。从图中可以看出，这是一个两口之家的客户，使用功能明确。原来混合使用的起居室已经改为两间：一间客厅和一间卧室。房间由原来 17.92m^2 的起居室改为卧室为 9.164m^2、客厅为 8.44m^2 的两间使用功能分明的形式，并且结合房间的使用为卧室制作固定家具，如整理框、电视桌等，为客厅制作装饰柜并精心配制沙发等。

【例 2-3】 识读某别墅一层装饰平面布置图。

图 2-4 是某别墅的一层平面图，其比例尺为 1∶100。该平面图是住宅一楼平面图，由进厅、玄关、客厅、多功能室、卫生间、楼梯间、车库及绿化景观室及室外庭院组成。其图面主要表现形式是用粗实线来表示各房间的墙体分隔，图中的涂黑方形图例表示该位置是混凝土柱，该图基本表明该住宅的结构形式是框架结构。室内的布置、家具及内含物则采用中实线表示。平面图中的每个房间布置情况如下：

（1）进厅：进户门为向外侧开的双扇门，门洞尺寸为 1750mm，双侧门垛各为 100mm，在进厅的一侧布置桌及座椅。

（2）玄关：玄关的进门为双扇向内侧开的，门角处有一工艺品柜，玄关比客厅的地面标高低两个台阶。

（3）客厅：玄关与客厅之间未设置门，客厅往庭院有双扇推拉门，推拉门内侧有通长的窗帘，客厅布置有休闲吧台、吧凳、沙发、茶几、电视、电视柜、台灯、电话及地毯等。

（4）多功能室：单扇内开门，有外窗，宽度为 1940mm，通长窗帘，布置钢琴、沙发、茶几、座凳及绿化等。

（5）卫生间：有内开单扇门，布置有坐便器、洗面盆、淋浴房及小便斗等卫生洁具，有两个管道井建筑构件。

（6）楼梯间：楼梯为三跑，有楼梯井，宽度为 800mm，楼梯间宽度为 900mm。

（7）车库：有内开单扇门，一端布置了吊柜。

（8）绿化房：两侧布置绿化。

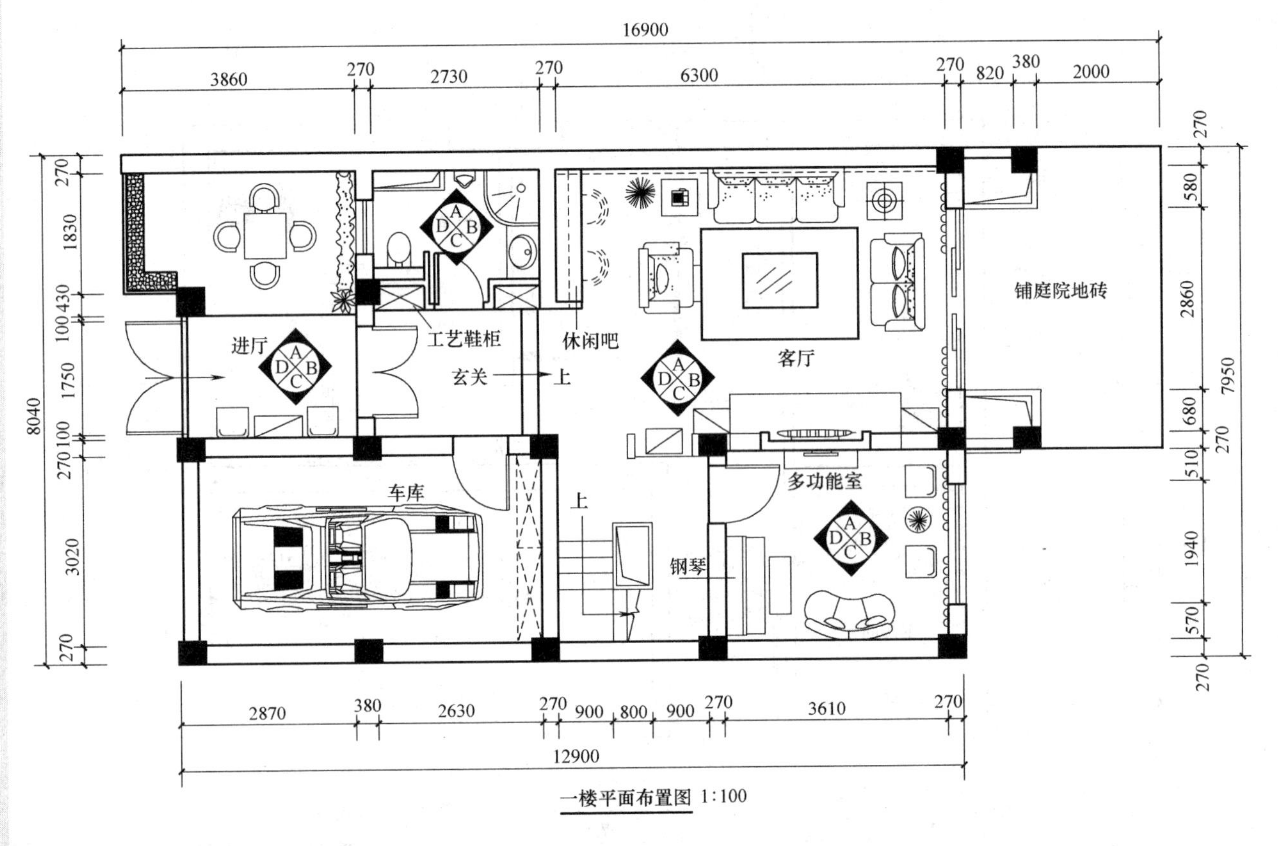

图 2-4　某别墅一层平面图

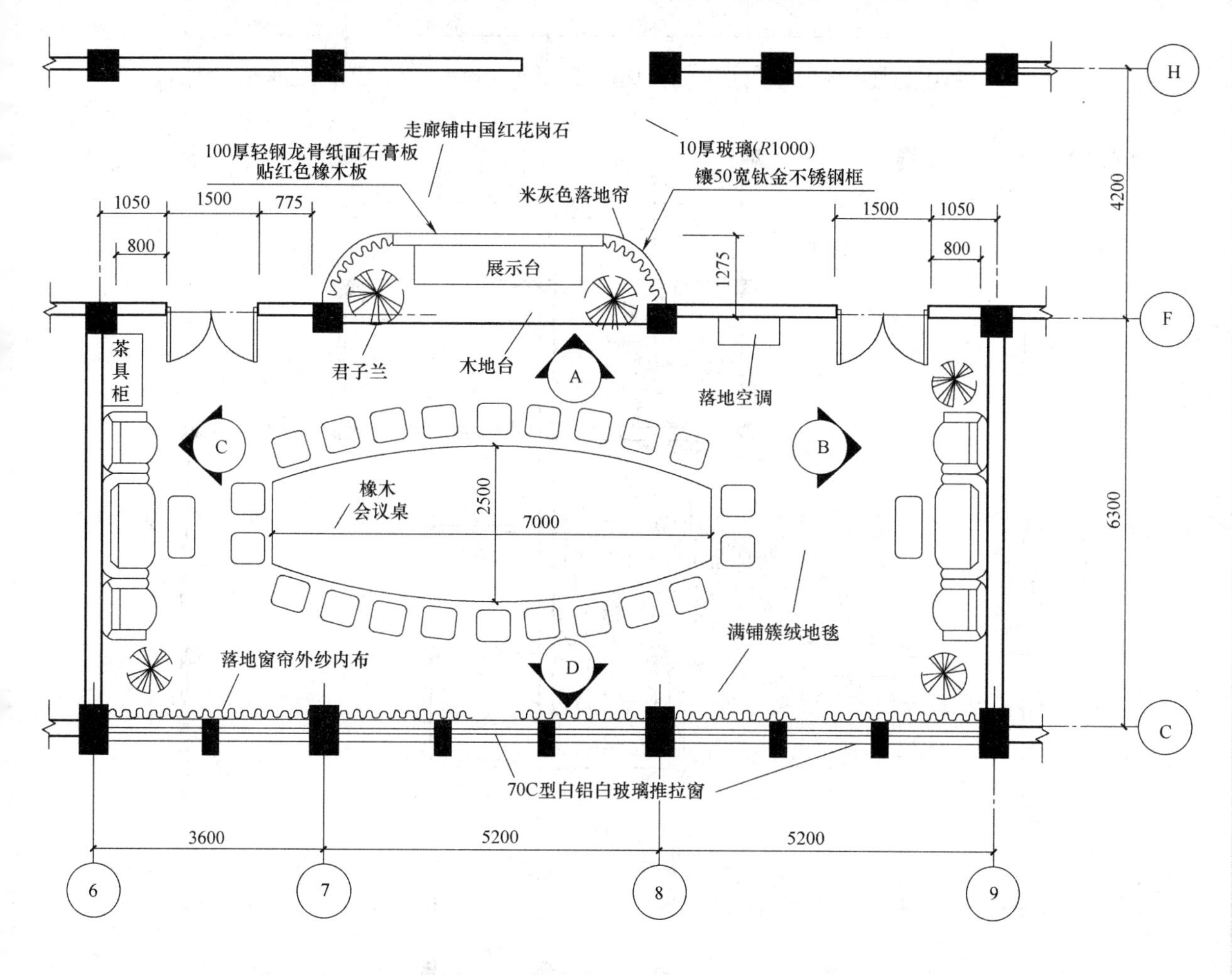

图 2-5　某宾馆会议室平面布置图

【例 2-4】　识读某宾馆会议室平面布置图。

某宾馆会议室平面布置图，如图 2-5 所示。

从图中可以看出三种尺寸：建筑结构体的尺寸；装饰布局和装饰结构的尺寸；家具、设备等尺寸。如会议室平面为三开间，长自⑥轴～⑨轴线共 14m，宽自Ⓒ轴～Ⓕ轴线共 6.3m，Ⓕ轴向上有局部突出；各室内柱面、墙面均采用白橡木板装饰，尺寸见图；室内的主要家具有橡木制船形会议桌、真皮转椅及局部突出的展示台和大门后角的茶具柜等家具设备。一般装饰体按建筑结构而做，如此图的墙及柱面的装饰。有时也会为了丰富室内空间、增加变化，而将建筑平面在不违反结构要求的前提下作调整。此图上方平面就作了向外突出的调整：两角做成厚度为 10mm 的圆弧玻璃墙（半径为 1m），周边镶 50mm 宽的钛金不锈钢框，平直部分作 100mm 厚的轻钢龙骨纸面石膏板墙，表面贴红色橡木板。此图中船形会议桌是家具陈设中的主体，位置居中，其他家具环绕会议桌进行布置，为了主要功能服务。平面突出处摆放两盆君子兰以起到点缀作用；圆弧玻璃处装有米灰色落地帘等。图中可见大门为内开平开门，宽 1.5m，距墙边 800mm；窗为铝合金推拉窗。图中的Ⓐ，为站在 A 点处向上观察⑦轴墙面的立面投影符号。

【例 2-5】 识读某别墅室内装饰平面图。

图 2-6 为某别墅室内装饰平面图，由图中可以看出，该别墅为双拼别墅，总共为三层。进深为 15700mm，宽度为 6800mm。

图 2-6 为一层平面图，主要设置为客厅、餐厅与厨房，客厅与餐厅均采用实木地板装饰，而厨房与卫生间地面采用防滑地板装饰。

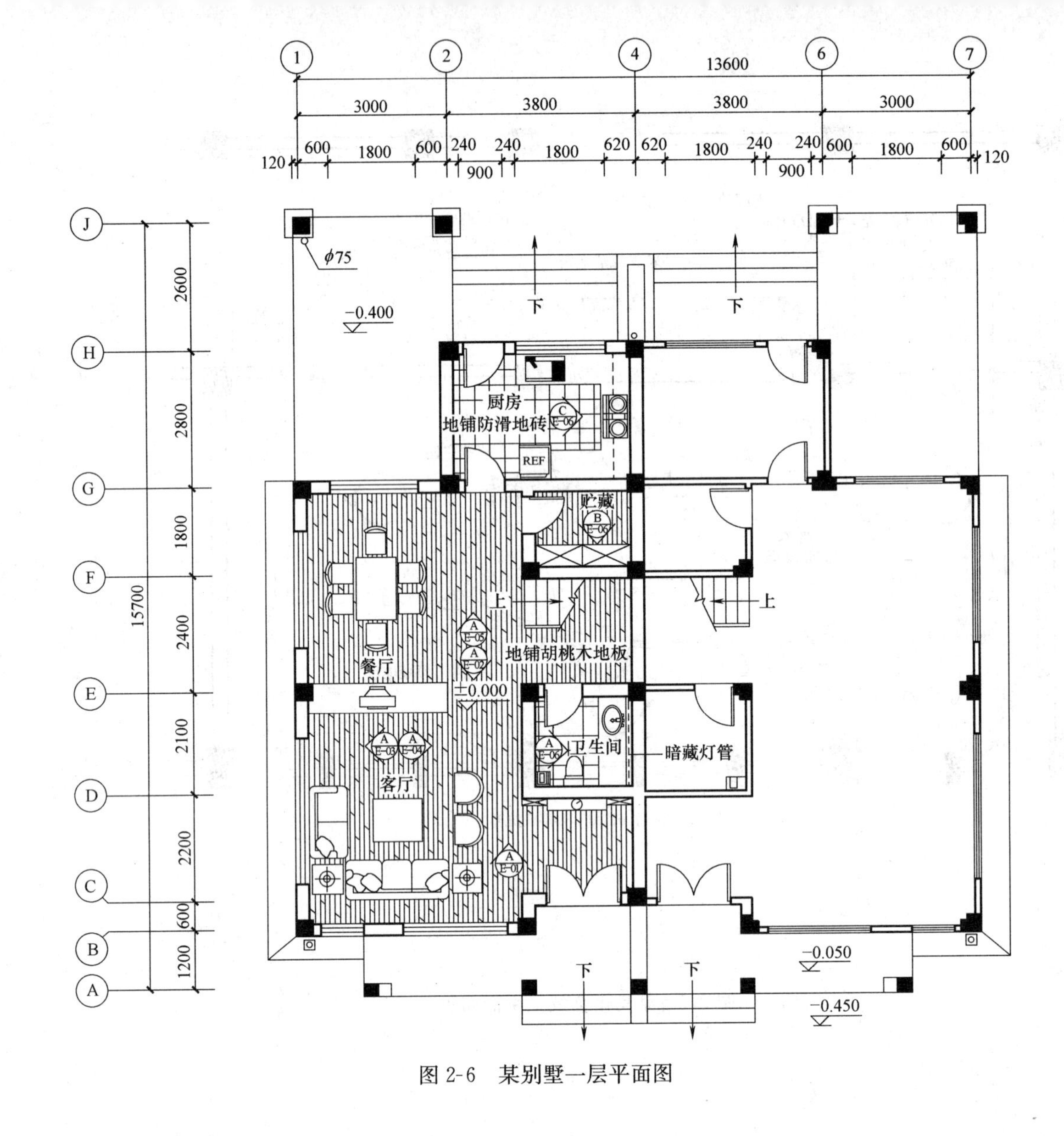

图 2-6 某别墅一层平面图

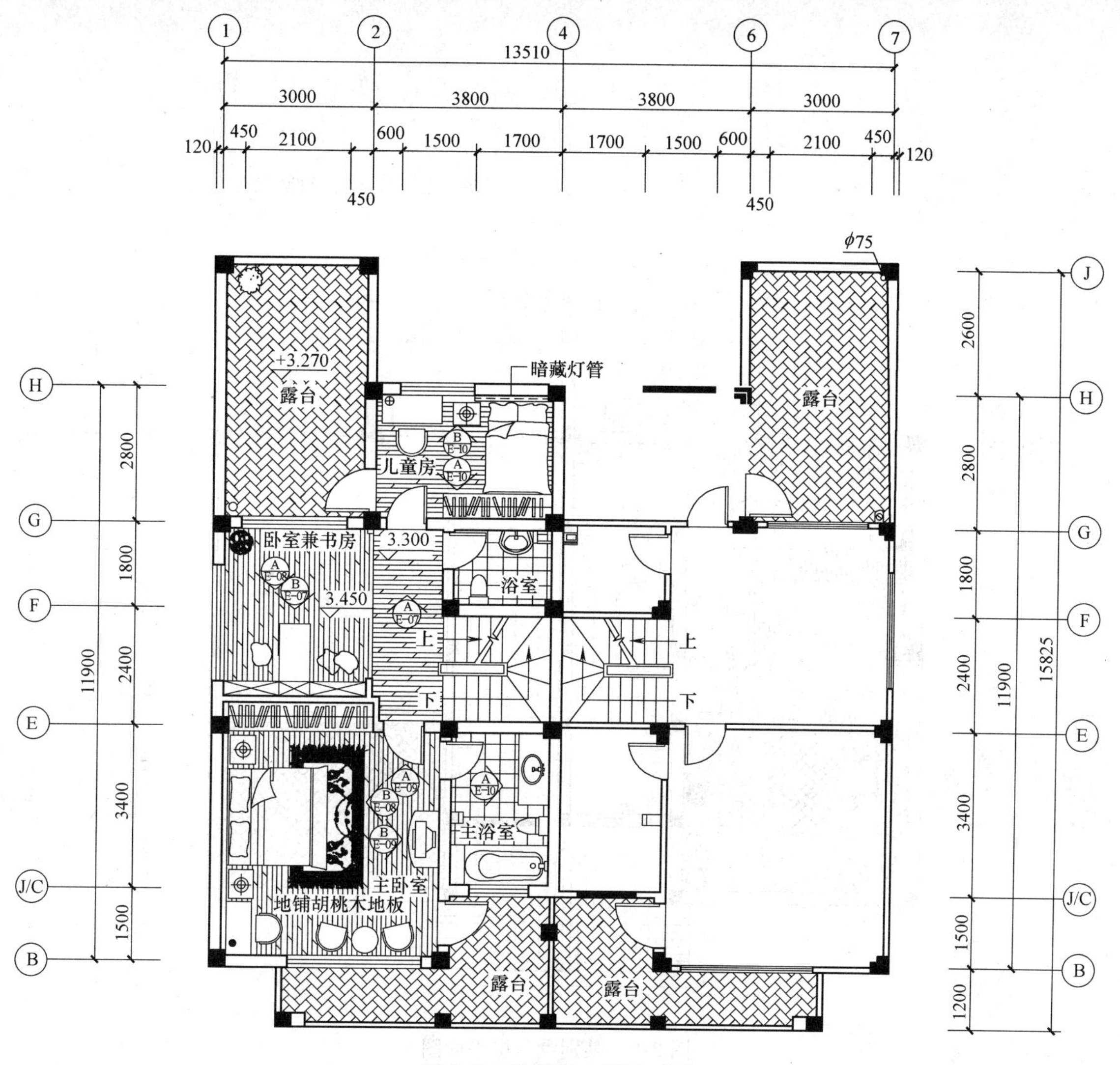

图 2-7 某别墅二层平面图

图 2-7 为二层平面图，主要设置为主卧、书房与儿童房，主卧开间为 4900mm，进深为 5100mm，儿童房开间为 3800mm，进深为 2800mm，书房开间为 4200mm，进深为 5100mm。卧室的地面均采用实木地板，书房门采用推拉门设计，减少空间的占用。

图 2-8 为三层平面图，该层空间主要为父母休息空间，父母房开间为 5700mm，采用实木地板装饰，下面为观景露台，标高为＋3.270m。

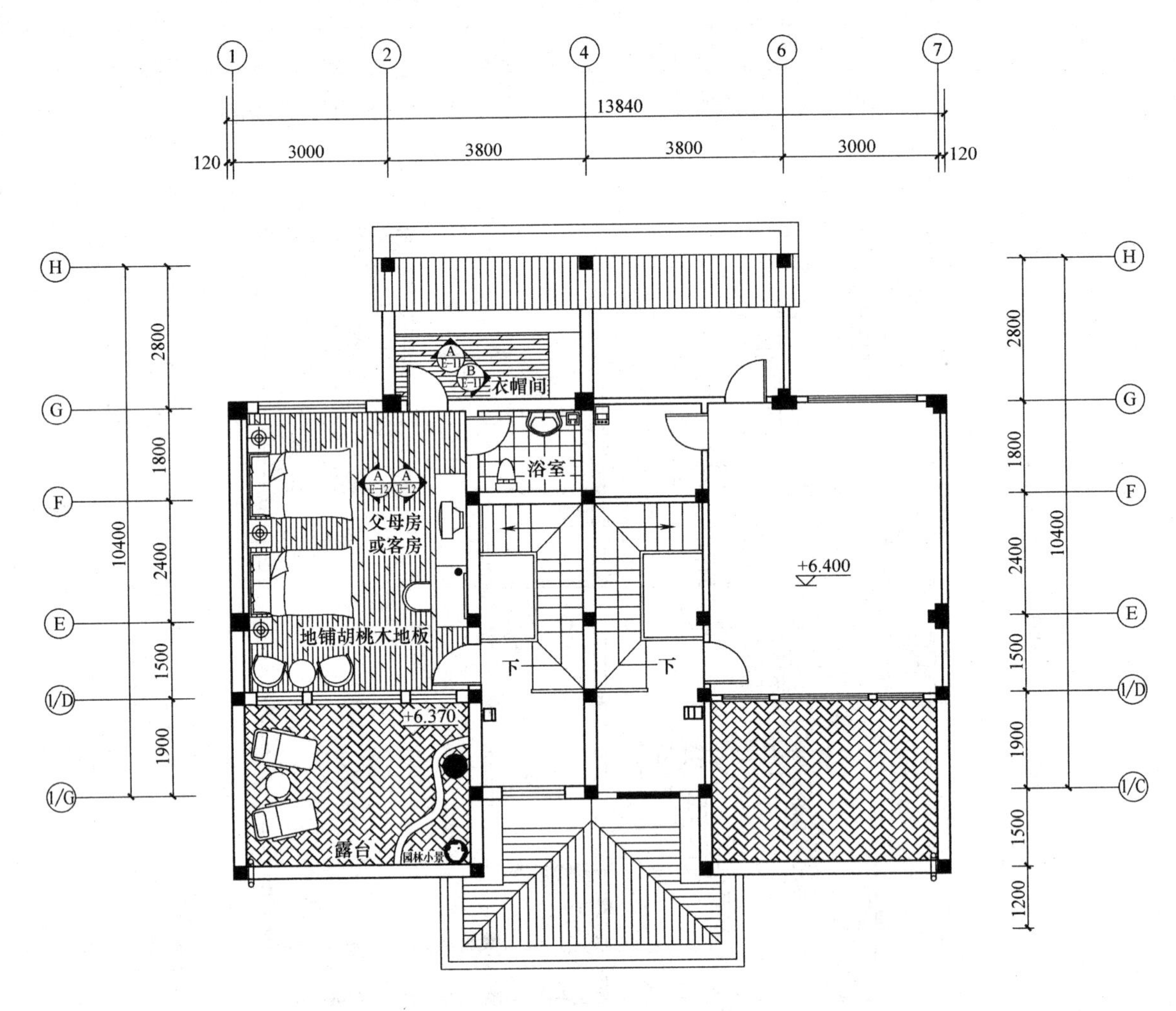

图 2-8　某别墅三层平面图

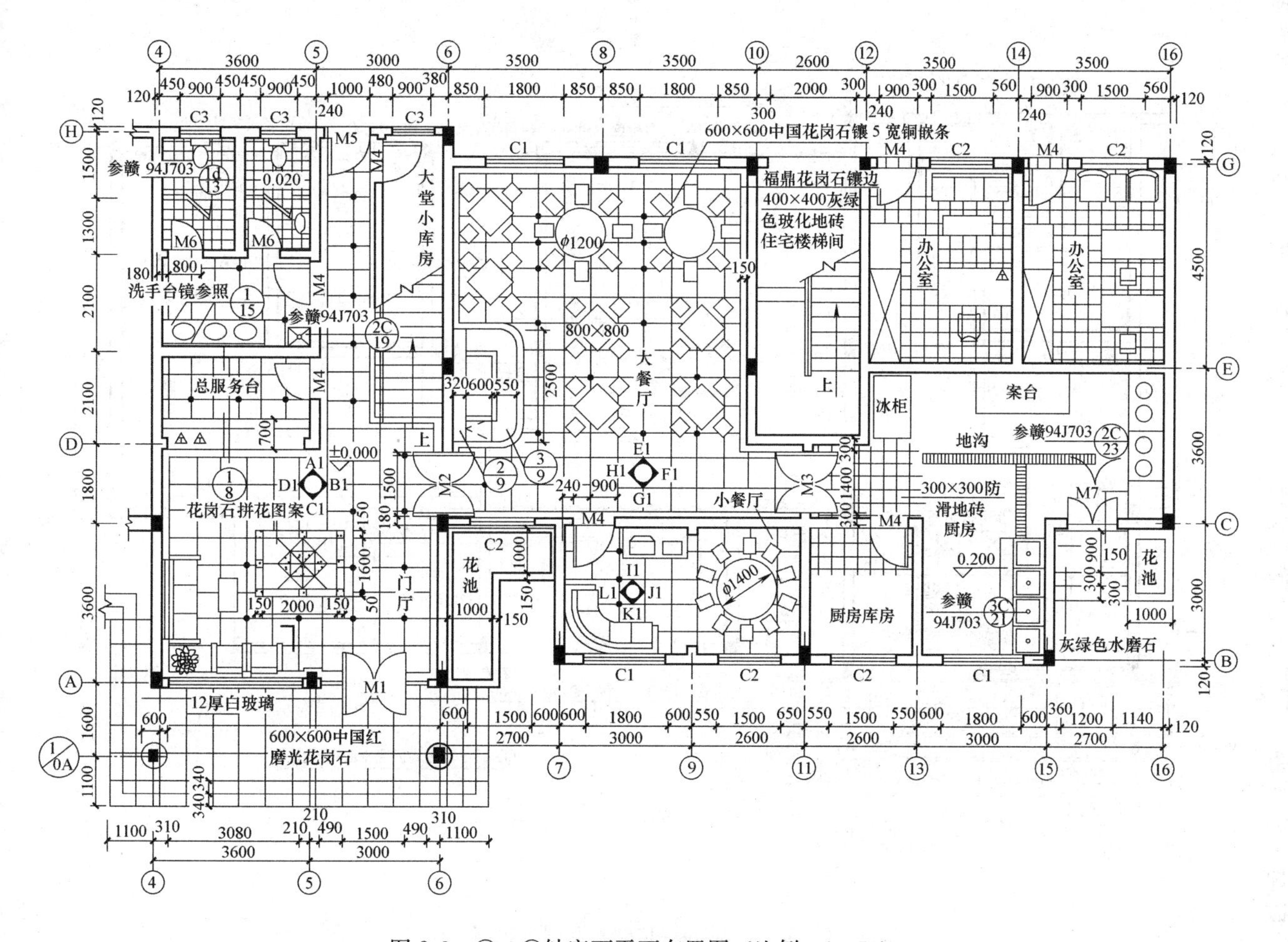

图 2-9 ④～⑯轴底面平面布置图（比例：1∶50）

【例 2-6】 识读某招待所平面布置图与顶棚平面图。

图 2-9 为招待所④～⑯轴底层平面布置图，其比例为1∶50。

图中④～⑥轴前面是门厅和总服务台，后面是楼梯、洗手间与卫生间；⑥～⑩轴前面是小餐厅，后面是大餐厅；⑪～⑯轴前面是厨房，后面是招待所办公室。

门厅的开间为 6.60m，进深为 5.40m；总服务台和洗手间的开间为 3.60m，进深为 2.10m；大餐厅的开间为 7.00m，进深为 8.10m，右前方向右拐进是进出厨房的过道；小餐厅开间为 5.60m，进深为 3.00m。以上几个空间是底层室内装修的重点。

④～⑯轴地面（包括门廊地面），除卫生间外均为中国红磨光花岗岩石板贴面，标高为±0.000，门厅中央有一完整的花岗岩石板地面拼花图案。主入口左侧是一厚玻璃墙，门廊有两个装饰圆柱，直径为 0.60m。

图 2-10 是④～⑯轴底层顶棚平面图，其比例为 1∶50。与图 2-9 轴位相同、比例相同。门廊的顶棚有三个迭级，标高分别为 3.560m、3.040m 和 2.800m，迭级之间有两个大小不同的 1/4 圆，均为不锈钢片饰面。

门厅为顶棚有两个迭级，标高分别为 3.050m 和 3.100m，中间是车边镜，用不锈钢片包边收口，四周是 TK 板，采用宫粉色水性立邦漆饰面（文字说明标注在大餐厅）。

总服务台前上部为一下落顶棚，标高为 2.400m，采用磨砂玻璃面层内藏日光灯。服务台内顶棚标高为 2.600m，材料和作法同大餐厅。

大餐厅顶棚有两个迭级并带有内藏灯槽（细虚线所示），中间贴淡西班牙红金属壁纸，用石膏顶纹线压边。二级标高分别为 2.900m 和 3.200m，所用结构材料和饰面材料用引出线于右上角注出。小餐厅为一级平顶，标高为 2.800m，利用石膏顶纹线和角花装饰出两个四方形，墙和顶棚之间利用石膏阴角线收口。

门厅中央是六盏方罩吸顶灯组合，大餐厅中央是水晶灯，小餐厅在两个方格中装红花罩灯，办公室、洗手间为隔栅灯，厨房为日光灯，其余均为筒形吸顶灯。具体规格、品名（代号）、安装位置和数量，图中均已表明。顶棚平面图上还有窗帘盒的平面形状和窗帘符号，窗帘的形式、材质、色彩在有关立面图中表明。

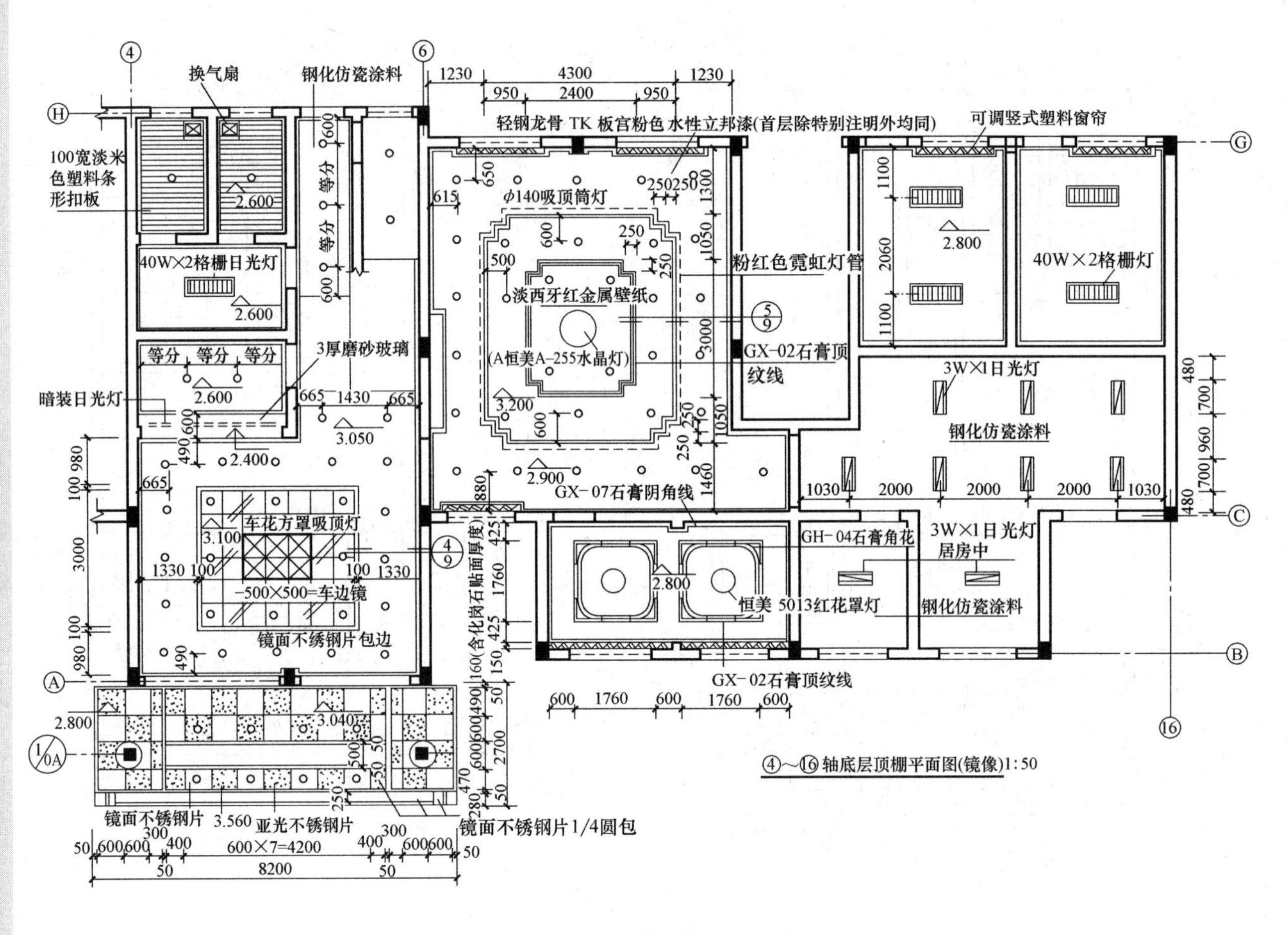

图 2-10 ④～⑯轴底层顶棚平面图（比例：1∶50）

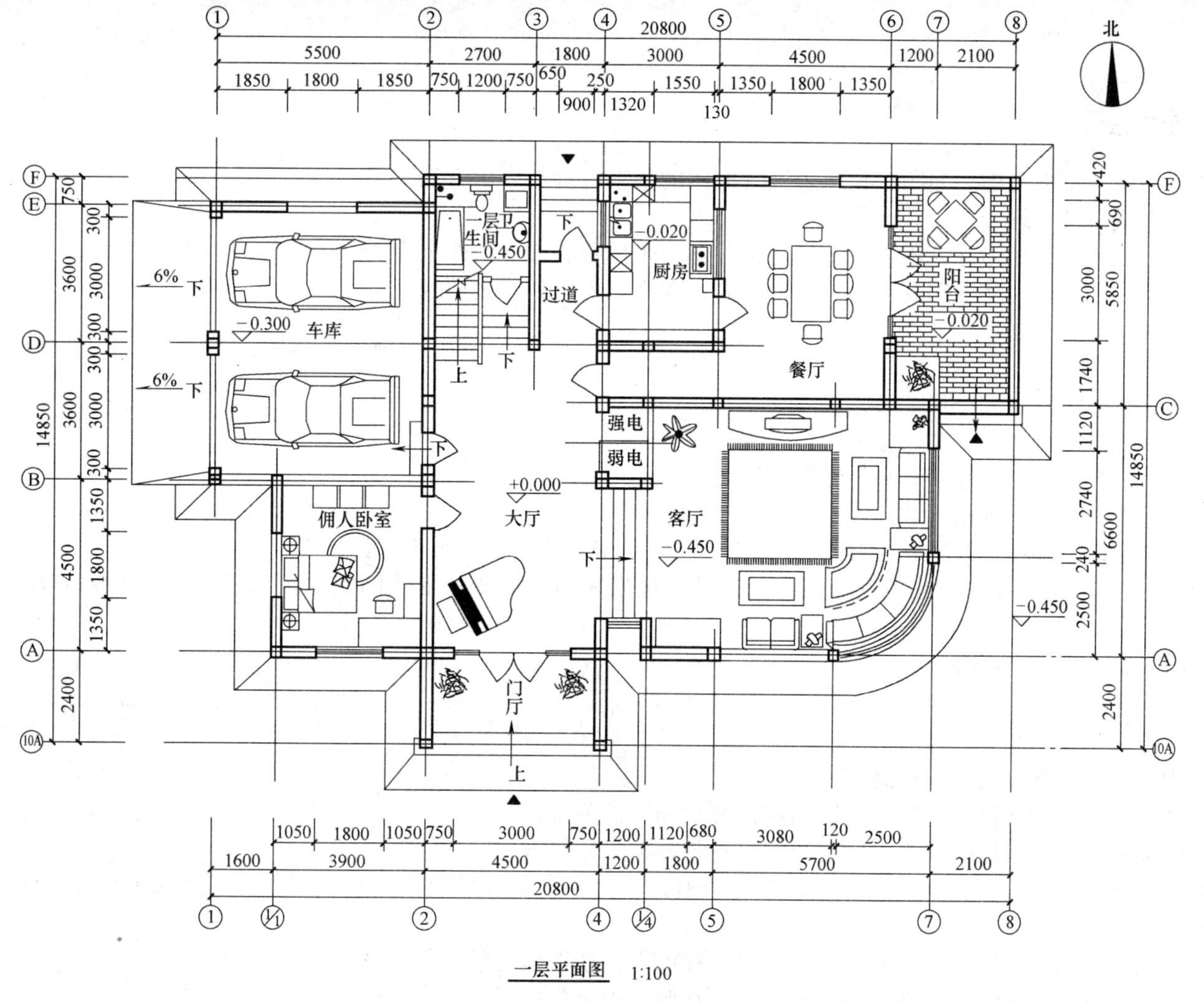

图 2-11 某别墅一层装饰平面布置图

【例 2-7】 识读某别墅一层装饰平面布置图。

图 2-11 为某别墅一层装饰平面布置图，其比例为 1∶100。图中的①～②轴前面是佣人卧室，后面是车库，②～④轴前面是门厅与大厅，后面是过道、卫生间；④～⑥轴前面是客厅，后面是厨房与餐厅，⑥～⑧轴后面是阳台。

佣人卧室的开间为 3.90m，进深为 4.50m；车库的开间为 5.50m，进深为 7.20m；门厅的开间为 4.50m，进深为 2.4m；大厅的开间为 4.5m，进深为 8.1m；过道的开间为 1.80m，进深为 3.60m；客厅的开间为 7.50m，进深为 6.60m；餐厅的开间为 4.50m，进深为 5.85m；厨房开间为 3.0m，进深为 3.6m；阳台开间为 3.3m，进深为 5.85m。以上几个空间是底层室内装饰的重点。

门厅与阳台采用双开门，其他都采用单开门；佣人卧室、车库、客厅的窗户宽度均为 1.8m，一层卫生间窗户宽度为 1.2m，厨房的窗户宽度为 1.5m。

图 2-11 中还有沙发、茶几、餐桌及立柜等设置。

2.2 建筑装饰立面图识读技巧

1. 建筑装饰立面图的基本内容和表示方法

装饰装修立面图主要包括室外装饰立面图与室内装饰立面图。建筑装饰立面图的基本内容与表示方法如下：

（1）图名、比例与立面图两端的定位轴线以及其编号。

（2）在装饰立面图上使用相对标高，即以室内地面为标高零点，并且以此为基准来标明装饰立面图上有关部位的标高。

（3）表明室内外立面装饰的造型和式样，并且用文字说明其饰面材料的品名、规格、色彩和工艺要求。

（4）表明室内外立面装饰造型的构造关系与尺寸。

（5）表明各种装饰面的衔接收口形式。

（6）表明室内外立面上各种装饰品的式样、位置与大小尺寸。

（7）表明门窗、花格、装饰隔断等设施的高度尺寸与安装尺寸。

（8）表明室内外景园小品或者其他艺术造型体的立面形状和高低错落位置尺寸。

（9）表明室内外立面上的所用设备及其位置尺寸和规格尺寸。

（10）表明详图所示部位及详图所在位置。作为基本图的装饰剖面图，其剖切符号一般不应在立面图上标注。

（11）作为室内装饰立面图，还要表明家具和室内配套产品的安放位置、尺寸。如果采用剖面图示形式的室内装饰立画图，还要表明顶棚的选级变化和相关尺寸。

（12）建筑装饰立画图的线型选样和建筑立面图基本相同。

2. 建筑装饰立面图的识读技巧

（1）明确建筑装饰立面图上与该工程有关的各部分尺寸与标高。

（2）通过图中不同线型的含义，搞清楚立面上的各种装饰造型的凹凸起伏变化和转折关系。

（3）弄清楚每个立面上有几种不同的装饰面，以及这些装饰面所选用的材料与施工工艺要求。

（4）立面上各装饰面之间的衔接收口较多，这些内容在立面图上表现得比较概括，大多在节点详图中详细表明。要注意找出这些详图，明确它们的收口方式、工艺和所用材料。

（5）明确装饰结构之间以及装饰结构与建筑结构之间的连接固定方式，以便提前准备预埋件与紧固件。

（6）要注意设施的安装位置，电源开关、插座的安装位置和安装方式，以便在施工中预留位置。

阅读室内装饰立面图时，要结合平面布置图、顶棚平面图和该室内其他立面图对照阅读，明确该室内的整体做法及要求。阅读室外装饰立面图时，要结合平面布置图和该部位的装饰剖面图综合阅读，全面弄清楚它的构造关系。

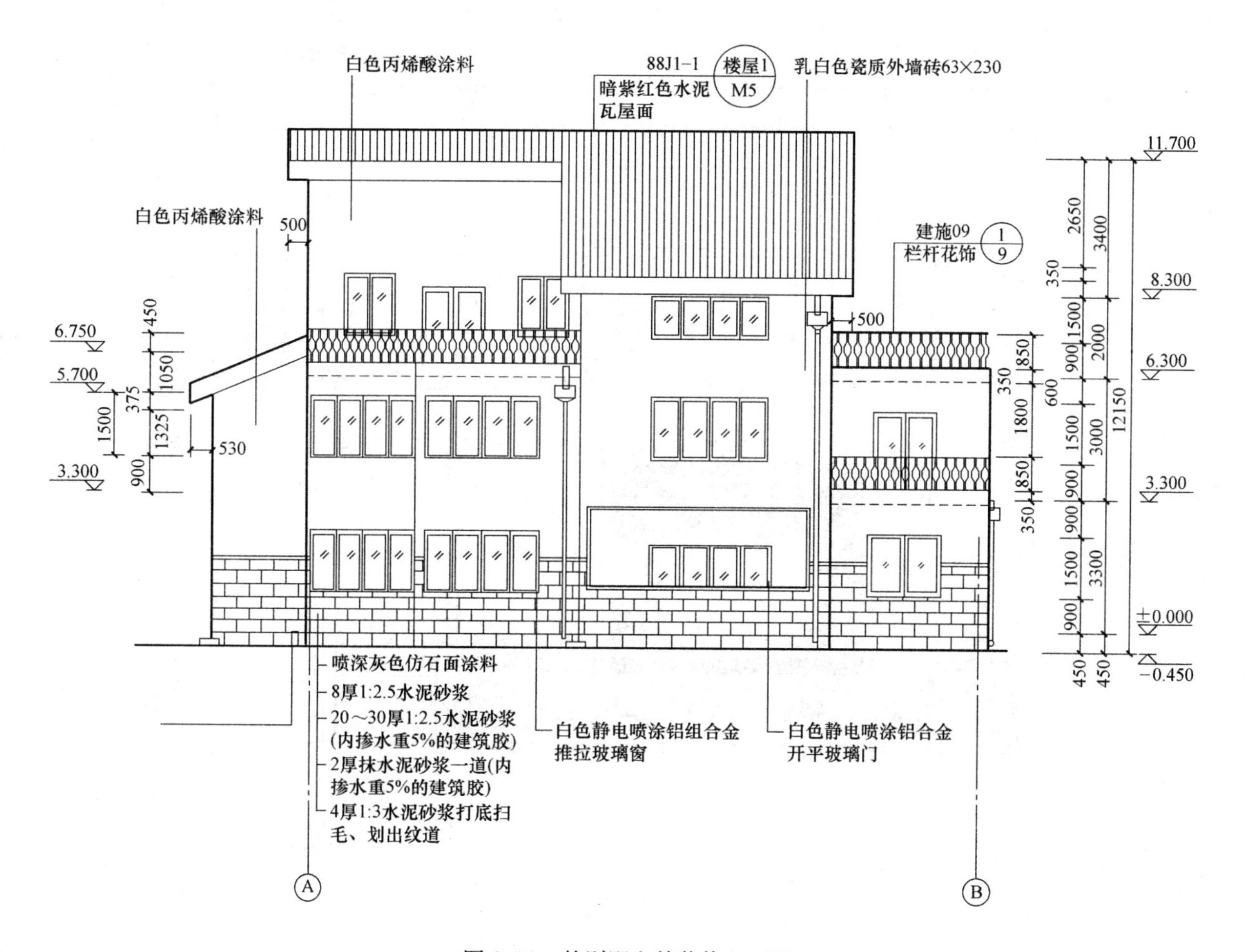

图 2-12　某别墅室外装修立面图

【例 2-8】　识读某别墅室外装修立面图。

图 2-12 为某别墅的室外装修立面图。该别墅外墙喷涂灰色仿石面涂料，白色丙烯酸涂料采用 63mm×230mm 的乳色白瓷质外墙砖，屋面则采用暗紫红色水泥瓦，其具体做法参阅标准图集 88J1-1。

由图 2-12 还可以看出，该别墅外墙门窗的材质为白色静电喷涂铝合金。平台栏杆高度为 850mm，做法详图位于建施 09。

图中还标注了别墅各层层高、各层高低错位的位置及总高度等。

【例 2-9】 识读某别墅室内客厅立面图。

某别墅室内客厅立面图如图 2-13 所示。图形的比例尺是 1∶30。该立面图的位置为一楼客厅。该立面有一个电视柜与三个带抽屉的矮柜，具体尺寸与位置参见该图中所标注的尺寸。墙面有电视背景墙，电视背景墙两侧为有外框的工艺玻璃镶嵌造型。电视镶嵌在电视背景墙上，电视柜放置在电视的下方，电视柜由饰面板饰面，高度尺寸参见该图所标注的尺寸。玻璃镶嵌造型的外侧为刷乳胶漆的刮白的墙面。电视背景墙的右侧有一个门洞，挨着门洞的左侧有一个工艺玻璃造型的墙面。从立面图上看，该立面分为二层，上层主要由实木栏杆扶手安装在立柱之间，立柱表面由饰面板饰面，中间有装饰线条。立柱左侧为半柱，中间为整柱。该立面图没有标高标注，有水平与垂直两种尺寸。

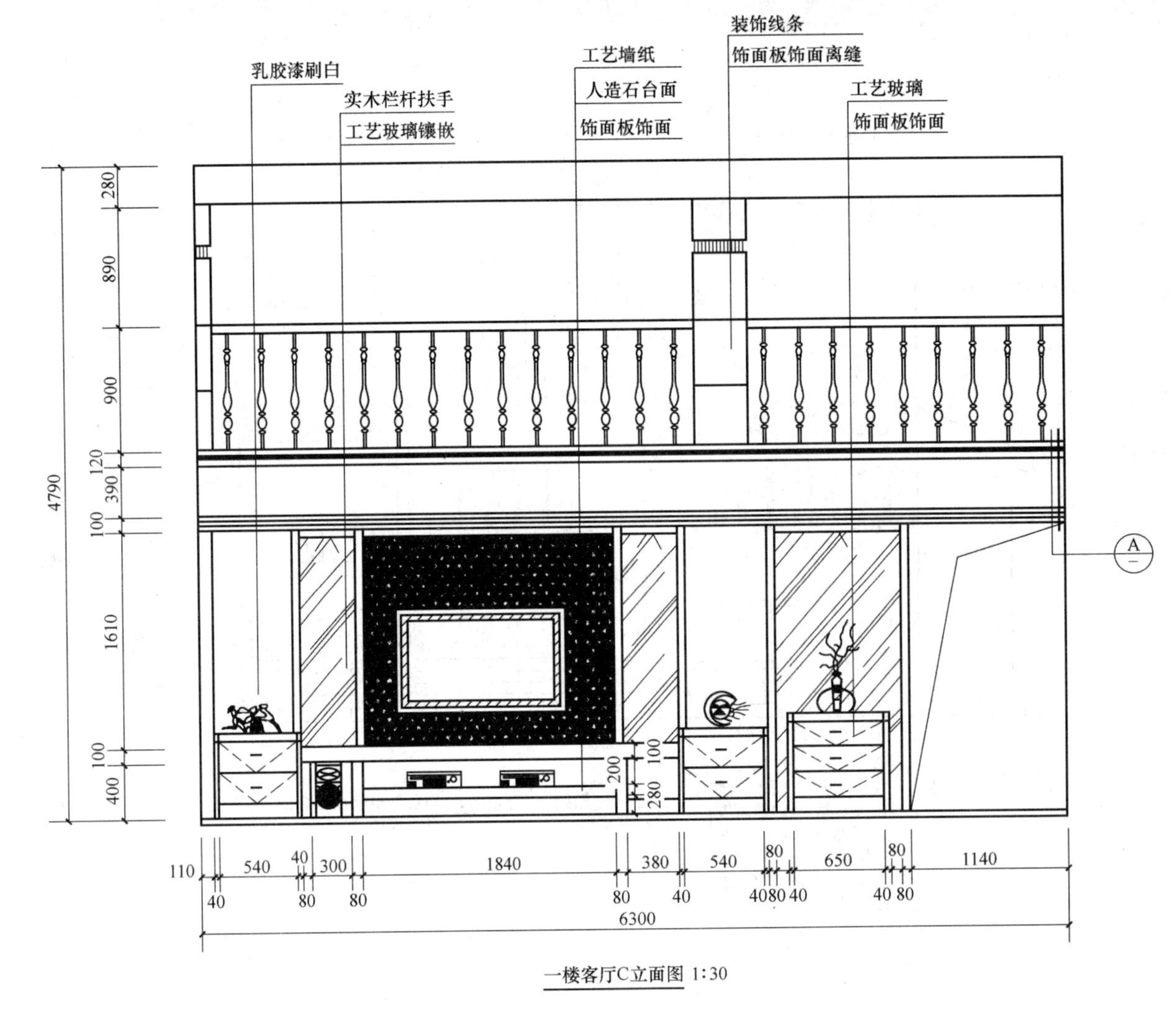

图 2-13 某别墅室内客厅立面图

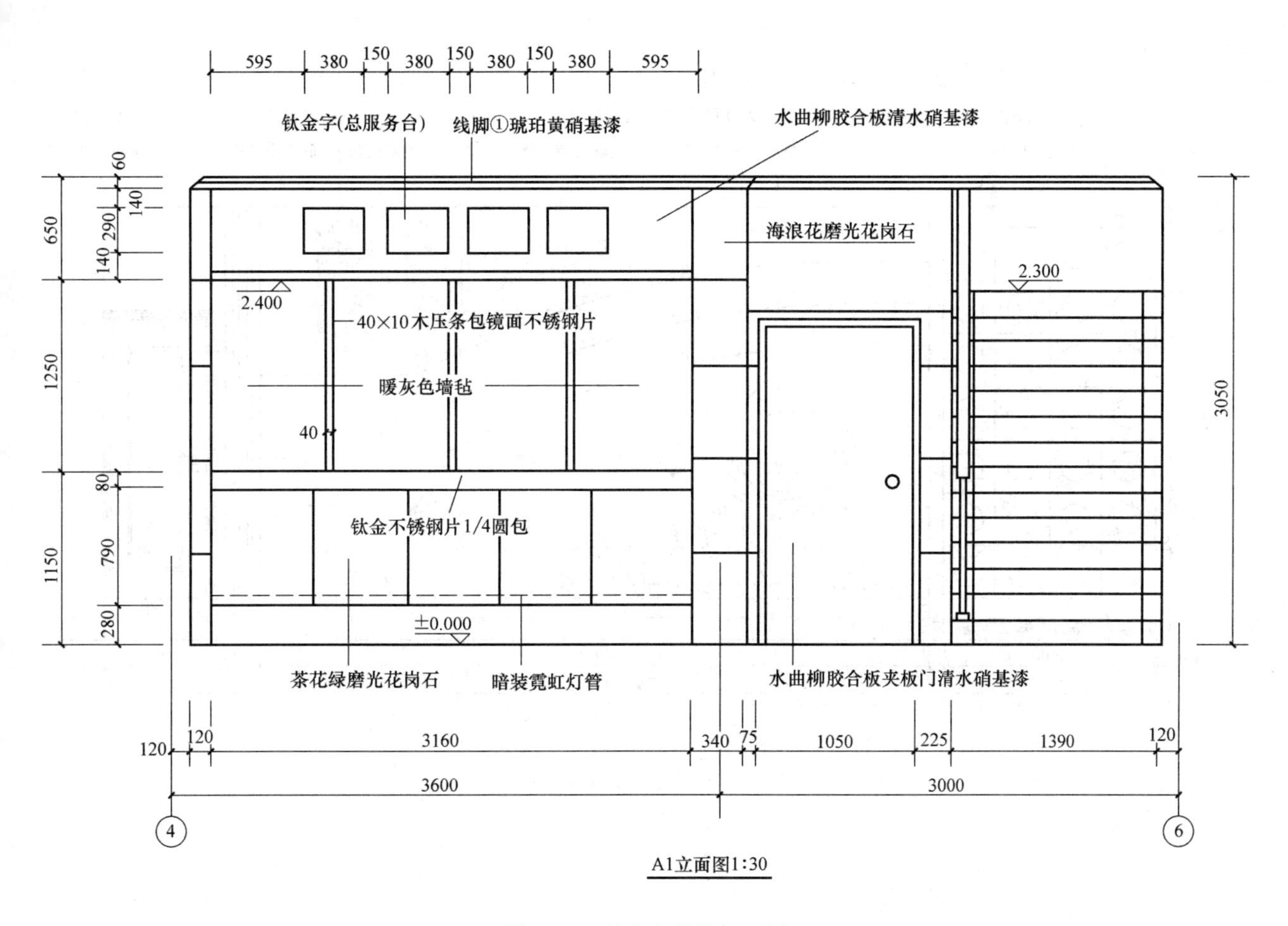

图 2-14　某室内装饰立面图

【例 2-10】　识读某室内装饰立面图。

某室内装饰立面图，如图 2-14 所示。该图为 A1 立面图，注脚 1 表明是底层。左边为总服务台，右边为底层楼梯，中部为后门过道。服务台的右边沿粗实线表明该墙面向里折进。地面标高为±0.000。门厅四沿顶棚标高为 3.05m。该图未图示门厅顶棚。总服务台的上部有一下悬顶，标高为 2.40m，立面有四个钛金字，字底是水曲柳板清水硝基漆。总服务台的立面是茶花绿磨光花岗石板贴面，下部暗装霓虹灯管，上部圆角采用钛金不锈钢片饰面。服务台内墙面贴暖灰色墙毡，采用不锈钢片包木压条分格。总服务台立面两边墙柱面与后门墙面采用海浪花磨光花岗石板贴面，对应门厅其他视向立面图，可知门厅全部内墙面均为花岗石板，工艺采用钢钉挂贴。四沿顶棚与墙面相交处采用线脚①收口。线脚属于装饰零配件，因而其索引符号采用 6mm 的细实线圆表示。

【例 2-11】 识读某酒吧装饰立面图。

图 2-15～图 2-17 为某酒吧 3 种装饰立面图，从图中可以分别看出：

（1）图 2-15 中，左侧为一组带有韵律式的玻璃造型，上下均留有 150mm 的间距，采用银灰色铝塑板装饰，中间部分为方格、中间带圆的造型，材质由红色玻璃贴纸与钢化玻璃组成。左侧最下端为一组 4 个的射灯，中间部分为灯带，中间虚线部分为走珠灯带，中间左侧为火红色灯组造型，直径为 340mm，采用火红色喷漆，右上侧也为可塑灯带，尺寸均在图中详细标出，采用金色系墙纸装饰。左下侧为一组齿轮造型，材质为金属防火板，中心设有射灯，具体尺寸图中已经详细标出。

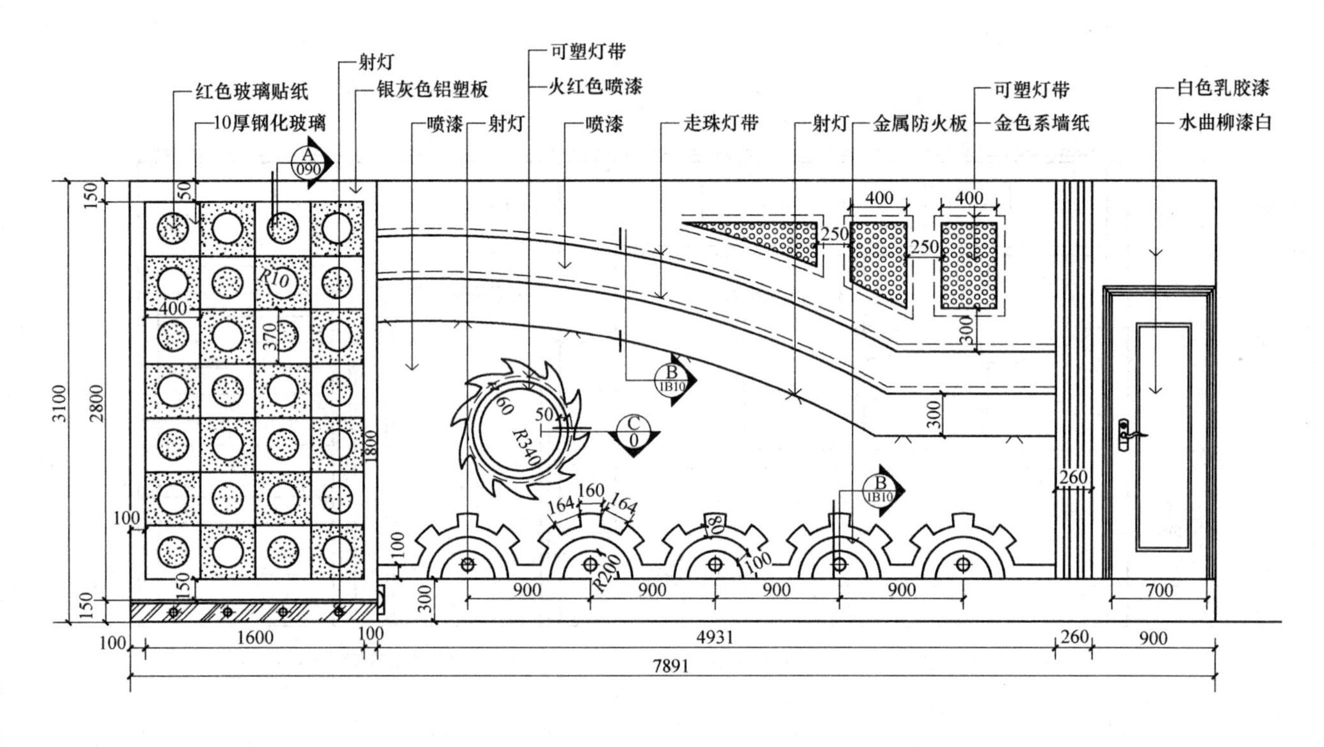

图 2-15 某酒吧装饰立面图（一）

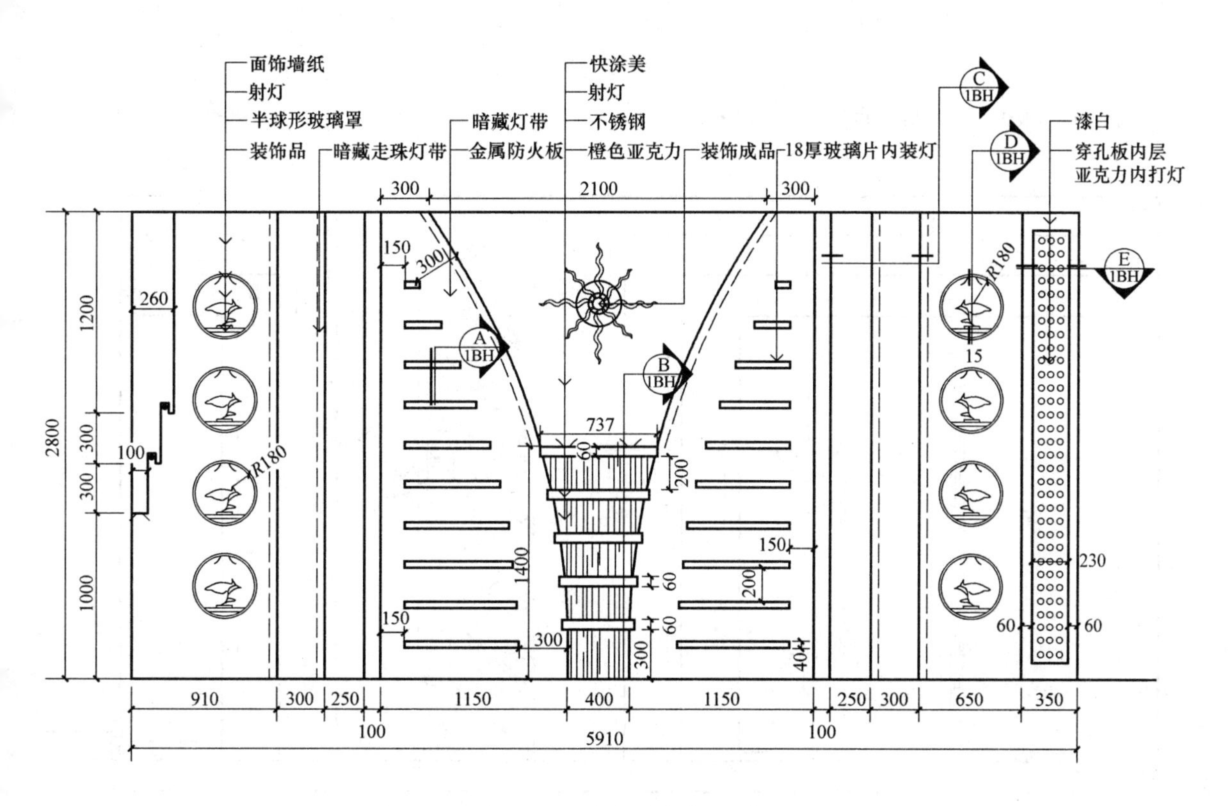

图 2-16　某酒吧装饰立面图（二）

（2）图 2-16 为另一个装饰立面，左侧为半圆形造型，半径为 180mm，内设有射灯，其余部分为墙纸，中间为一组造型墙，中间的左右两侧对称设计横条为玻璃片内装装饰灯，其余面积为金属防火板，中间靠下侧为一火炬型造型，下端为“不锈钢十橙色亚克力板”材质，内设有射灯，上面为一装饰品。左右两边暗藏走珠灯带，右侧为一条宽度为 350mm、材质为白色亚克力板的灯带，内设有射灯。

（3）由图 2-17 可以看出，该立面共分为两部分，左边部分为大门，右边为酒柜造型，左边墙面采用白色乳胶漆，墙面暗藏 3 条灯带设计，椭圆玻璃造型内设射灯，采用不锈钢支架，挂高脚杯，外部采用钢化玻璃，长度为 2350mm。

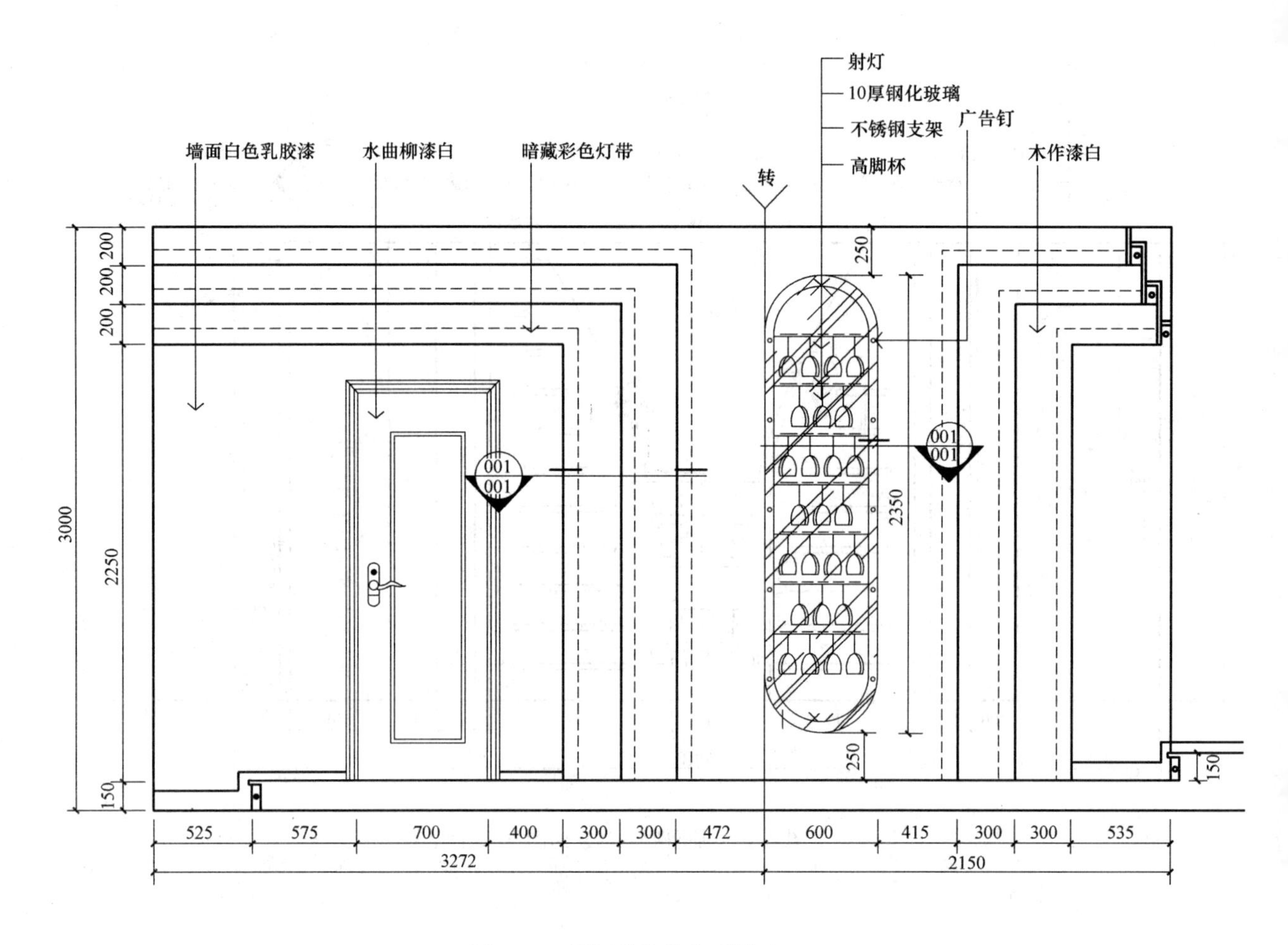

图 2-17　某酒吧装饰立面图（三）

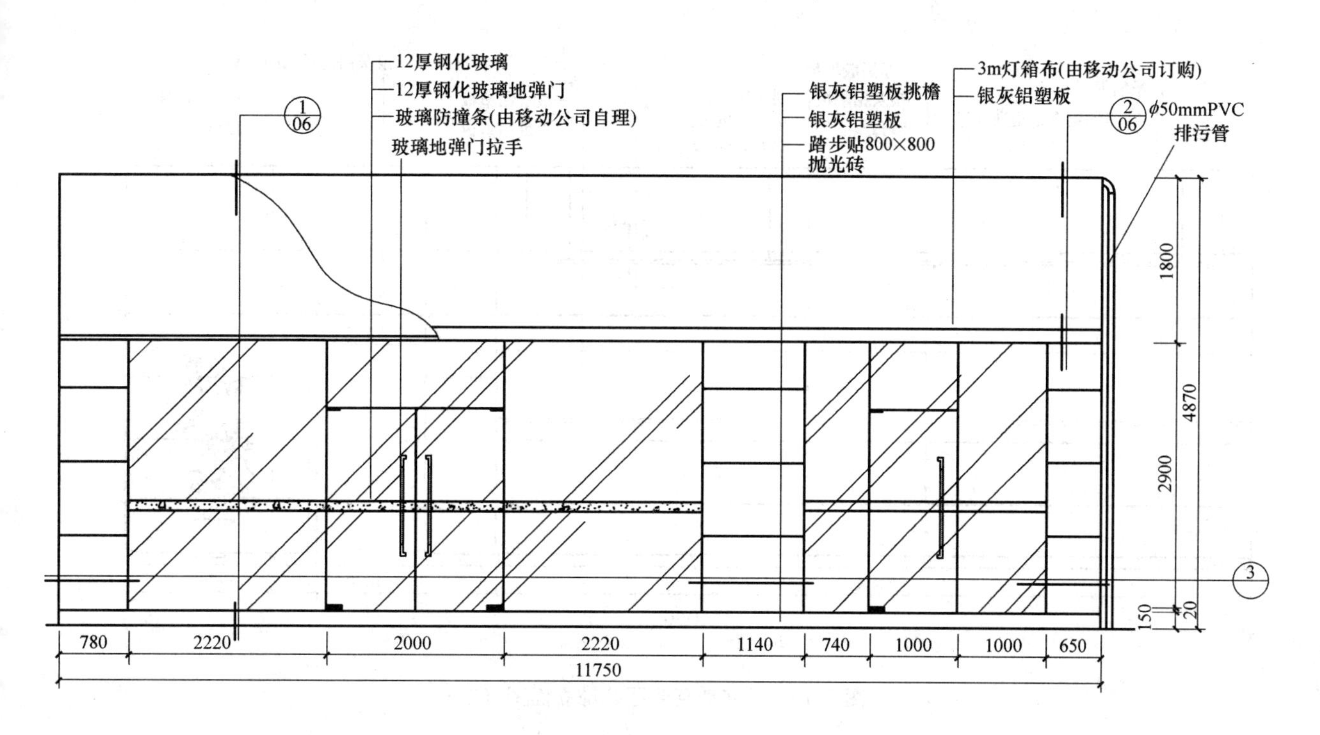

图 2-18　某移动营业厅装饰立面图（一）

【例 2-12】　识读某移动营业厅装饰立面图。

图 2-18 为某移动营业厅门面装饰立面图，从图中可以看出，头上部造型为银灰铝塑板材质，下部大门采用透明钢化玻璃地弹门。柱子采用铝塑板，台阶踏步采用 800mm×800mm 的抛光砖。

图 2-19 为营业厅内墙立面装饰，左侧部位墙面采用铝塑板装饰，中间字体以及 Logo 采用刮钢化涂料和 PVC 材质装饰，左侧上面采用背景墙射灯设计，右侧铝塑板包门通向工作区域。

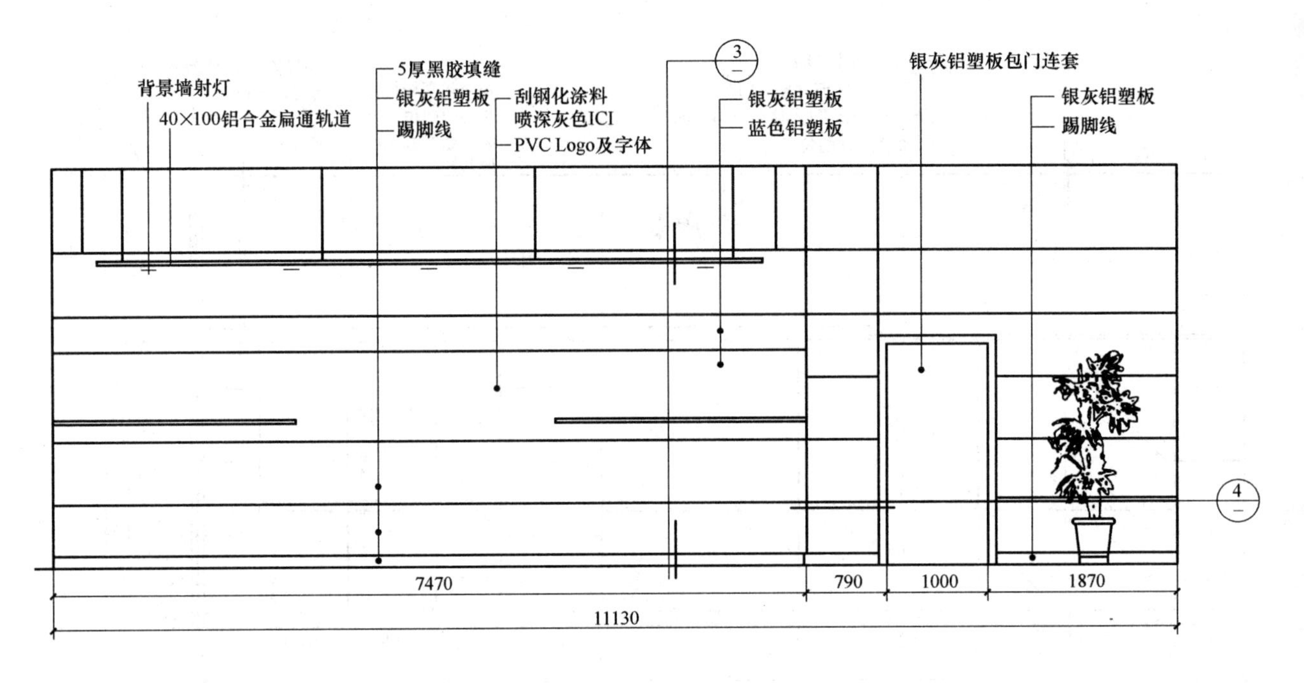

图 2-19　某移动营业厅装饰立面图（二）

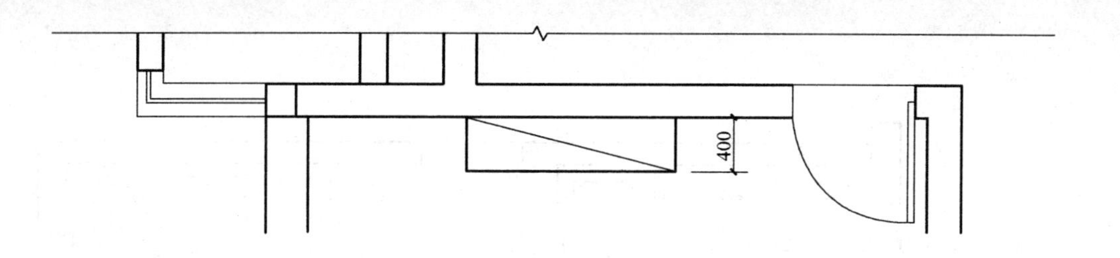

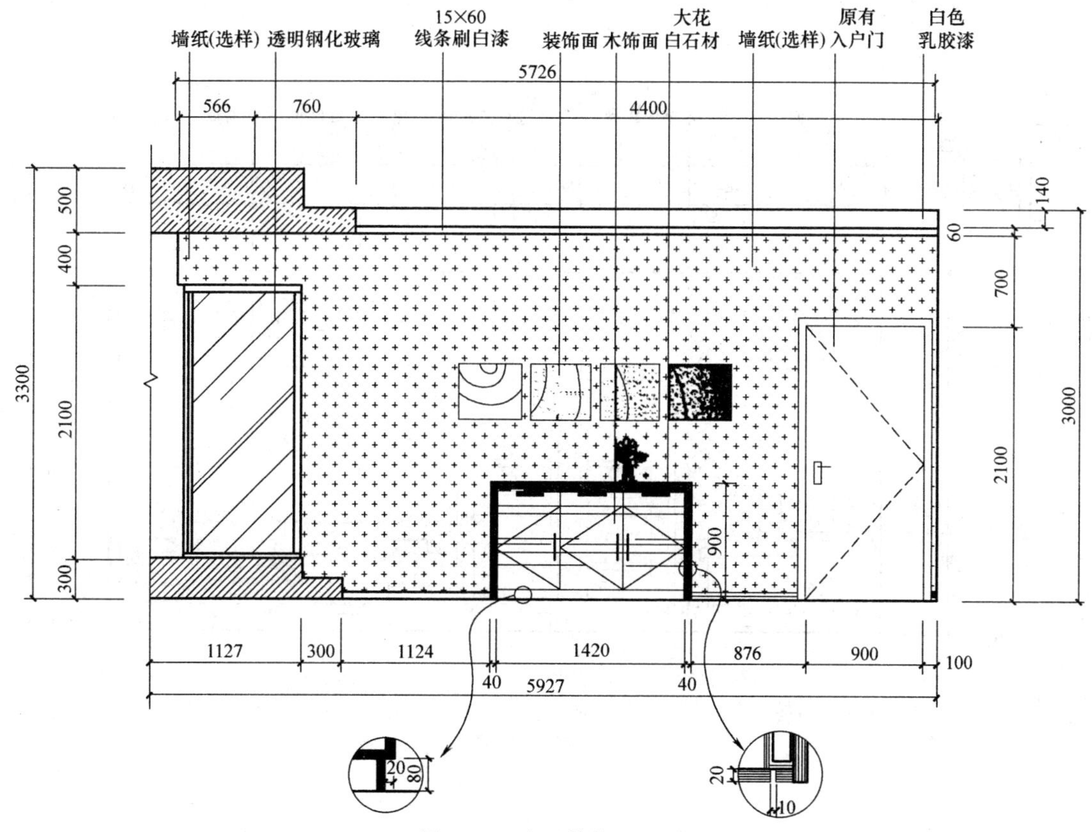

图 2-20　客厅装饰立面图

【例 2-13】　识读某家居装饰立面图。

（1）图 2-20 为某客厅背景墙装饰立面图，墙左侧为一块半透明钢化玻璃，高度 2100mm，宽度为 1127mm；右侧为卧室门，宽度为 900mm，高度为 2100mm；中间部分墙面用墙纸装饰，中间为 4 块装饰画，下部为一个装饰柜，装饰柜高度为 900mm，宽度为 1420mm，其四周立面采用大花白石材装饰，正面柜门为木材质。

（2）图 2-21 为主卧装饰立面图，由图可以看出，左侧部分为主卧卫生间装饰立面，右侧部分为卧室装饰立面，左侧部分的卫生间进深为 2595mm，下面踢脚线采用木材质，梳妆台采用木材质，梳妆台角的放大尺寸在图中左上角已经给出。墙面铺设墙纸。右侧卧室的门宽为 800mm，床宽度为 1800mm，上方为装饰画。

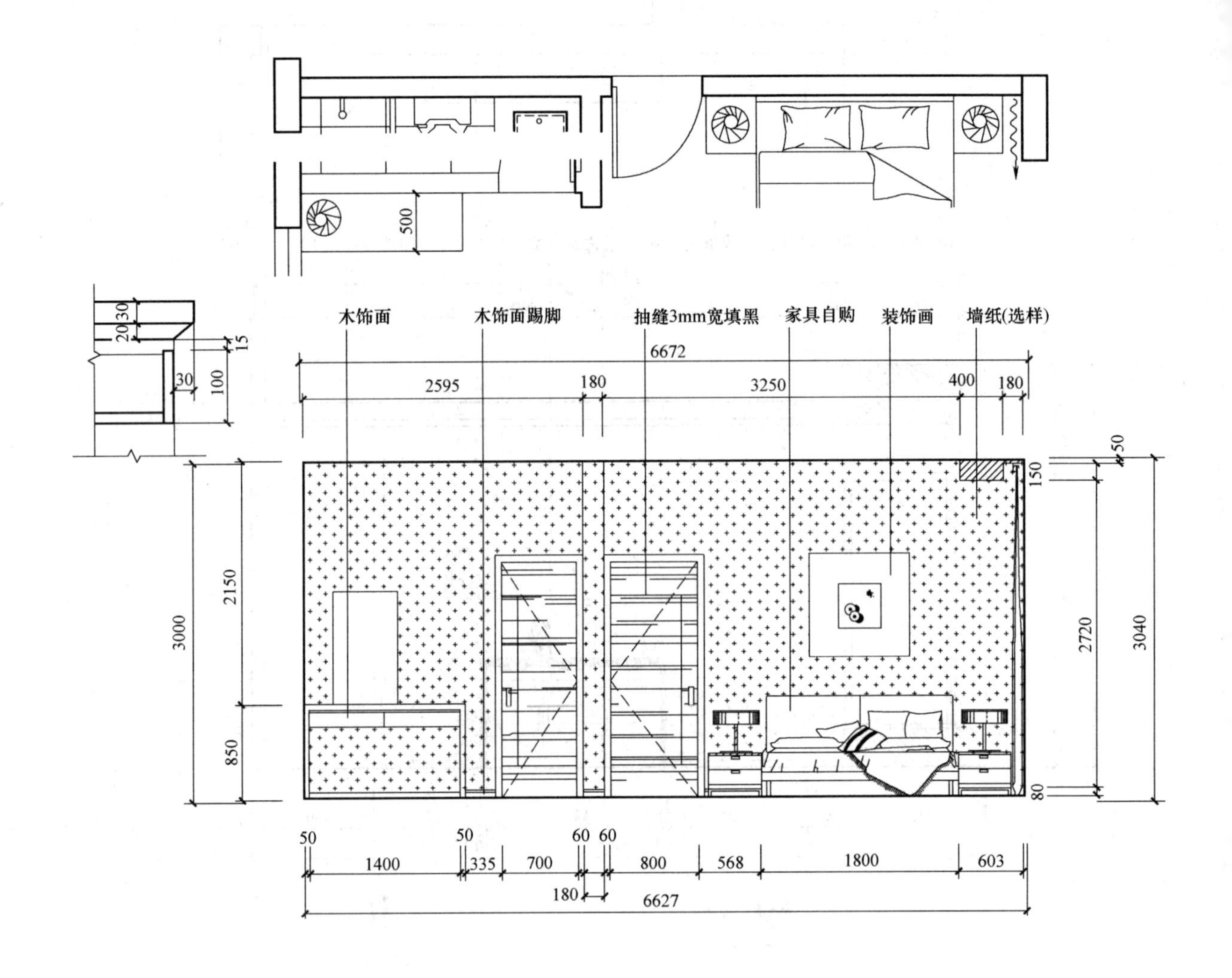

图 2-21　主卧装饰立面图

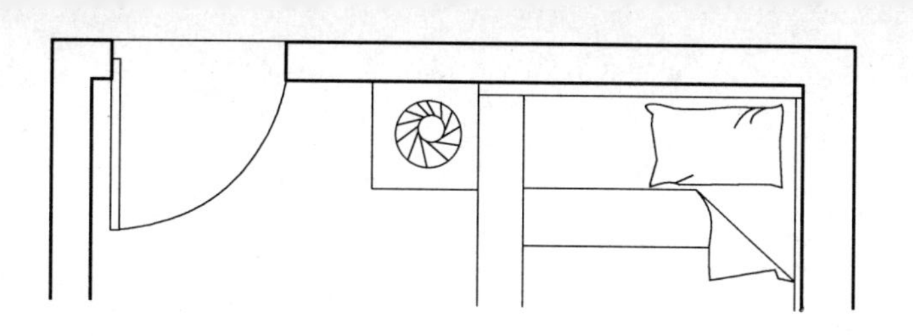

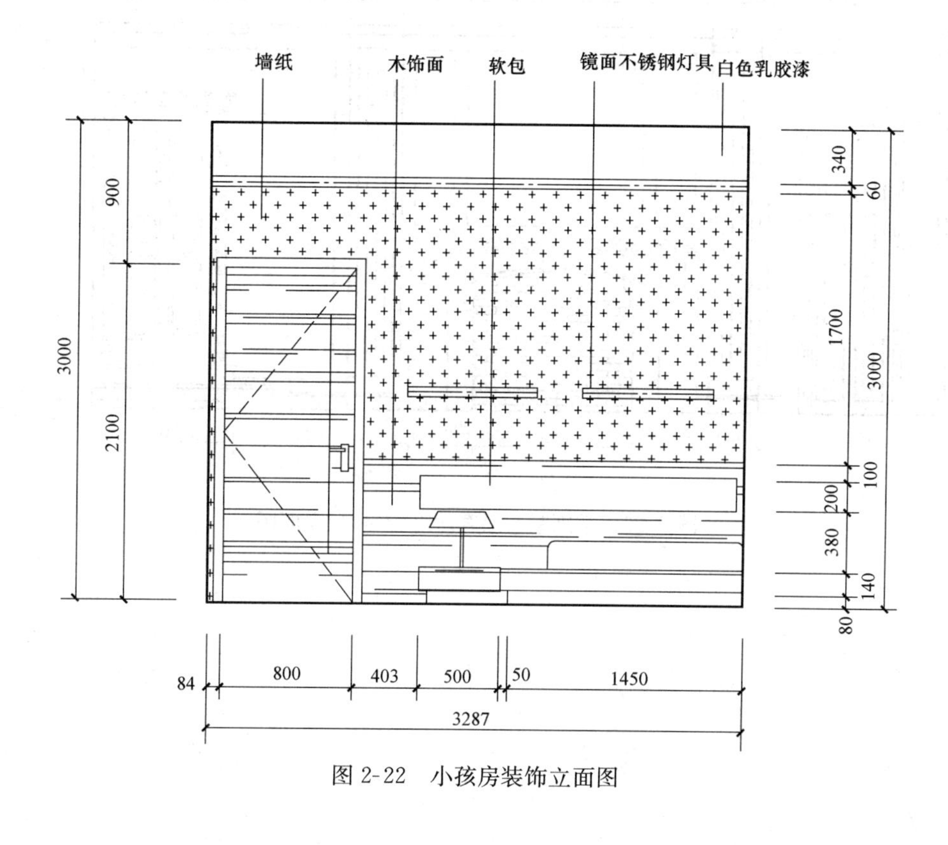

图 2-22　小孩房装饰立面图

(3) 图 2-22 为小孩房装饰立面图，墙面采用墙纸装饰，床头部分采用软包材质，床头的上方长条为镜面不锈钢灯具，紧靠屋顶处为一条宽度 340mm 的白色乳胶漆带。

【例 2-14】 识读某别墅一层客厅立面图。

图 2-23 为某别墅一层客厅立面图，由图可以看出，该墙面包含两根桃木柱，柱高为3340mm，截面宽度为 400mm；墙面采用阻燃壁纸饰面，墙面的左侧为大花绿门套实木门，右侧为实木门，门下有金花米黄台阶，两侧门高均为2100mm。壁炉位于墙面的中部，高度为 1300mm，宽度为2200mm。阴角线和挂镜线均为实木。

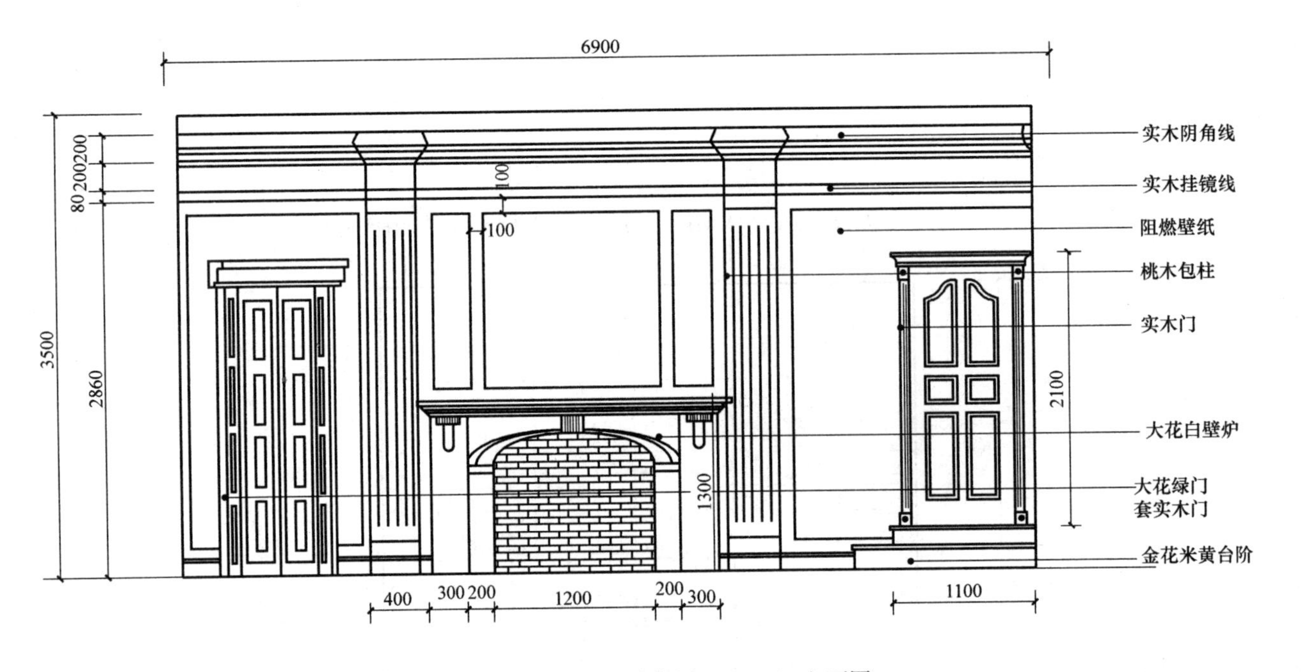

图 2-23 某别墅一层客厅（1∶40）立面图

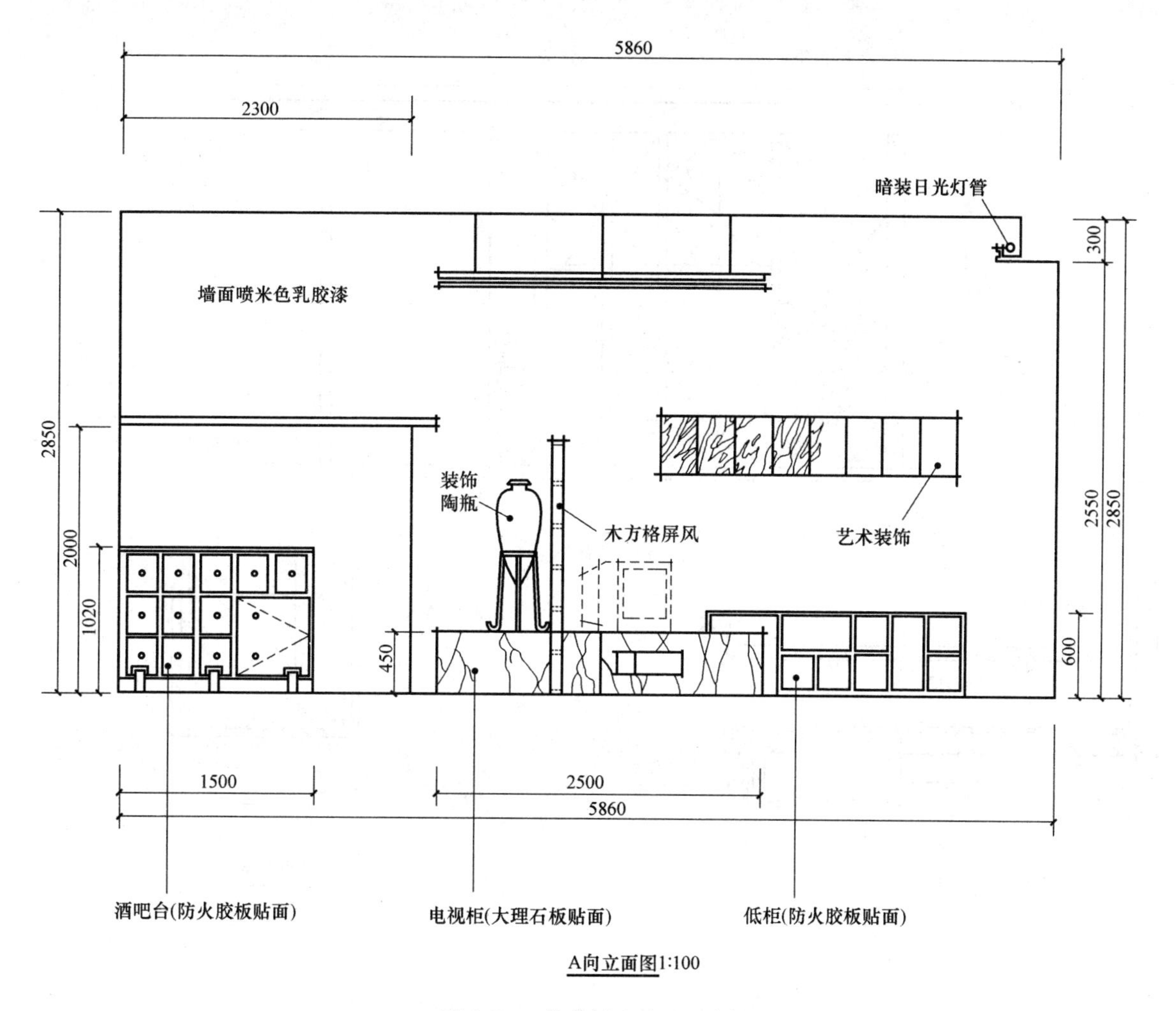

图 2-24 某房间 A 向立面图

【例 2-15】 识读某房间 A 向立面图。

图 2-24 所示为某房间 A 向立面图，由图可以看出：该房间墙面采用喷米色乳胶漆的方法饰面，并且在右侧中间位置贴艺术壁纸装饰；该房间的左侧设有酒吧台，台面采用防火胶板贴面；房间的中间位置安放电视柜，台面采用大理石板贴面，电视柜的左侧设有木方格屏风，屏风后有一装饰陶瓶，电视柜的右侧放置一低柜，低柜采用防火喷板贴面。

【例 2-16】 识读某客厅装饰 B 向立面图。

图 2-25 为某客厅 B 向立面图，由图可以看出，该墙在客厅中采用胡桃木造型屏风作为餐厅分界，并且可兼作为酒水柜，其活动层板槽为 5mm 厚的明玻璃活动层板。

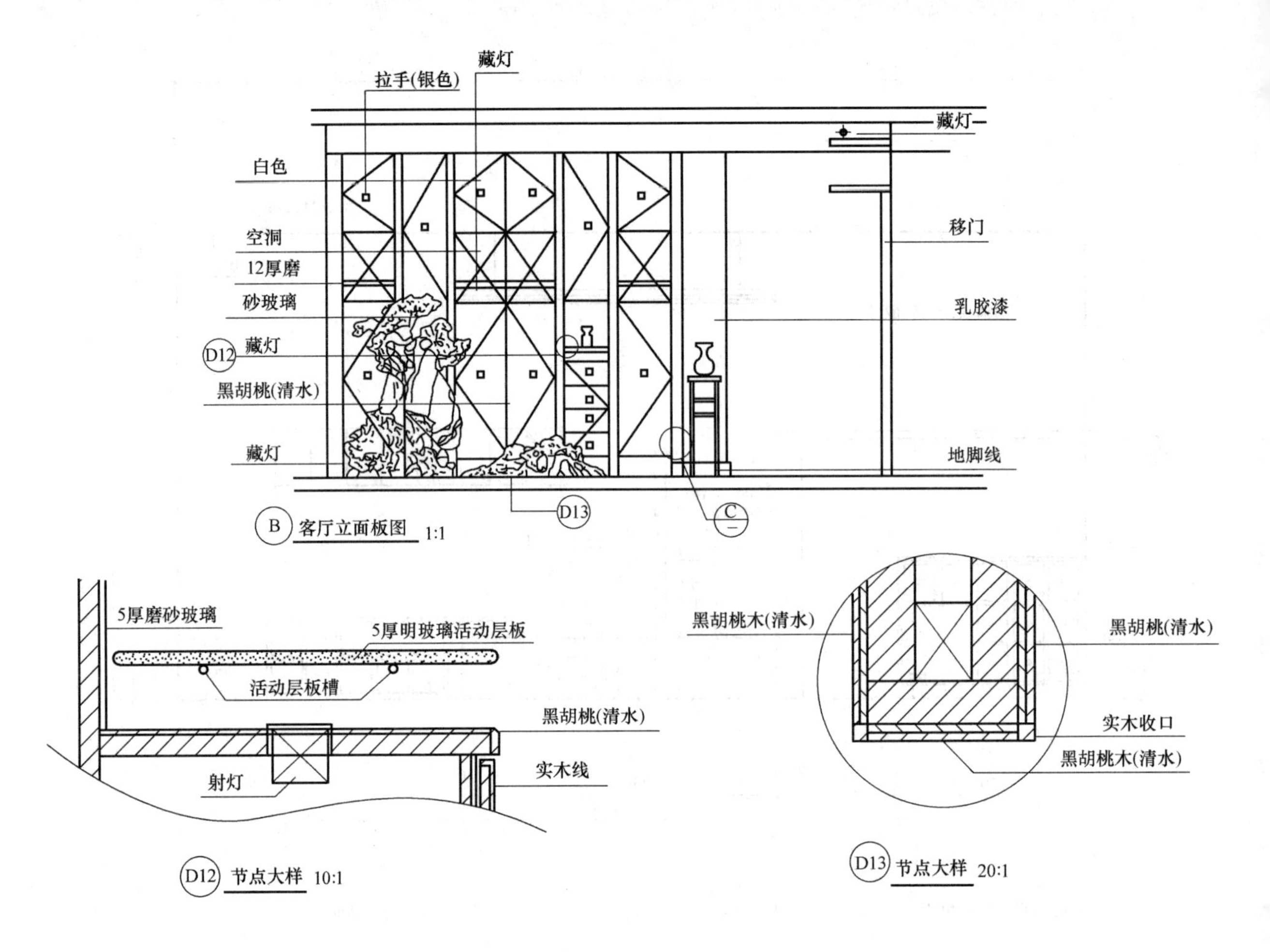

图 2-25 某客厅装饰 B 向立面图

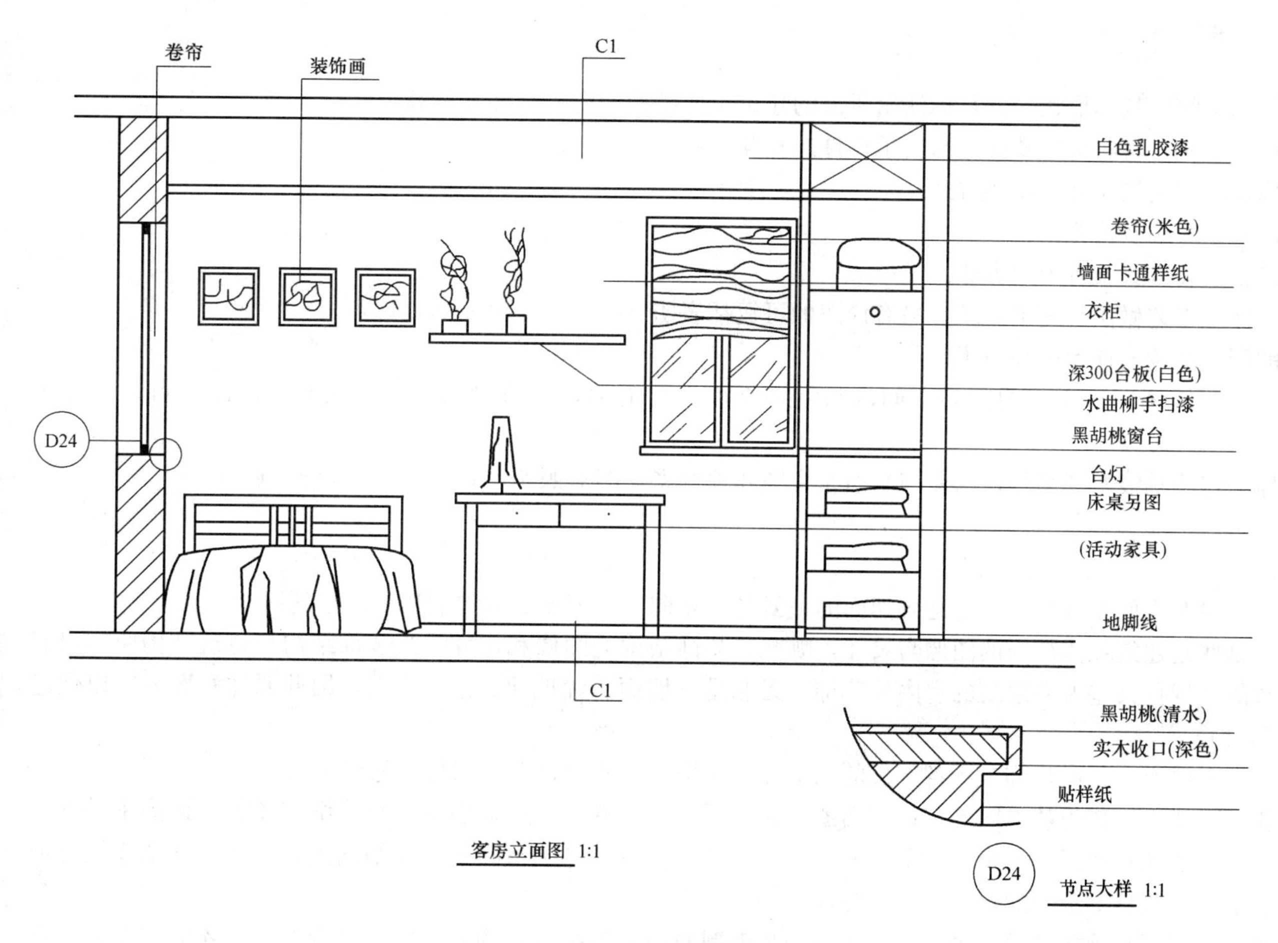

图 2-26　某客房立面图

【例 2-17】　识读某客房立面图。

图 2-26 为某客房立面图。该客房为简洁室内造型，在墙面上做了一些修饰，墙边设有造型明快的衣柜，突出了房间的小巧、轻快、温馨的气氛，墙面采用白色乳胶漆做法。

在图 2-26 中，床头上方墙面张贴三幅装饰画，装饰画的右侧为白色深 300mm 的台板，台板一侧为一小窗，窗台采用黑胡桃饰面，并且涂有水曲柳手扫漆，窗帘为米色卷帘；床的右侧中间位置设有活动床桌，有一台灯摆在桌子上。

2.3 建筑装修剖面图识读技巧

1. 建筑装饰剖面图的基本内容

（1）表明建筑的剖面基本结构和剖切空间的基本形状，并且标注出所需的建筑主体结构的有关尺寸和标高。

（2）表明装饰结构的剖面形状、构造形式、材料组成及固定与支承构件的相互关系。

（3）表明装饰结构与建筑主体结构之间的衔接尺寸及连接方式。

（4）表明剖切空间内可见实物的形状、大小及位置。

（5）表明装饰结构和装饰面上的设备安装方式或者固定方法。

（6）表明某些装饰构件、配件的尺寸，工艺做法与施工要求，另有详图的可概括表明。

（7）表明节点详图和构配件详图的所示部位与详图所在位置。

（8）如果是建筑内部某一装饰空间的剖面图，还要表明剖切空间内与剖切平面平行的墙面装饰形式、装饰尺寸、饰面材料以及工艺要求。

（9）表明图名、比例和被剖切墙体的定位轴线及其编号，以便与平面布置图和顶棚平面图对照阅读。

2. 建筑装饰剖面图的识读技巧

（1）阅读建筑装饰剖面图时，首先要对照平面布置图，看清楚剖切面的编号是否相同，了解该剖面的剖切位置与剖视方向。

（2）在众多图像和尺寸中，要分清哪些是建筑主体结构的图像与尺寸，哪些是装饰结构的图像和尺寸。当装饰结构与建筑结构所用材料相同时，它们的剖断面表示方法是一致的。现代某些大型建筑的室内外装饰，无非是贴墙面、铺地面、吊顶而已，因此要注意区分，以便进一步研究它们之间的衔接关系、方式和尺寸。

（3）通过对剖面图中所示内容的阅读和研究，明确装饰工程各部位的构造方法、构造尺寸、材料要求与工艺要求。

（4）建筑装饰形式变化多，程式化的做法少。作为基本图的装饰剖面图只能表明原则性的技术构成问题，具体细节还需要详图来补充表明。因此，在阅读建筑装饰剖面图时，还应当注意按图中索引符号所示方向，找出各部位节点详图不断对照仔细阅读，弄清楚各个连接点或者装饰面之间的衔接方式，以及包边、盖缝、收口等细部的材料、尺寸与详细做法。

（5）阅读建筑装饰剖面图要结合平面布置图和顶棚平面图进行，某些室外装饰剖面图还要结合装饰立面图来综合阅读，才能够全方位地理解剖面图示内容。

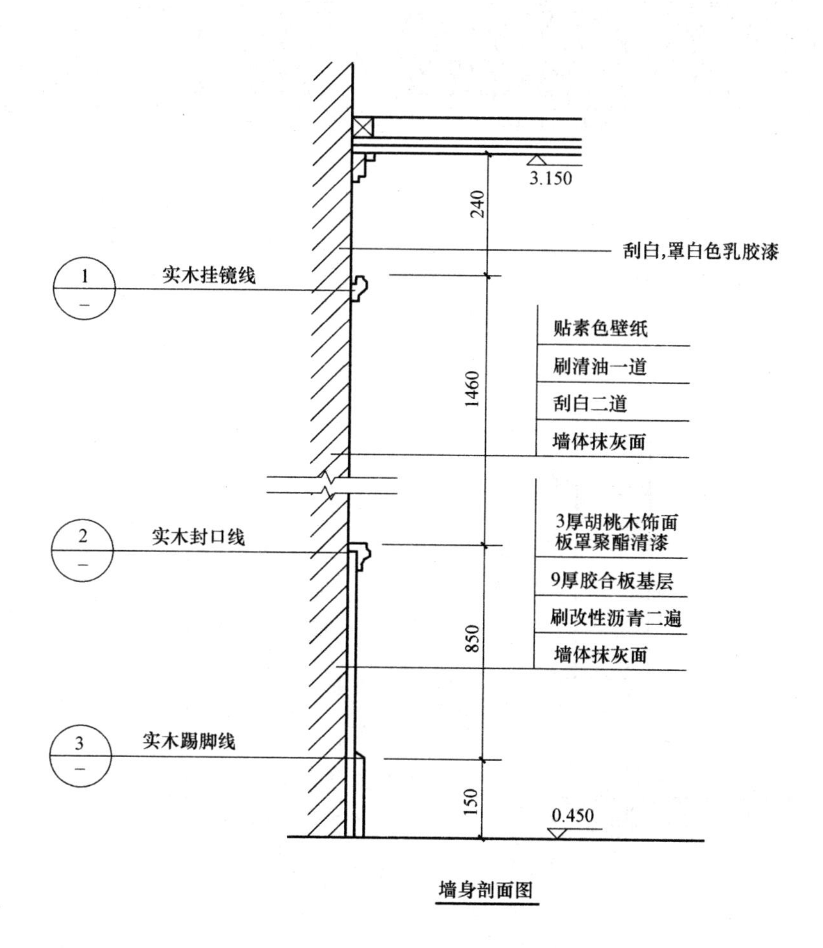

图 2-27　墙（柱）面装饰剖面图

【例 2-18】　识读某墙（柱）面装饰剖面图。

图 2-27 为某墙（柱）面装饰剖面图。由图可以看出：踢脚线高为 150mm，踢脚线上方为墙裙，高度为 850mm，墙裙上方刮白贴素色壁纸，高度为 1460mm，挂镜线以上到顶棚底面刮白，罩白色乳胶漆，高度为 240mm。顶棚底面标高为 3.150。

【例 2-19】 识读某酒吧栏杆剖面图。

图 2-28 为某酒吧栏杆剖面图，图中上半部分是酒吧栏杆立面图，下半部分是栏杆剖面图。由图中可以看出，栏杆的详细尺寸已经清楚地标注在图上面，栏杆的柱子采用白色弹性凹凸墙面漆涂刷，柱子与地台连接的地方采用 $\phi8$ 的钢筋与地面预埋钢筋焊接，地台采用 50mm 厚的水泥预制板，预制板面层采用地毯铺设。

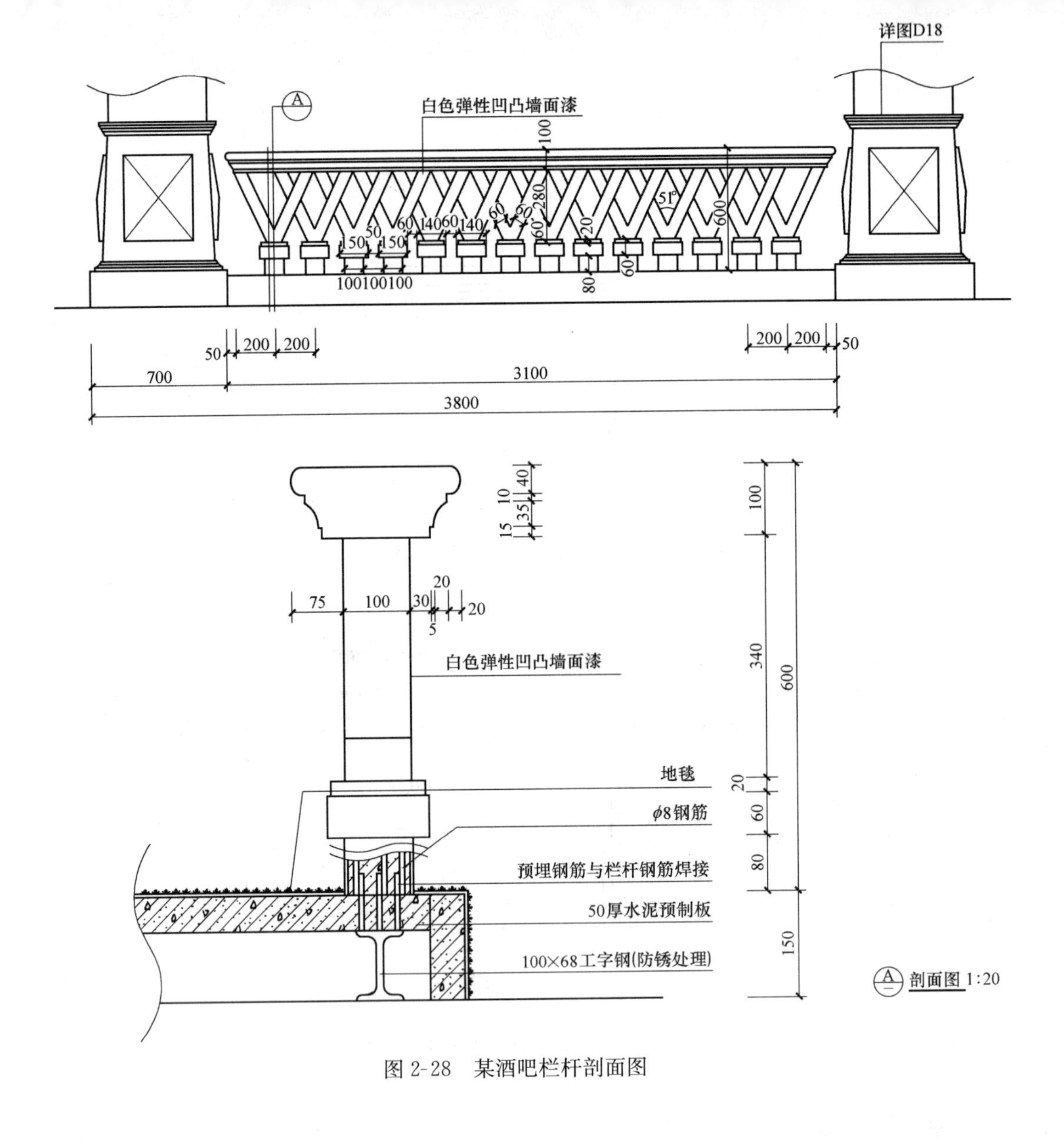

图 2-28 某酒吧栏杆剖面图

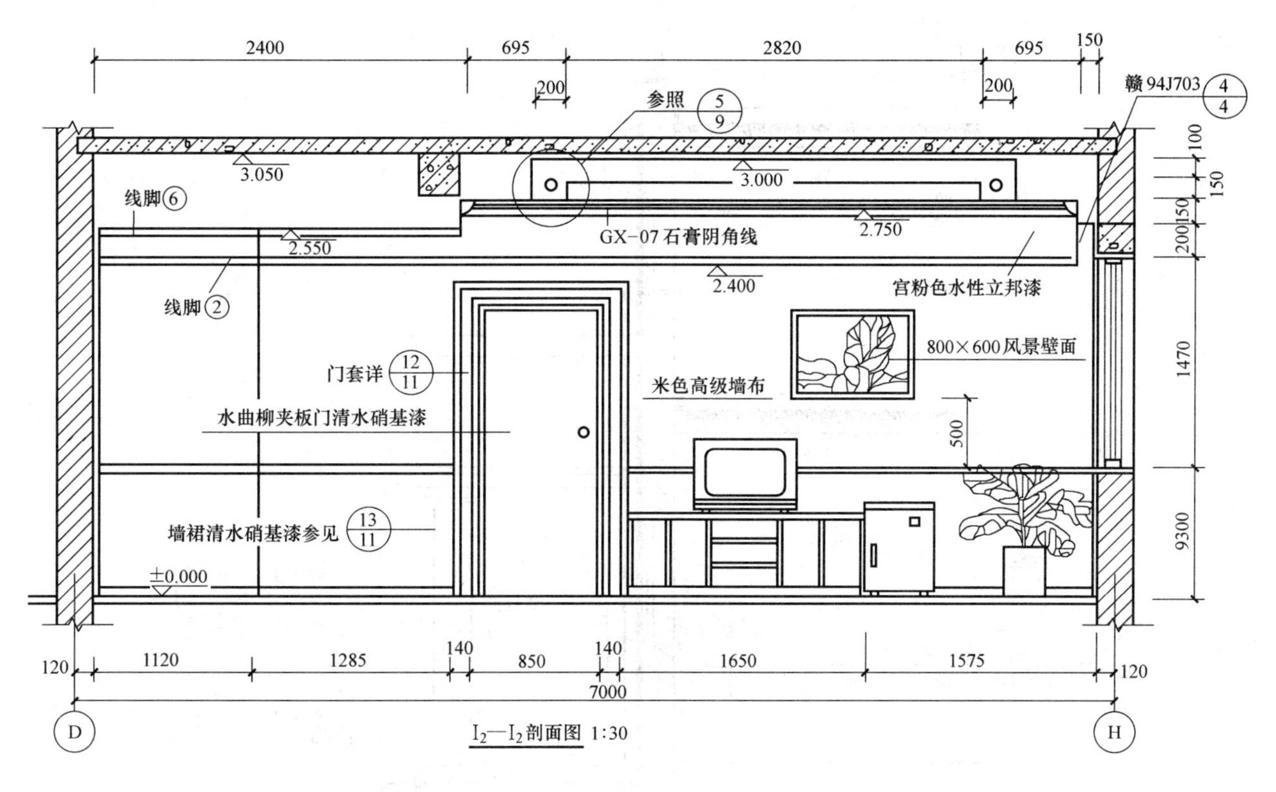

图 2-29 某建筑室内装饰整体剖面图

【例 2-20】 识读某建筑室内装饰整体剖面图。

图 2-29 为某建筑室内装饰整体剖面图。该图是从二层平面布置图上剖切得到的。由图中可以看出：该室内顶棚有三个迭级，标高分别是 3.000m、2.750m 与 2.550m。从混凝土楼板底面结构的标高，可知最高一级顶棚的构造厚度只有 0.05m，也就是说只能用木龙骨找平后即铺钉面板，从而明确该处顶棚的构造方法。根据剖面编号注脚找出相对应的二层顶棚平面图，可以得知该室内顶棚均为纸面石膏板面层，除了最高一级顶棚外，其余顶棚的主要结构材料为轻钢龙骨。最高一级顶棚与二级顶棚之间设有内藏灯槽，宽度为 0.20m，高度为 0.25m。Ⓗ轴墙上有窗，窗帘盒是标准构件。二级顶棚与墙面收口采用石膏阴角线，三级顶棚与墙面收口采用线脚⑥。墙裙高为 0.93m，做法参照饰施详图。门套做法详见饰施详图；墙面裱米色高级墙布，白线脚②以上为宫粉色立邦漆；墙面饰有一风景壁画，安装高度距墙裙上口 0.50m，横向居中。室内靠墙有矮柜、冰柜、电视，右房角有盆栽植物等。

【例 2-21】 识读某别墅室外剖面装饰图。

图 2-30 为某别墅室外剖面装饰图，由图中可以看出，从室外地坪通过三步台阶到门厅再进入大厅。室内外高差为 450mm，门厅进深为 900mm；地面均采用防滑地砖地面；顶棚为水泥砂浆顶棚；图中还引出了各部分节点构造详图的位置。

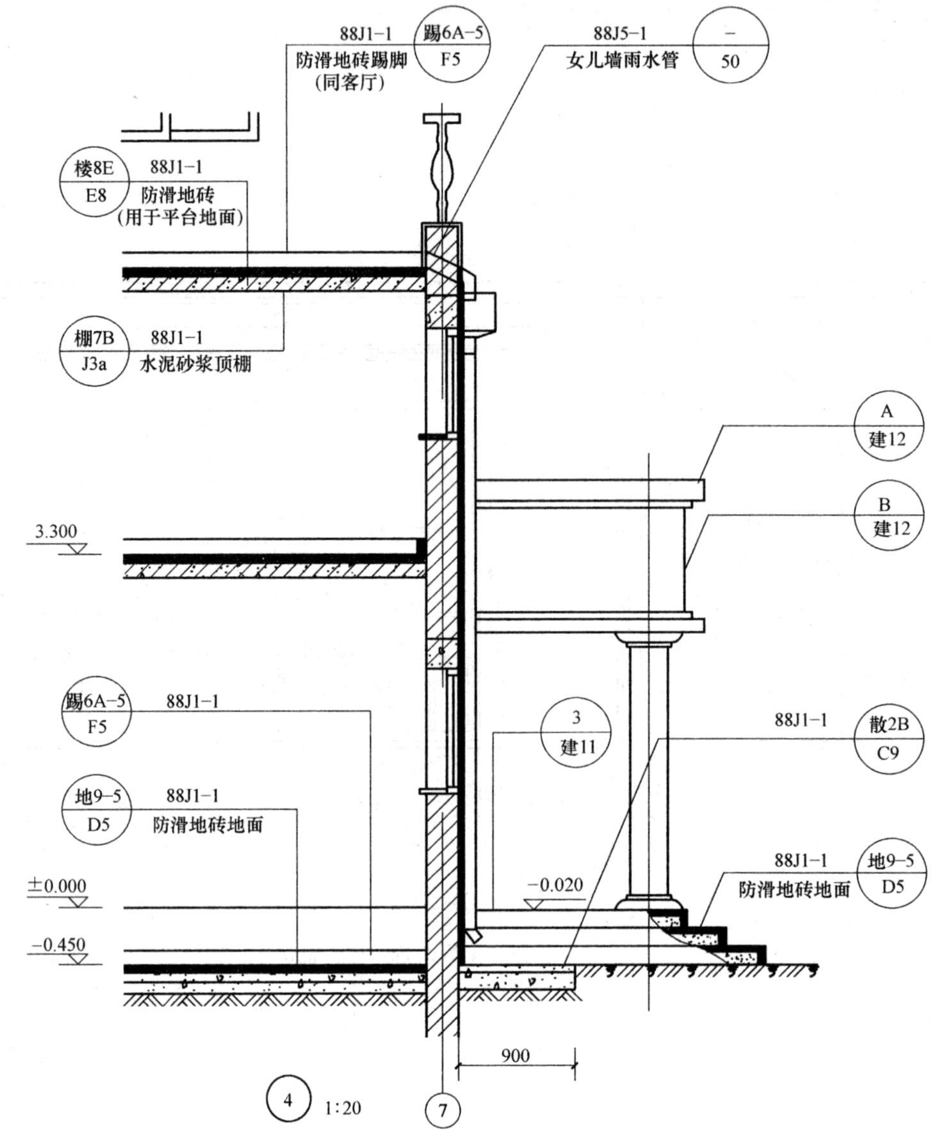

图 2-30 某别墅室外剖面装饰图

2.4 建筑装饰详图识读技巧

建筑装饰详图是补充平面图、立面图、剖面图的最为具体的图式手段。

建筑装饰施工平面图、立面图、剖面图主要是用以控制整个建筑物、建筑空间与装饰结构的原则性做法。但是在建筑装饰全过程的具体实施中还存在着一定的限度，还必须加以深化和提供更为详细和具体的图示内容，只有这样，建筑装饰的施工才能得以继续下去，最终达到满意效果。所指的详图应包含“三详”：图形详、数据详与文字详。

1. 建筑装饰详图的内容

（1）表明装饰面与装饰造型的结构形式、饰面材料与支撑构件的相互关系。

（2）表明重要部位的装饰构件、配件的详细尺寸、工艺作法与施工要求。

（3）表明装修结构与建筑主体结构之间的连接方式与衔接尺寸。

（4）表明装饰面板之间拼接方式及封边、盖缝、收口和嵌条等处理的详细尺寸与作法。

（5）表明装饰面上的设施安装方式或固定方法以及设施与装饰面的收口收边方式。

2. 建筑装饰详图的识读技巧

（1）看详图符号，结合平面图、立面图和剖面图，了解详图来自哪个部位。

（2）对于复杂的详图，可将其分成几块，分别进行识读。

（3）找出各块的主体，进行重点识读。

（4）注意看主体和饰面之间采用哪种形式连接。

【例 2-22】 识读某总服务台剖面详图。

从图 2-31 可以看出，总服务台高度为 1.15m，上部钛金不锈钢片圆角半径为 0.08m，下悬顶底面标高为 2.40m。立面上服务台两侧设有墙柱，表明服务台混凝土骨架与主体结构是连在一起的，起着稳定混凝土骨架的作用。

服务台由钢筋混凝土结构与木结构混合组成。顶棚采用轻钢龙骨 TK 板面层，下悬顶棚磨砂玻璃面层内装有日光灯。内墙面是木护壁上贴暖灰色墙毡，采用不锈钢片包木压条分格，引出线详细表明了它的分层作法与用料要求。

顶棚采用宫粉色水性立邦漆饰面，服务台木质部分施涂雪地灰硝基漆，迭级阴角分别采用线脚①、③收口。从 A、B 节点详图可以知道，这两个交汇点的详细构造作法。

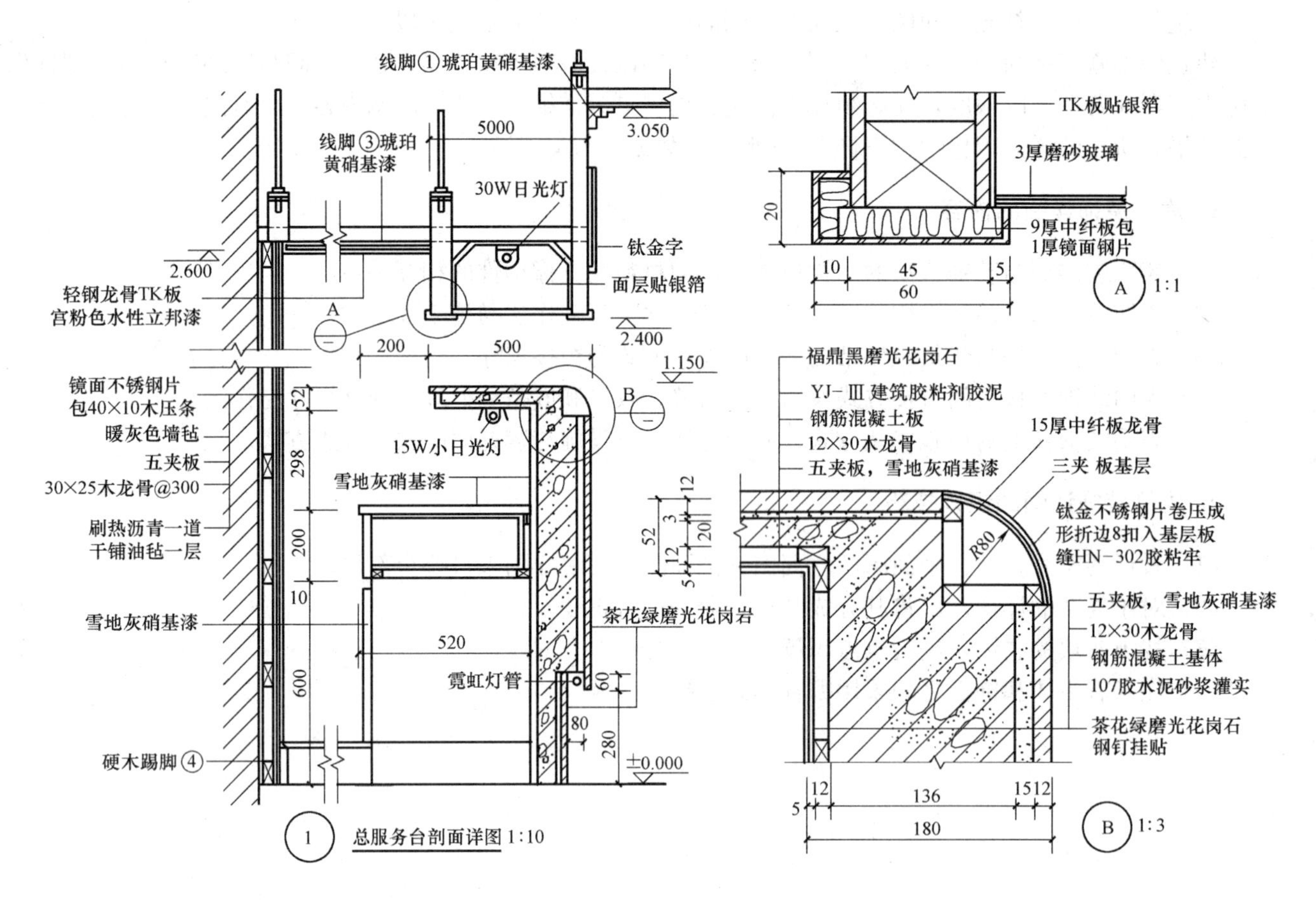

图 2-31 总服务台剖面详图

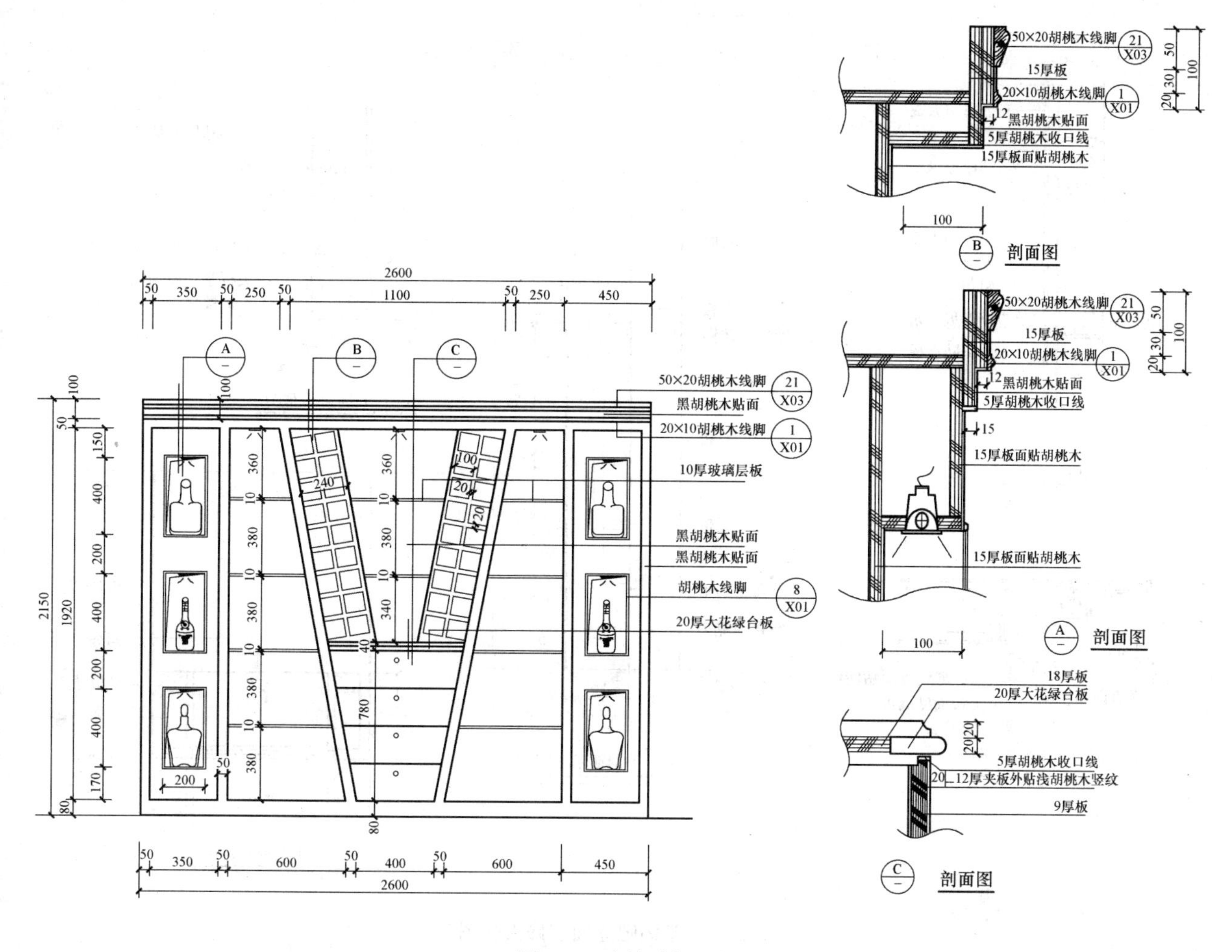

图 2-32　酒柜剖面图

【例 2-23】　识读某酒柜大样图。

图 2-32 为某酒柜大样图，从图中可看出，该酒柜宽度为 2600mm，高度为 2150mm，Ⓐ部分为展示区剖面图；Ⓑ为中间靠上部分剖面图；Ⓒ为中间下部剖面图。

（1）Ⓐ剖面图，右上角为胡桃木线脚，然后为 15cm 厚胡桃木板，最里侧为 12cm 厚的黑胡桃木贴面，下部为 5cm 厚的胡桃木收口。

（2）Ⓑ剖面图，靠近墙顶部分作法与Ⓐ的作法一致。

（3）Ⓒ剖面图，顶面采用了 20cm 厚的大花绿台板，竖立面采用了 12cm 厚夹板，外贴浅胡桃木，顶部采用了 5mm 厚胡桃木收口。

【例 2-24】 识读某酒吧立面装修大样图。

图 2-33 为某酒吧立面装修大样图。图中的局部装修节点图，从上到下，一目了然。A 剖面图为一装饰墙局部节点剖面图，其最外侧采用了金属防火板，里面采用夹板，最中间为灯带。从 D 剖面图可知，灯口进线从上方进入，灯罩内喷色漆，内附有小装饰品，外面采用半球形玻璃罩。B 剖面图最内侧为墙面。最外侧罩采用橙色亚克力板，中间龙骨与板的连接处采用砂光不锈钢的材质，灯箱厚度为 560mm，高度为 2800mm。

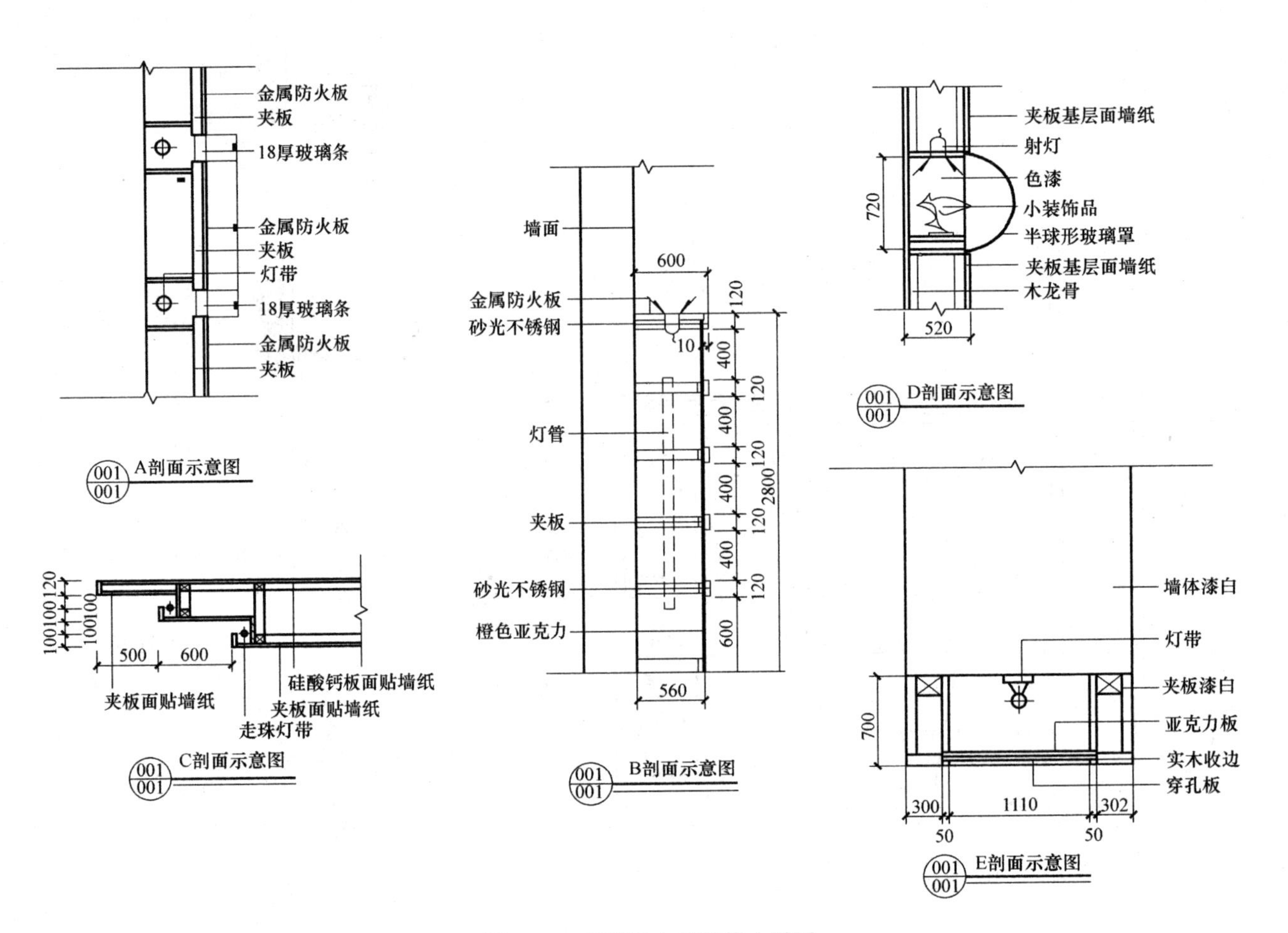

图 2-33 某酒吧立面装修大样图

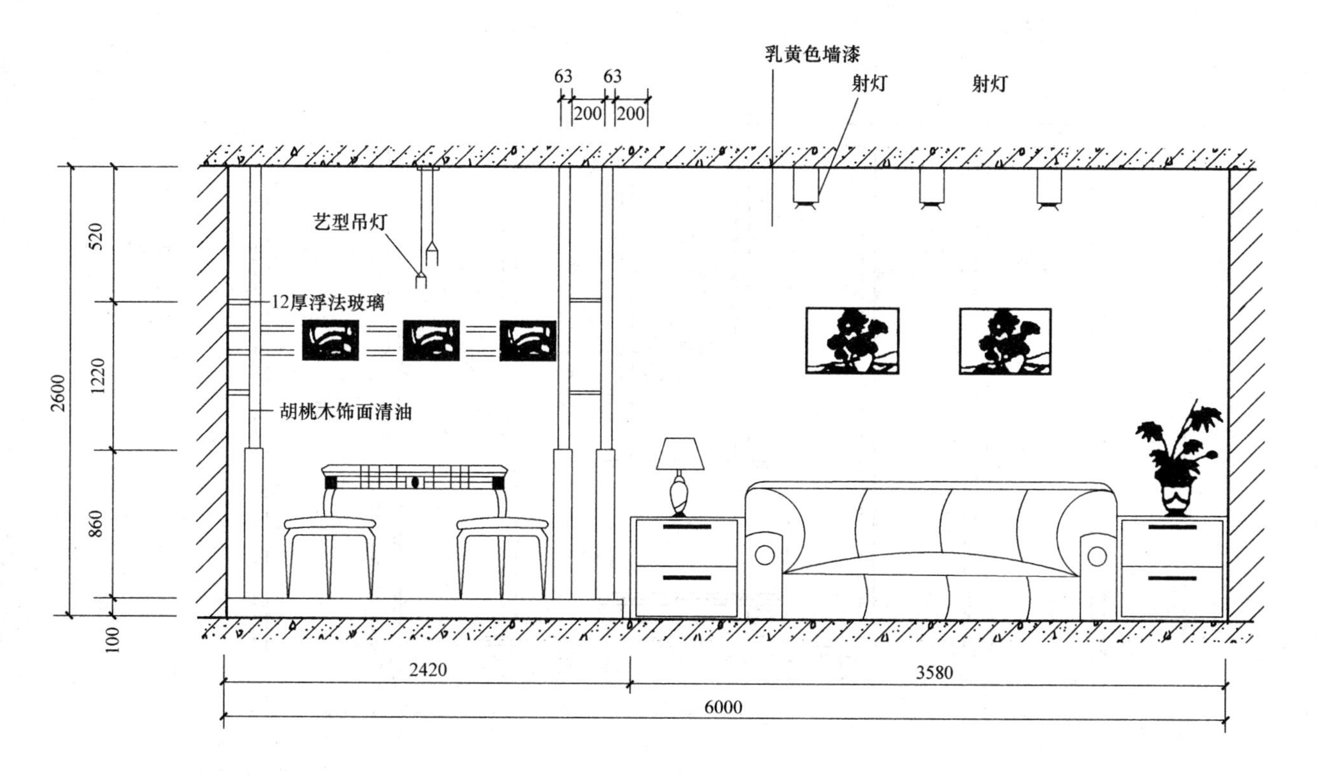

图 2-34　餐厅、沙发整体背景大样图

【例 2-25】　识读某餐厅背景大样图。

图 2-34 为餐厅、沙发整体背景大样图。从图中可看出，这堵墙总长度为 6000mm，客户要求把它分成两个不同使用功能区，即餐厅与客厅，餐厅地面提高 100mm，由装饰墙将两个不同的使用功能区分隔开来，具体布置如图 3-22 所示。

【例 2-26】 识读某电视背景大样图。

图 2-35 为电视背景墙 A 大样图，这个客厅宽度为 3700mm，层高为 2600mm，电视柜高度为 400mm，它的墙面布置及装饰如图 3-23 所示。

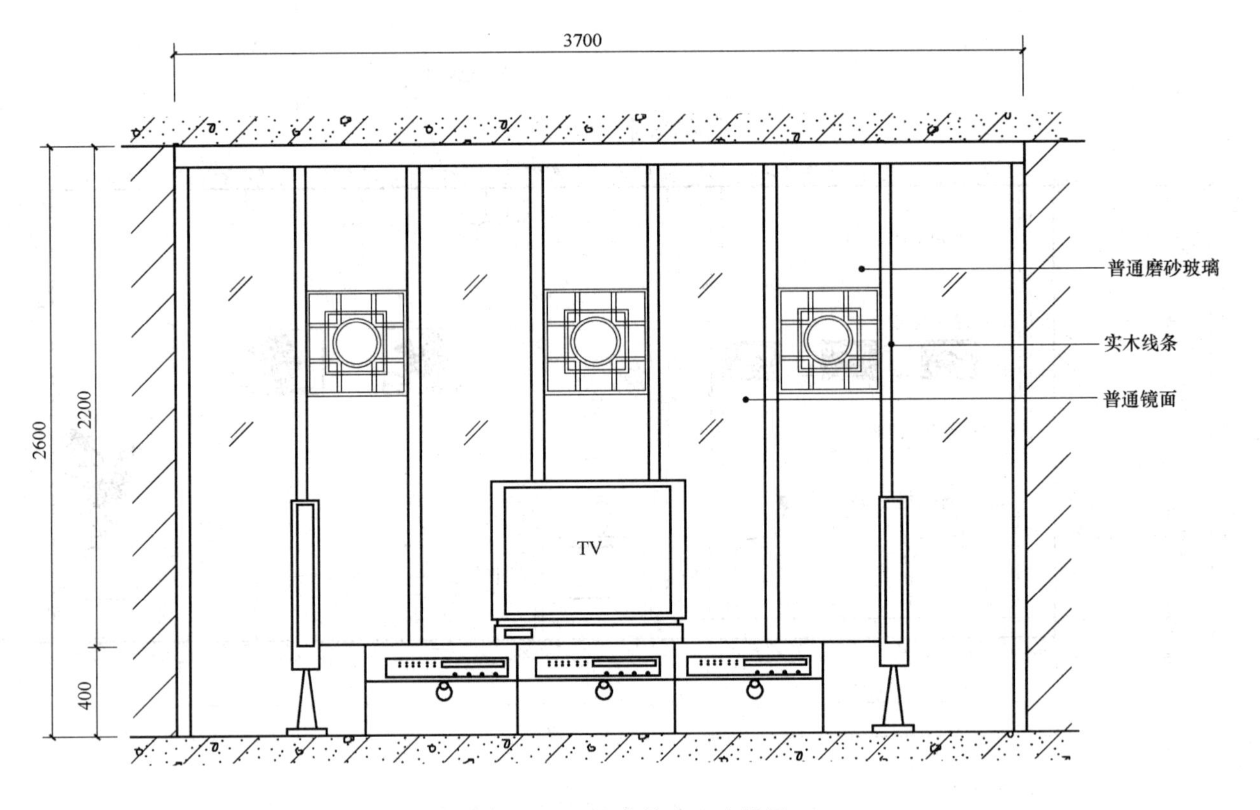

图 2-35 电视背景墙 A 大样图

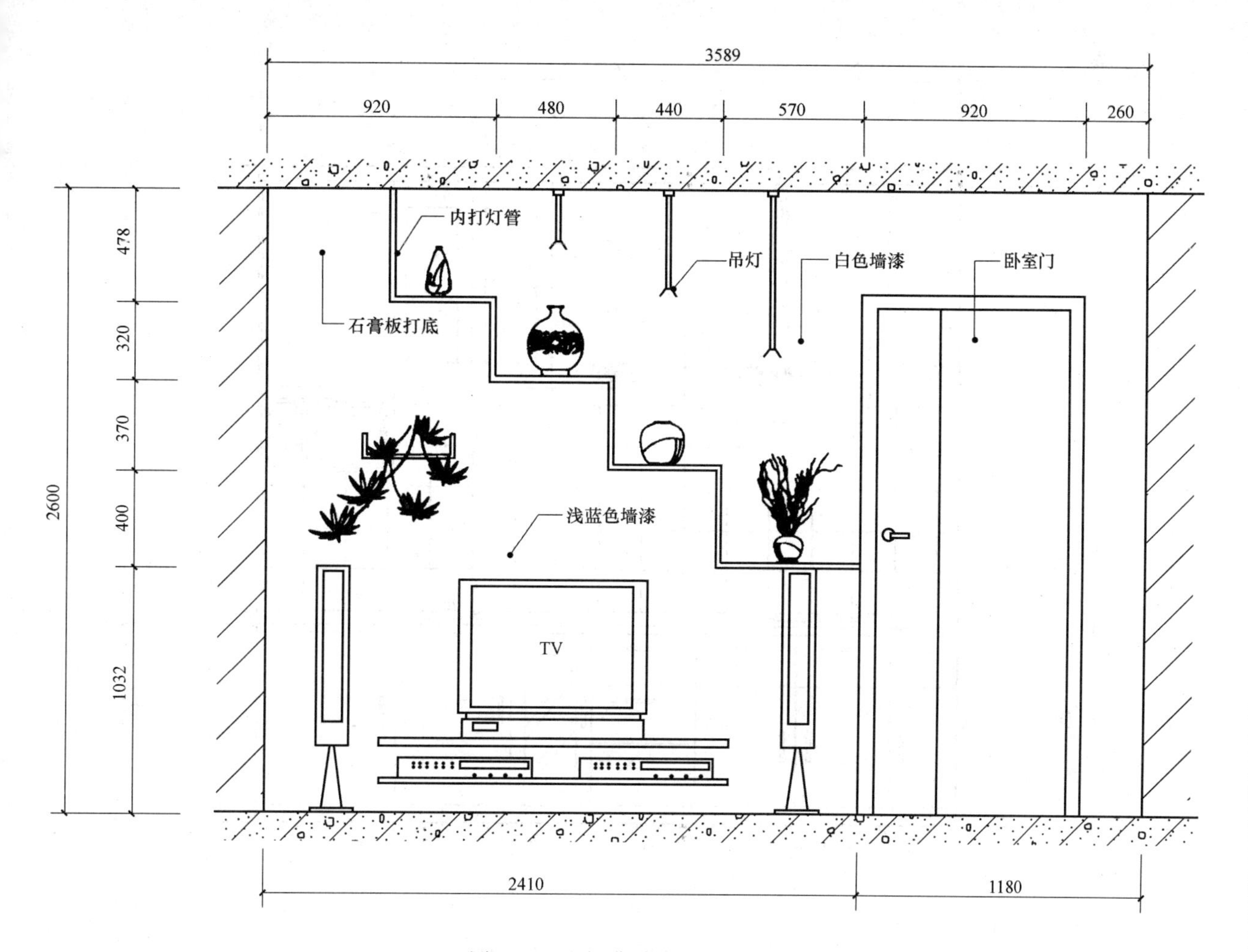

图 2-36　电视背景墙 B 大样图

图 2-36 为电视背景墙 B 大样图，这堵背景墙较电视背景墙 A 更现代派些，艺术感比较强，背景墙体艺术品装饰部分和卧室门融为一体，简洁大方、美观。

【例 2-27】 识读某整体橱柜墙大样图。

图 2-37 为整体橱柜墙大样图。由图中可以看出，橱柜墙高度为 2500mm，橱柜高度为 2450mm，此类施工图不只是要设计得美观大方，而且要考虑使用者的习惯和使用者的身高以确定灶台的高度，如果高度设计不当，将给使用者带来不便。

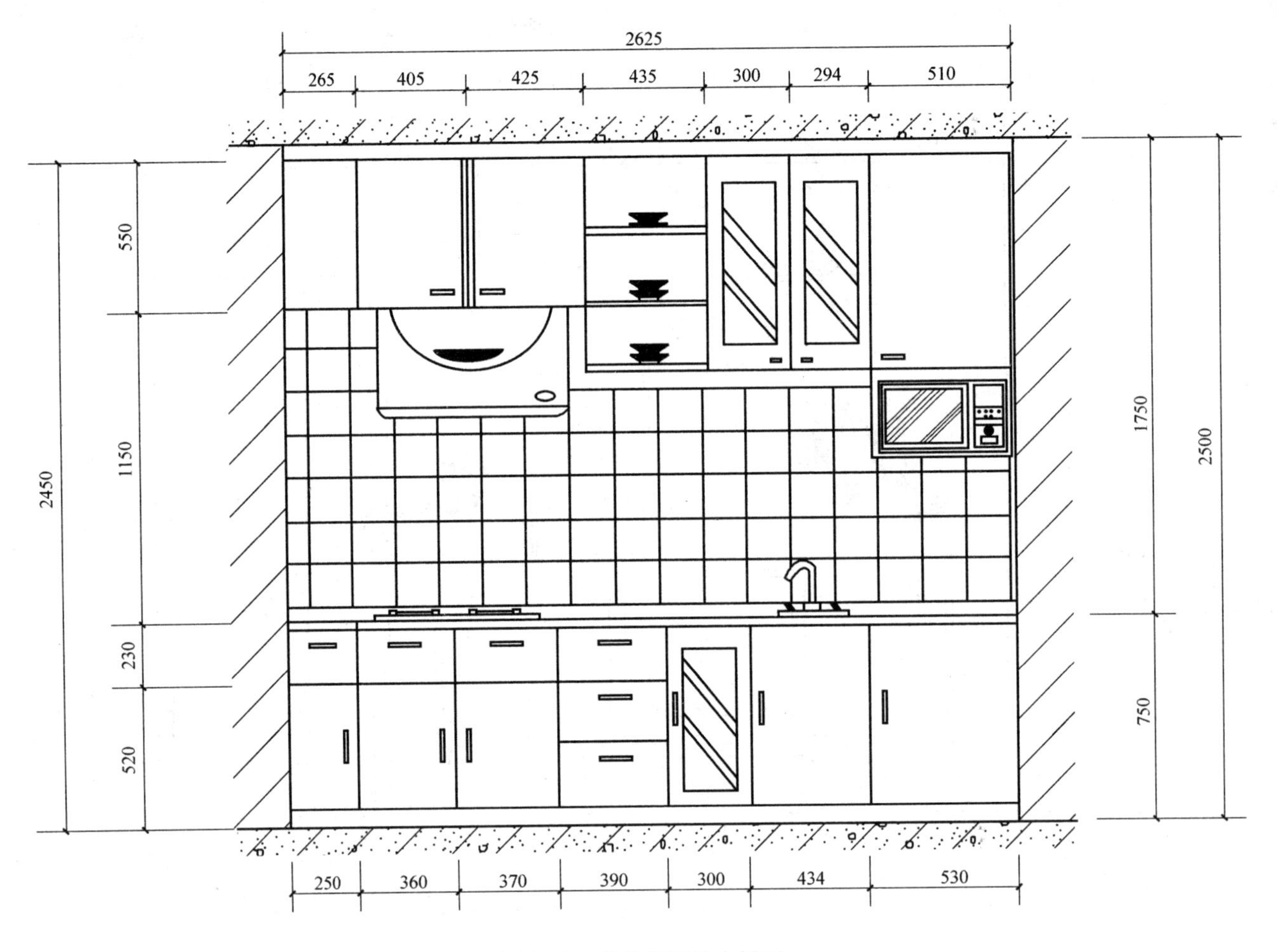

图 2-37 整体橱柜墙大样图

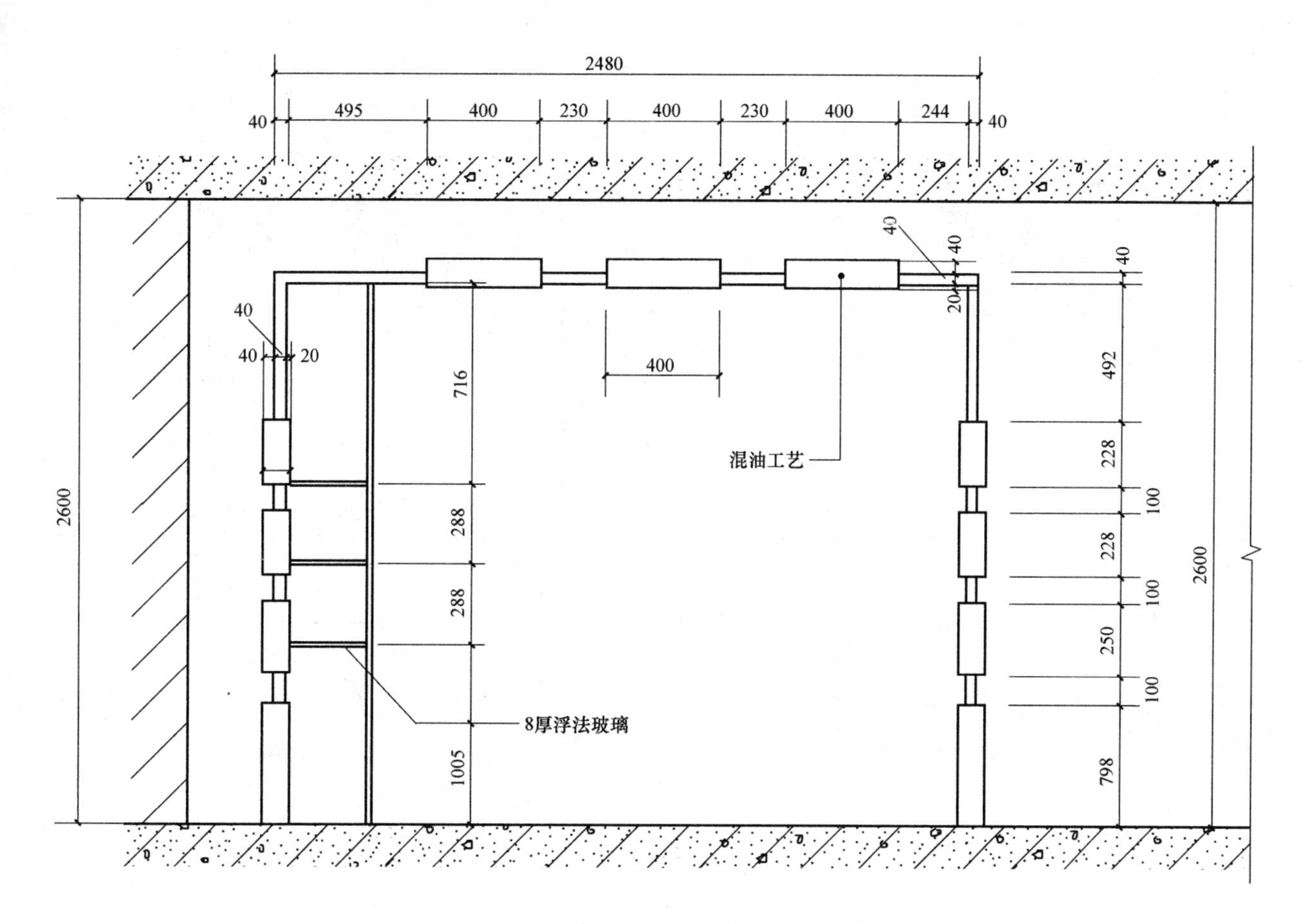

图 2-38 垭口大样图

【例 2-28】 识读某通道垭口大样图。

图 2-38 为客厅和卧室区通道出入口处的一幅垭口大样图的设计图。它打破了传统式的整包门框的形式，采用了窄边条将造型不一的、各矩形连在一起组成一个框。同时，还在垭口的一侧做了一个简易的花饰架，花饰架是采用 8mm 厚浮法玻璃组成的。

【例 2-29】 识读某阳台垭口及阳台侧墙大样图。

图 2-39 和图 2-40 分别为阳台垭口和阳台侧墙大样图。阳台垭口宽度为 2050mm，高度为 2600mm，并用胡桃木实木线条进行装饰；阳台侧墙宽度为 2320mm，高度为 2600mm，由下至上分别采用贴文化砖和刷白色漆饰面，并且采用木格吊顶。在装饰设计中常常把没有门的出入口处的设计称为垭口设计。该组设计是想把使用者的阳台打造成一个花园式阳台。

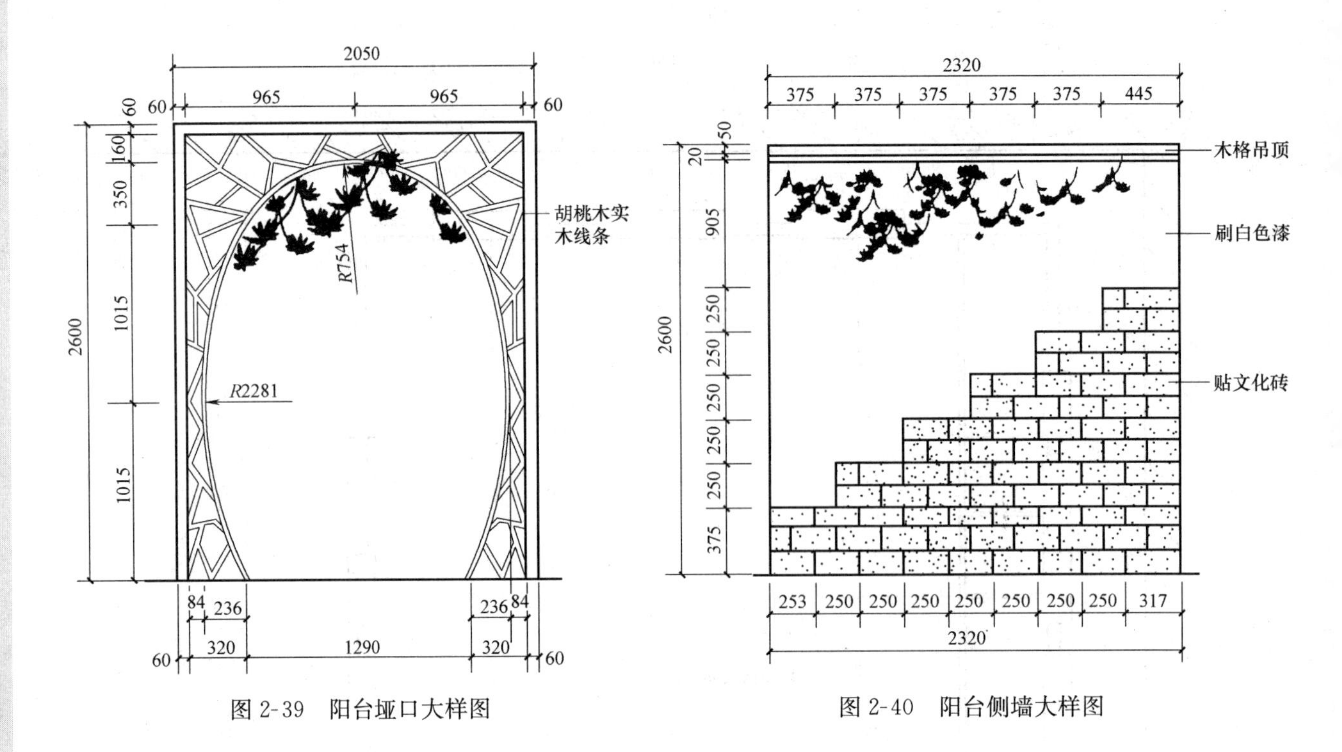

图 2-39 阳台垭口大样图

图 2-40 阳台侧墙大样图

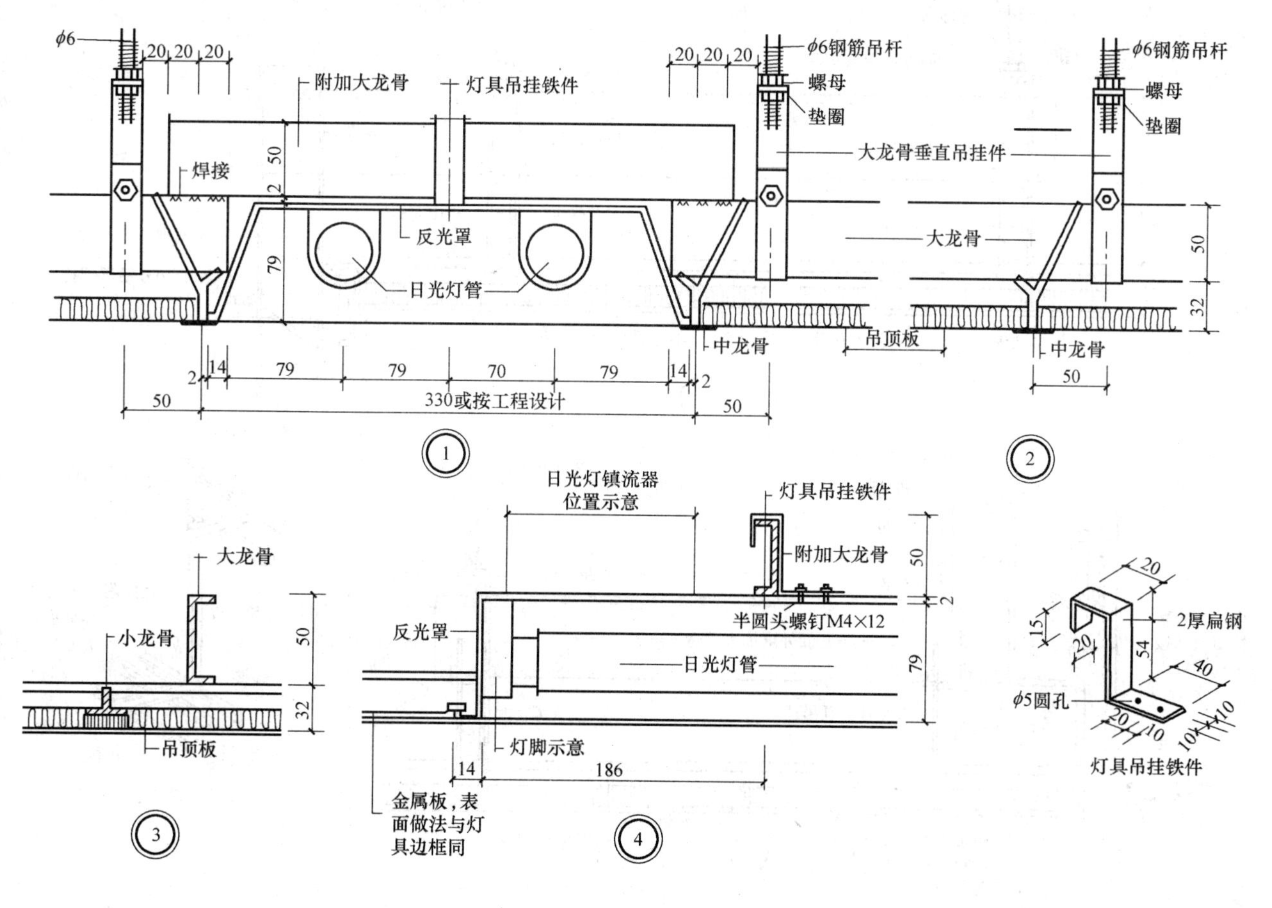

图 2-41 光带吊顶详图

【例 2-30】 识读某光带吊顶详图。

图 2-41 所示为光带吊顶详图。由图中可以看出，大龙骨垂直吊挂在 φ6 钢筋吊杆上，两者之间采用螺母固定连接，并且加设垫圈，吊挂灯具的铁件采用优质钢制成，光带处加设反光罩，灯具采用日光灯管。

【例 2-31】 识读某高低错台吊顶详图。

图 2-42 为高低错台吊顶详图。由图中可以看出，大龙骨垂直吊挂在 $\phi 6$ 的钢筋吊杆上，边龙骨采用两股 16 号铅丝绑扎固定在墙上，龙骨间的高低错落采用焊接连接。

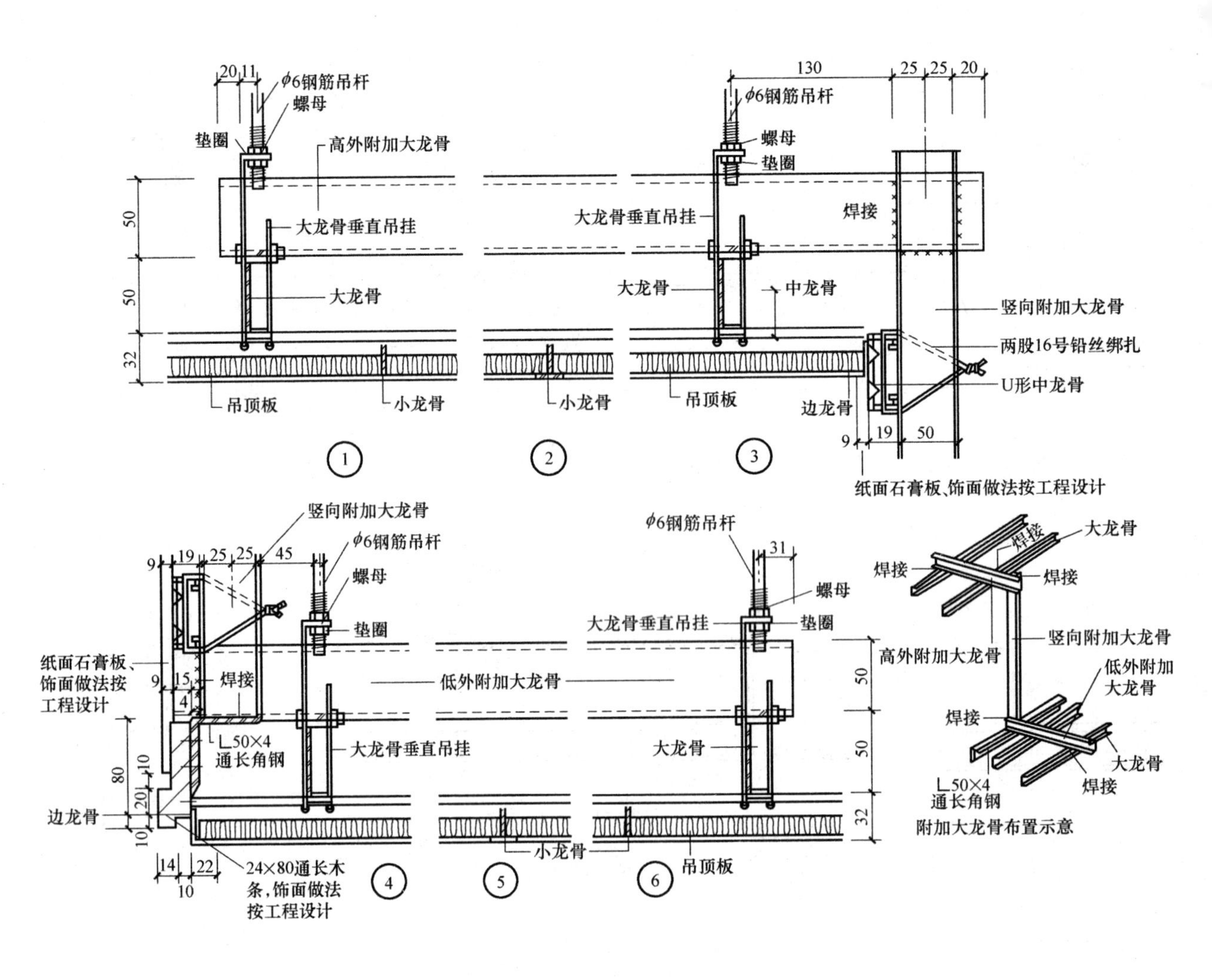

图 2-42 高低错台吊顶详图

3 识读楼地面、顶棚工程施工图

3.1 识读楼地面工程施工图

楼地面饰面是指在普通的水泥地面、混凝土地面、砖地面以及灰土垫层等各种地坪的表面所加做的饰面层。它具有以下三个方面的功能。

（1）保护楼板与地坪。保护楼板与地坪是楼地面饰面的基本要求。建筑结构构件的使用寿命与使用条件、使用环境有较大的关系。楼地面的饰面层是覆盖在结构构件表面之上的，在一定程度上缓解了外力对结构构件的直接作用，可以起到耐磨、防碰撞破坏以及防止渗透而引起的楼板内钢筋锈蚀等作用。

（2）满足使用要求。人们对楼地面的使用，一般要求坚固、防滑、耐磨、不易起灰与易于清洁等。对于楼面来说，还要有防止生活用水渗漏的性能；而对于底层地面，应有一定的防潮性能。不同的部位，不同的使用功能，要求也并不相同。对于一些标准较高的建筑物及有特殊用途的空间，必须考虑以下一些功能。

1）隔声要求：隔声主要是对于楼面来说的，居住建筑有隔声的必要，尤其是一些大型建筑，例如医院、广播室以及录音室等，更要求安静与无噪声。因此，必须要考虑隔声问题。

2）吸声要求：在标准较高、室内音质控制要求严格以及使用人数较多的公共建筑中，合理地选择与布置地面材料，对于有效地控制室内噪声具有十分积极的作用。一般来说，表面致密光滑、刚性较大的地面，例如大理石地面，对于声波的反射能力较强，吸声能力较差。而各种软质地面，可起到较大的吸声作用，例如化纤地毯的平均吸声系数达到0.55。

3）保温性能要求：从材料特性的角度考虑，水磨石地面与大理石地面等均属于热传导性较高的材料，而木地板与塑料地面等则属于热传导性较低的地面。从人的感受角度加以考虑，需要注意，人们会以某种地面材料的导热性能的认识来评价整个建筑空间的保温特性。因此，对于地面保温性能的要求，宜结合材料的导热性能、暖气负载及冷气负载的相对份额的大小、人的感受以及人在这一空间活动的特性等因素，加以综合考虑。

4）弹性要求：当一个不太大的力作用于一个刚性较大的物体（例如混凝土楼板）时，这时楼板将作用在它上面的力全部反作用于施加这个力的物体之上。与此相反，当作用于一个有弹性的物体（如橡胶板）时，则反作用力要小于原来所施加的力。这主要是因为弹性材料的变形具有吸收冲击能力的性能，冲力较大的物体接触到弹性物体，其所受到的反冲力要比原先要小得多，因此，人在具有一定弹性的地面上行走，感觉会相对舒适。对于一些装修标准较高的建筑室内地面，应当尽可能采用有一定弹性的材料作为地面的装修面层。

（3）满足装饰方面的要求。楼地面的装饰是整个工程的重要组成部分，对整个室内的装饰效果有着较大影响。它与顶棚共同构成了室内空间的上、下水平要素，同时通过二者巧妙的结合，可以使室内产生优美的空间序列感。

1. 识读地面装饰施工图

（1）地面布置图。在很多装饰工程施工图集中，由于平面布置图中的要素众多，图中线条紧密，较为复杂，因此就将地面的材料铺设单独画一张图，即为地面布置图，如图 3-1 所示。

从图中可以看出，进厅的地面采用 600mm×600mm 的米色大理石；玄关的地面铺拼花大理石；多功能厅的地面铺设 600mm × 600mm 的米色大理石；客厅的地面铺设 600mm×600mm 的米色大理石；卫生间的地面铺 400mm×400mm 防滑地砖；楼梯间的地面铺设黄色大理石；车库的地面用水泥压光地面；绿化房间的地面铺设实木地板；庭院的地面铺庭院地砖。

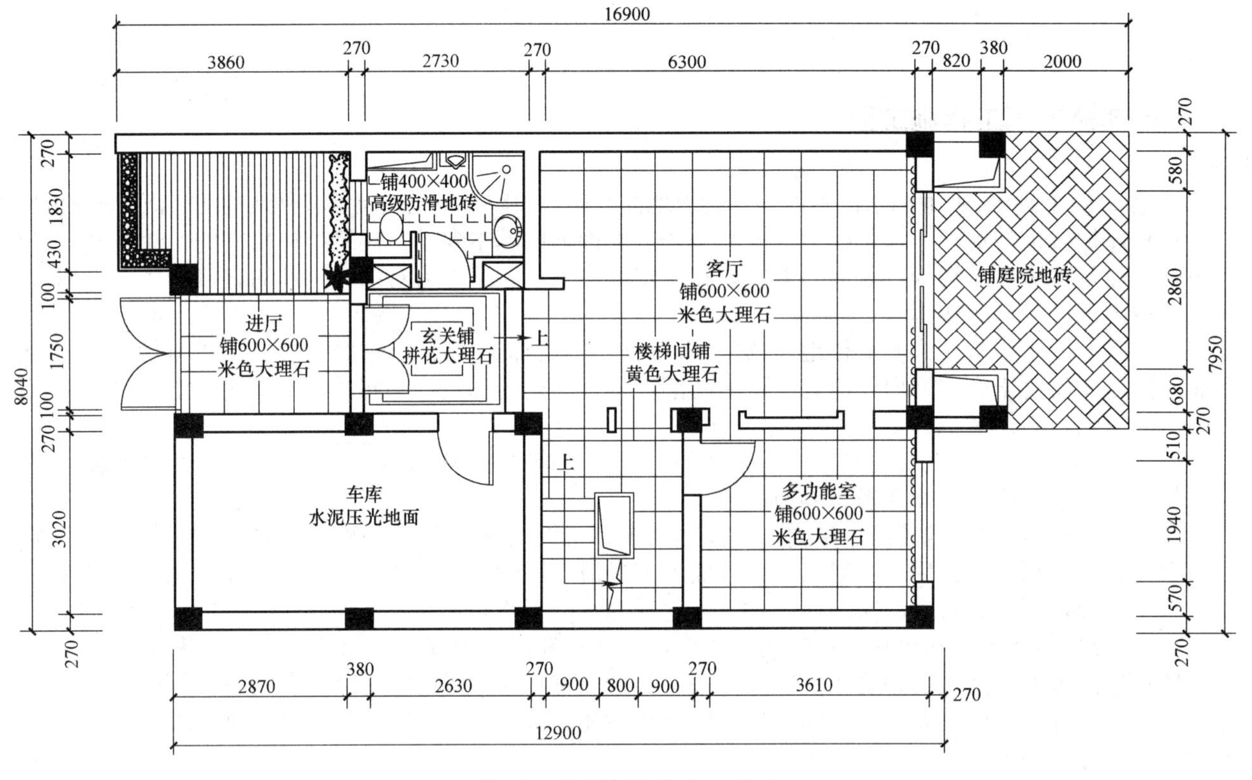

图 3-1 地面布置图（1∶100）

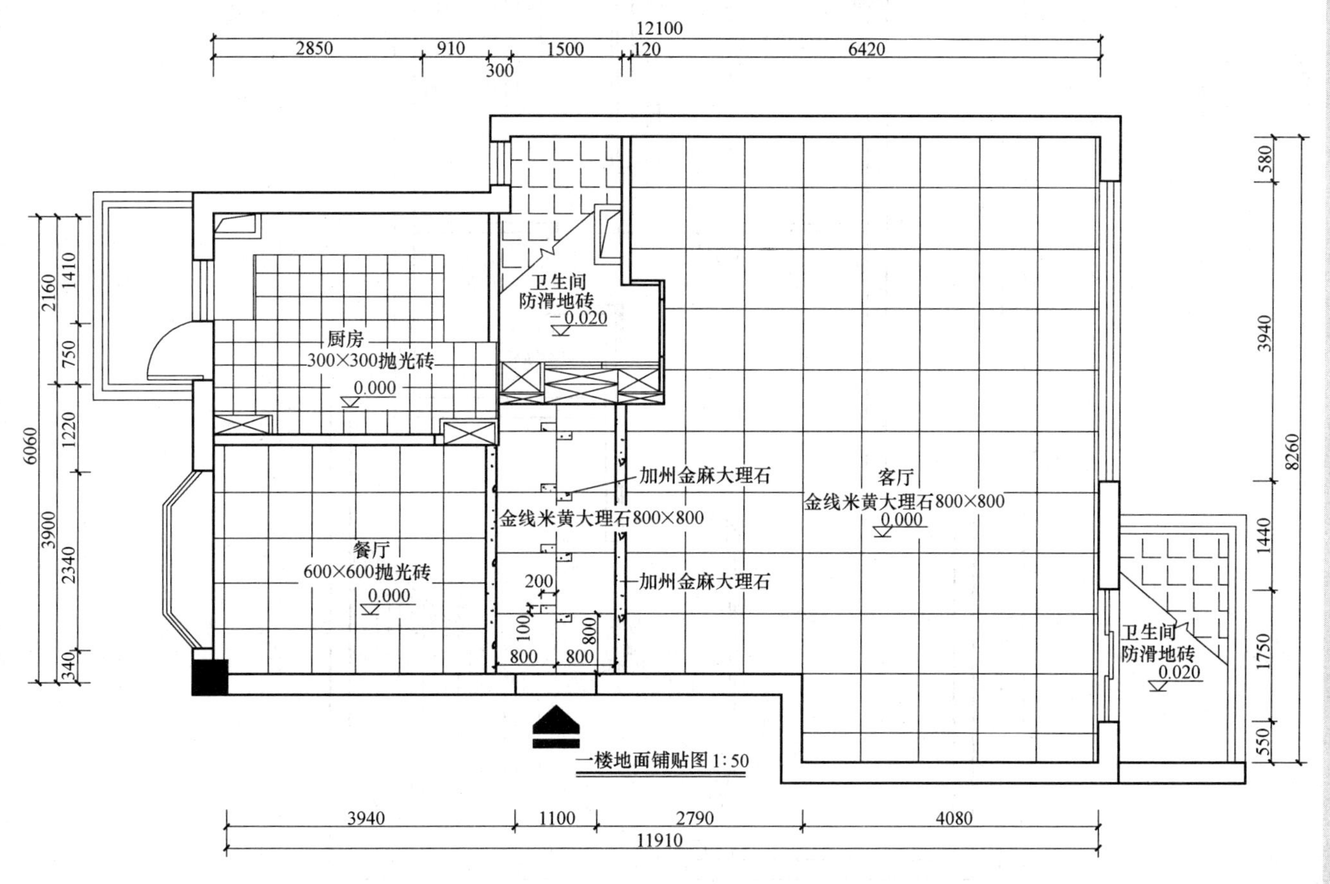

图 3-2　某别墅一层地面装饰铺贴图

（2）地面铺贴图。地面铺贴图即为地面装修图、地面材质图等，它主要是指室内地面材料品种、规格、分格以及图案拼花的布置图，如图 3-2、图 3-3、图 3-4 所示。地面铺贴图既是施工的重要依据，同时也可作为地面材料采购的参考图样。

图 3-2 为某别墅一层地面装饰铺贴图，由图可以看出，客厅与过道的地面采用 800mm×800mm 的金线米黄大理石铺贴，过道和客厅的连接处采用加州金麻大理石铺贴，餐厅的地面采用 600mm×600mm 的抛光砖铺贴，厨房的地面则采用 300mm × 300mm 的抛光砖铺贴，卫生间的地面为了防滑，采用小块防滑地砖铺贴。图中已标出各个空间的标高。

图 3-3 为别墅二层地面装饰铺贴图，地面铺贴的种类主要分为两种，书房和两个次卧的地面为木地板，卫生间的地面为防滑地砖。

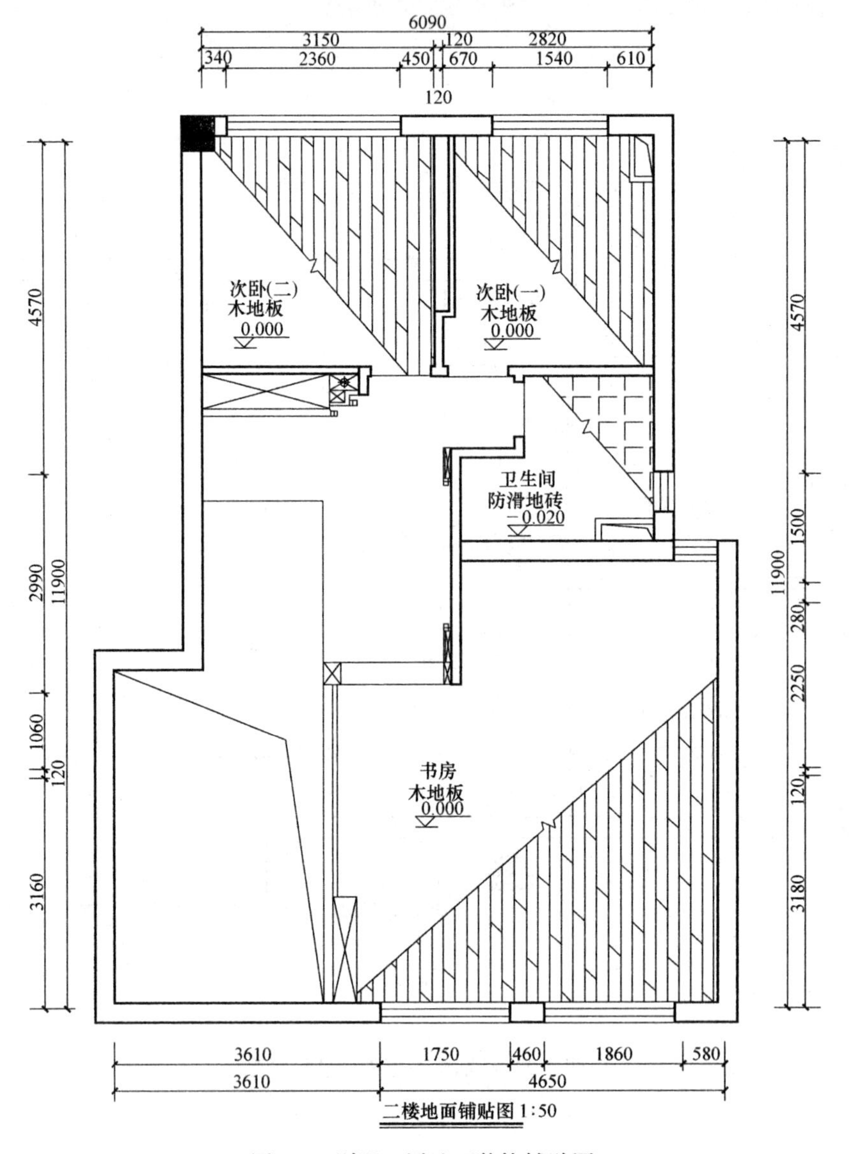

图 3-3 别墅二层地面装饰铺贴图

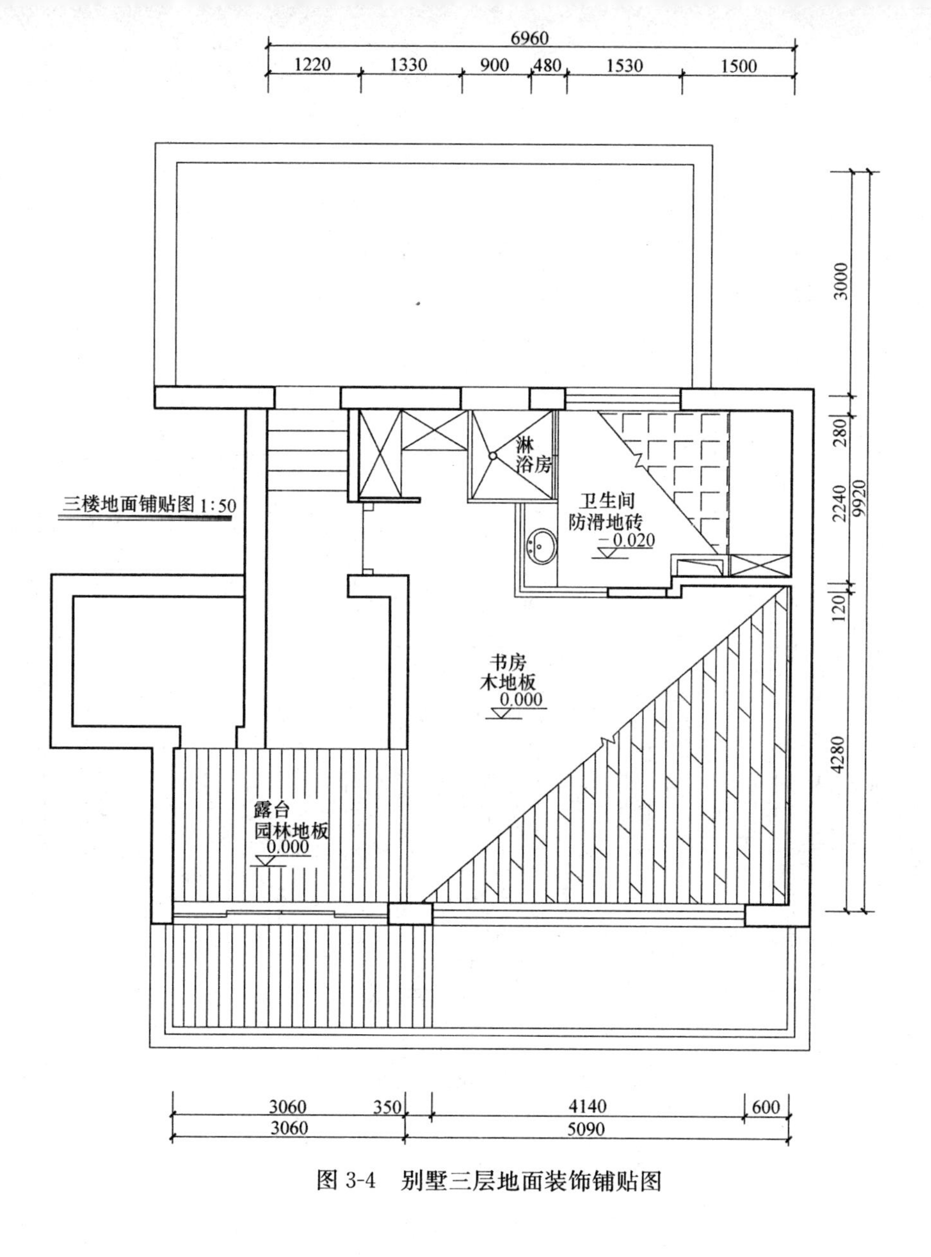

图 3-4　别墅三层地面装饰铺贴图

图 3-4 为别墅三层地面装饰铺贴图，书房依旧采用木地板铺贴地面，卫生间采用防滑地砖，外露露台的地面则采用园林地板铺贴。

（3）住宅室内地面结构图。住宅室内地面结构图主要以反映室内地面的铺装材料和结构为主，通过阅读住宅室内的地面结构图，可以了解客厅、卧室、厨房、卫生间等地面铺装材料的品种、规格及数量等内容，如图 3-5 所示。

从图中可以看出，入门处与走廊铺装的地面采用花岗石石材，厨房与卫生间铺装的是不同型号的地砖，而其余的卧室与客厅铺装的是长条形的木地板。住宅内的客厅与卧室等多数房间的地面，铺装的是条形实木地板面层，其下是一层 18mm 厚的纤维板，纤维板是铺装在由 30mm×40mm 的落叶松木材构成的地面龙骨上。入口处与走廊铺装的均是花岗石石材，但是铺装有所不同。入口处铺装的石材属于常规铺装，规格为 800mm×800mm；而走廊铺装的石材需要按照图样所设计的间距进行拼合，是由两种不同的规格的石材拼合成简单的图案，即镶边造型，主材的规格为 700mm×1000mm。厨房与餐厅铺装的是规格为 600mm×600mm 的玻化地砖。右侧卫生间的地面铺装的是 400mm×400mm 的防滑地砖。厨房的储藏间与阳台的地面铺装的是 350mm×350mm 普通地砖。

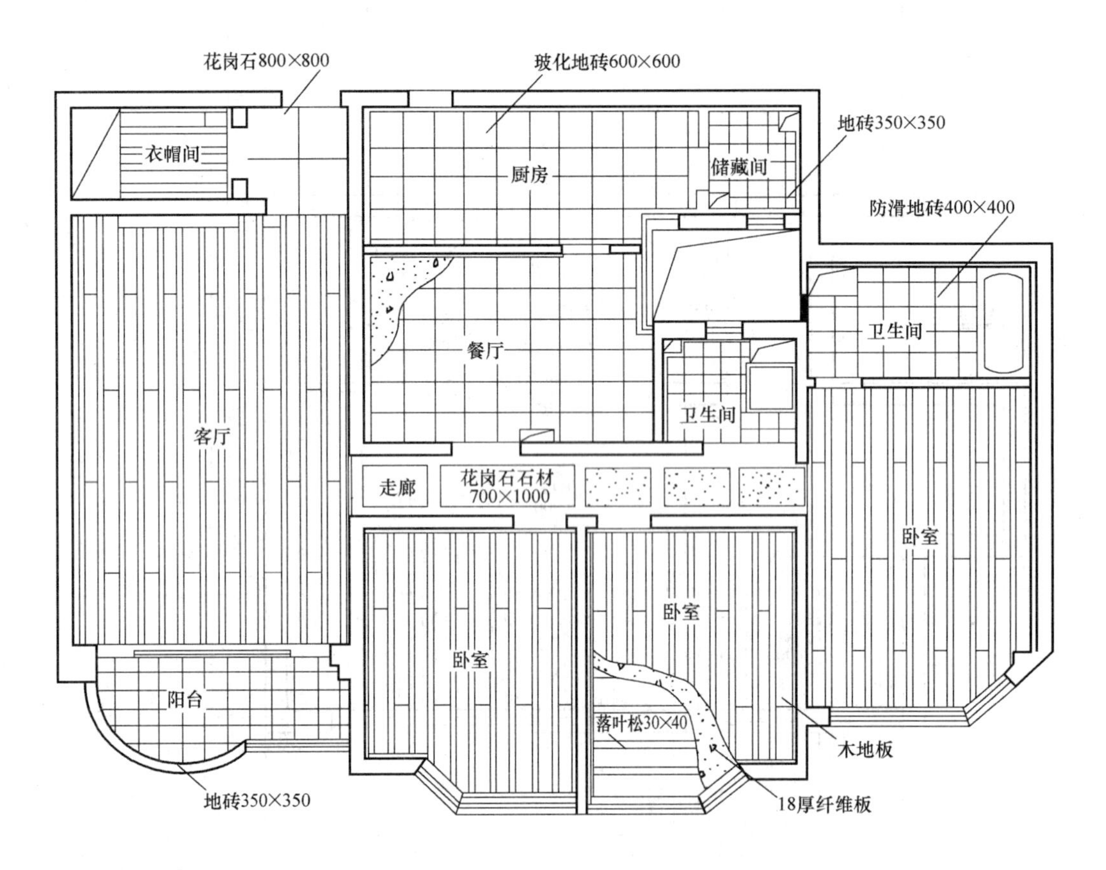

图 3-5　住宅室内地面结构图

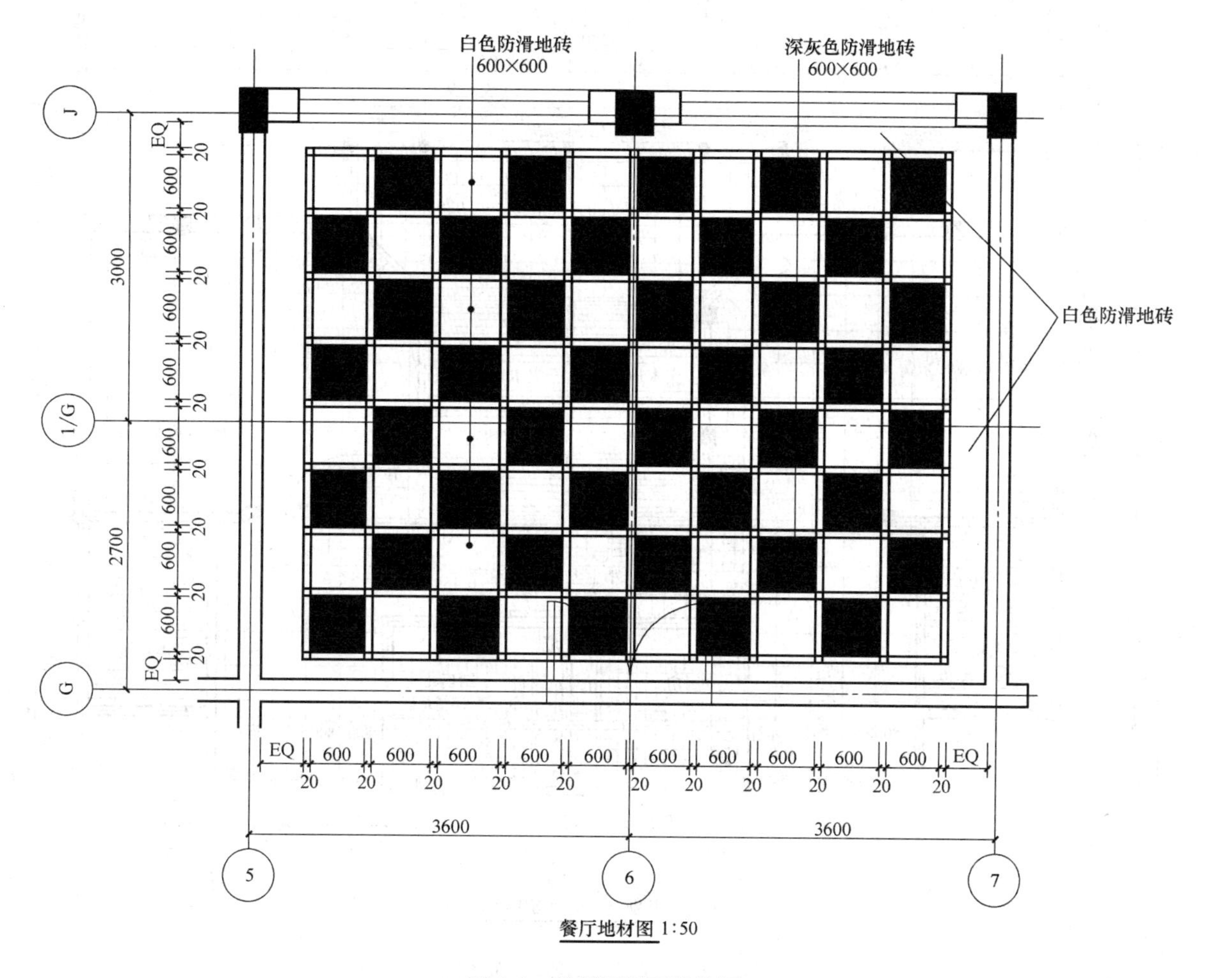

图 3-6　某餐厅地面装饰图

【例 3-1】　识读某餐厅地面装饰图。

图 3-6 为某餐厅地面装饰图，从图中可以看出，该餐厅地面采用 600mm×600mm 的白色防滑地砖与深灰色防滑地砖相间铺贴，组成花纹，使地面装饰达到更加美观、舒适的效果。

【例 3-2】 识读某别墅一层地面布置图。

图 3-7 所示为某别墅一层地面布置图。由图表明，两户的地面装饰做法基本相同，客厅铺贴 800mm×800mm 米黄大理石，前庭铺贴 600mm×600mm 艺术地砖，客房与工人房都采用实木地板，卫生间与厨房采用 250mm×250mm 防滑地砖。

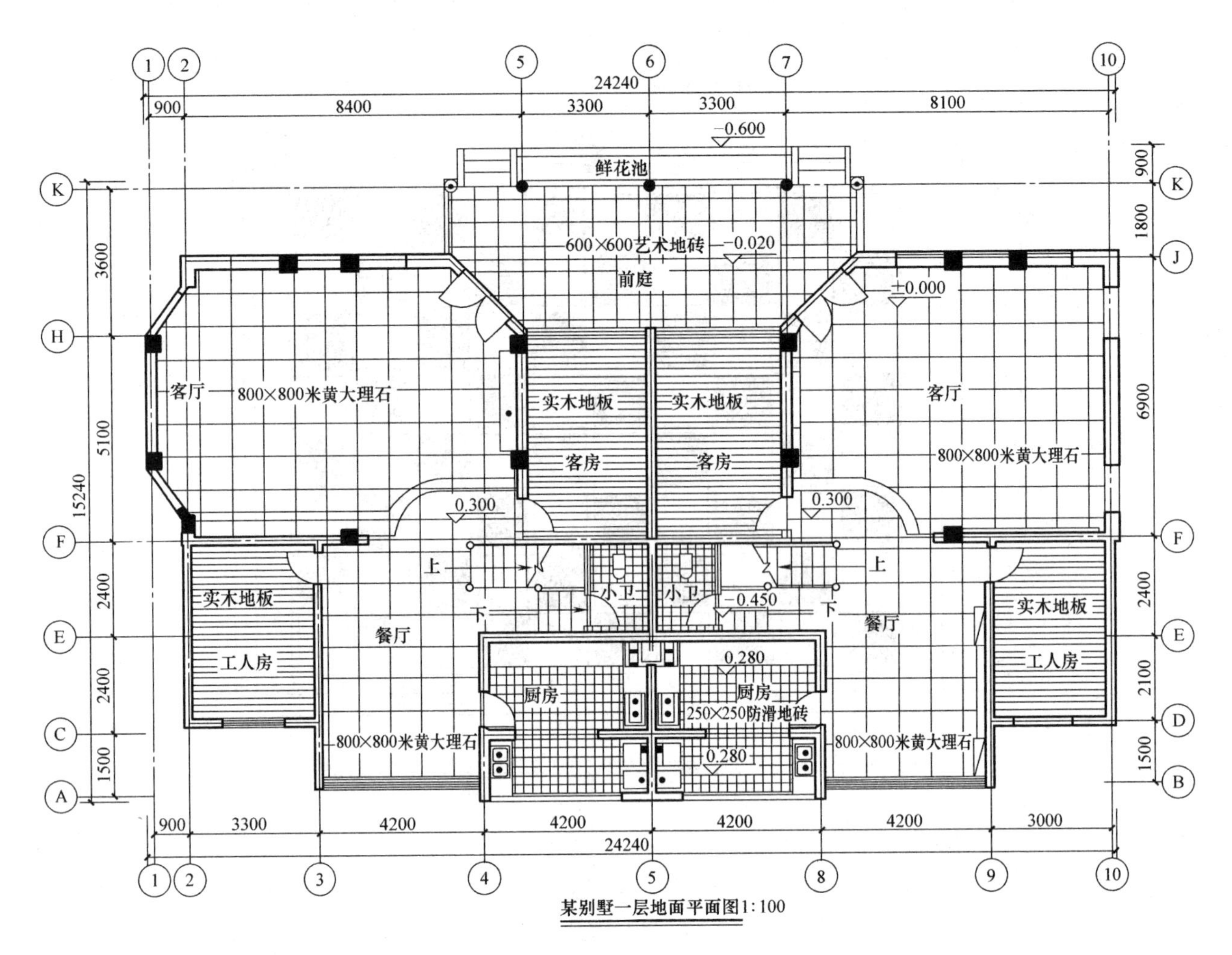

图 3-7 某别墅一层地面布置图

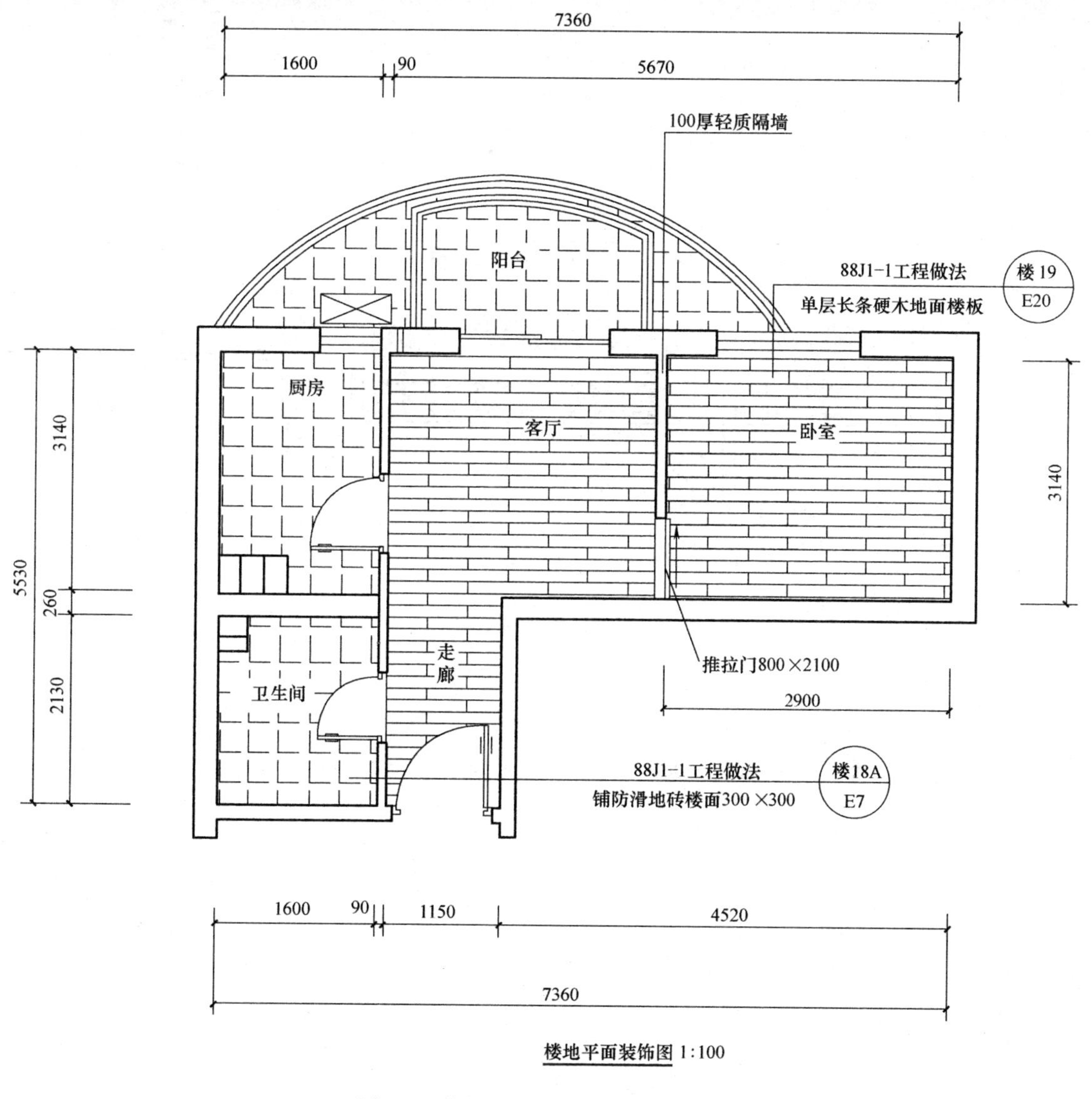

图 3-8　某住宅楼套房地平面装饰图

【例 3-3】 识读某住宅楼套房地平面装饰图。

图 3-8 所示为某住宅楼套房地平面装饰图。从图中可以看出，在原有的起居室中增设了一道厚度为 100mm 的轻质隔墙，隔墙上设有一扇推拉门，由原来的一间起居室，变成了里外两间，它们的使用功能分别为客厅、卧室，地板采用单层长条硬木地面楼板；阳台、厨房、卫生间均铺防滑地砖楼面（300mm×300mm），具体做法索引的是标准图集 88J1-1 工程做法，所在页分别为 E7、E20，图编号分别为楼 18A、楼 19。

2. 识读楼面装饰施工图

图 3-9 为某银行外立墙面装饰图，图中给出了正面和侧立面装饰材料位置。正面白色区域采用火烧饰面板，上半部分的窗户采用火烧饰面板线条，墙面采用白乳胶漆，最底层的玻璃采用防弹玻璃，柱子采用绿蝴蝶花岗石饰面。侧面上半部分采用白色乳胶漆，底层为绿蝴蝶花岗石饰面。

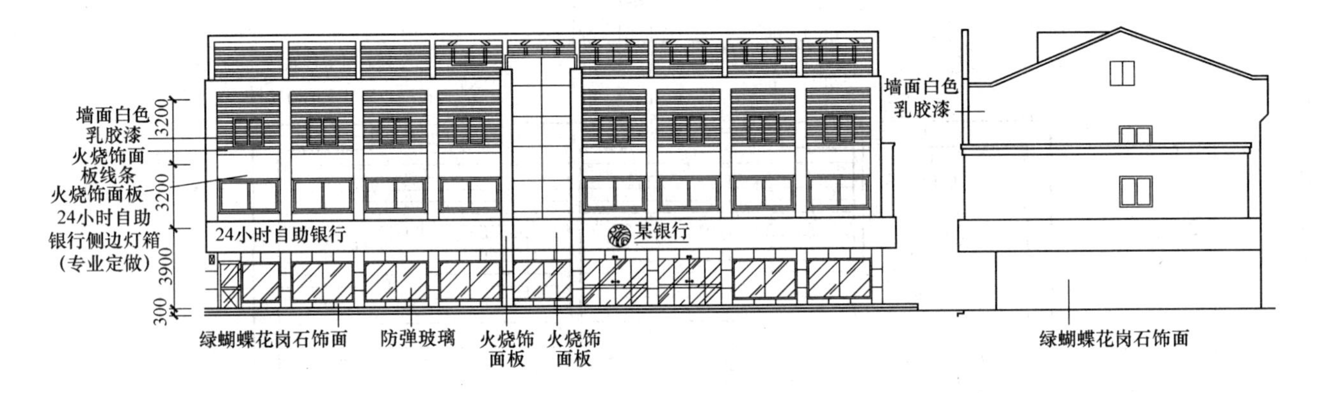

图 3-9 楼面装饰施工图

3.2 识读顶棚工程施工图

顶棚装饰具有以下两方面的作用：

(1) 装饰室内空间。顶棚是室内装饰的一个重要部分，是除墙面与地面之外，主要用来围合成室内空间的另一大面。

不同功能的建筑与建筑空间对顶棚装饰的要求并不相同，因而装置构造的处理手法也有所区别。顶棚选用不同的处理方法，能够取得不同的空间效果。有的可以延伸与扩大空间感，对人们的视觉起到导向作用；有的可使人们感到亲切、温暖，以满足人们生理与心理的需要。

室内装饰的风格与效果，与顶棚的造型、装饰构造方法以及材料的选用之间有着十分密切的关系。因此，顶棚的装饰处理对室内景观的完整统一以及装饰效果有很大的影响。

(2) 改善室内环境，满足使用要求。顶棚的处理不仅应当考虑室内装饰效果与艺术风格的要求，而且还应当考虑室内使用功能对建筑技术的要求。照明、通风、隔热、保暖、吸声或者反声、音响及防火等技术性能，将直接影响室内的环境和使用。如剧场的顶棚，要综合考虑光学与声学设计方面的诸多问题。在表演区，多为集中照明、面光、耳光、追光、顶光甚至脚光等一并采用。剧场的顶棚则应当以声学为主，结合光学的要求，做成不同形式的造型，用来满足声音反射、漫反射、吸收以及混响等方面的需要。

因此，顶棚装饰是技术要求相对比较复杂、难度较大的装饰工程项目，必须结合建筑内部的体量、装饰效果的要求、经济条件、设备安装情况、技术要求以及安全问题等各方面来综合考虑。

根据饰面层与主体结构的相对关系不同，顶棚可以分为直接式顶棚与悬吊式顶棚两大类。

(1) 直接式顶棚。直接式顶棚主要是指在结构层底部表面上直接作饰面处理的顶棚。这类顶棚做法简单、经济，而且基本不占空间高度，通常用于装饰性要求一般的普通住宅、办公楼以及其他民用建筑，特别适于空间高度受限的建筑顶棚装修。

(2) 悬吊式顶棚。悬吊式顶棚又称为“吊顶”，它离开结构底部表面有一定的距离，通过吊杆将悬挂物与主体结构连接在一起。这类顶棚构造复杂，一般用于装修档次要求较高或者有较多功能要求的建筑中。

1. 识读顶棚施工图

（1）顶棚总平面图。规模较小的装饰设计可以省略顶棚（天花）总平面图，如需要绘制，一般应当能够反映全部各楼层顶棚总体情况，主要包括顶棚造型、顶棚装饰灯具布置、消防设施以及其他设备布置等内容。

图 3-10 为某大酒店改造装修工程首层顶棚总平面图，其比例是 1∶100。从图中可以看出，大厅顶棚设有红胡桃擦色饰面藻井，标高为 2.65m。客房为轻钢龙骨石膏板顶棚刷白色乳胶漆饰面，标高为 2.75m；卫生间顶棚为 200 宽铝扣板，标高为是 2.3m。在平面图中，墙、柱用粗实线表示，天花的藻井及灯饰等主要造型轮廓线用中实线表示。天花的装饰线、面板的拼装分格等次要的轮廓线则用细实线表示。

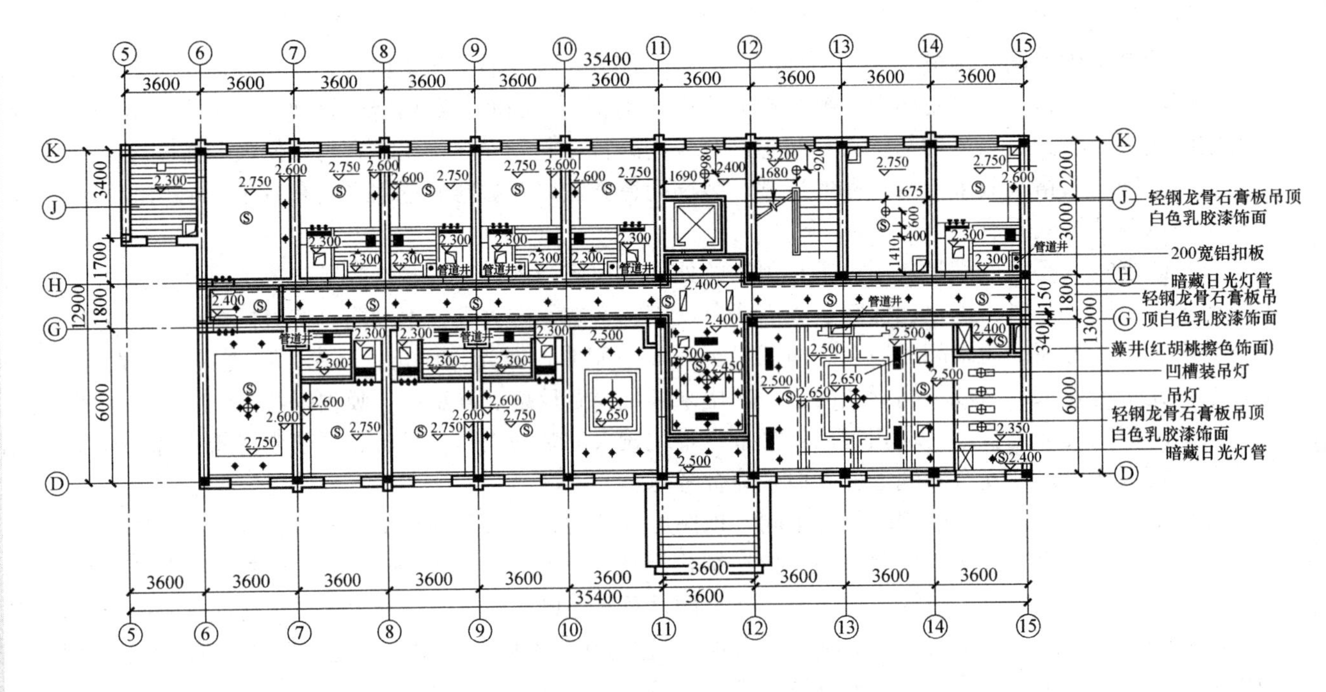

图 3-10 某大酒店改造装修工程首层顶棚平面图

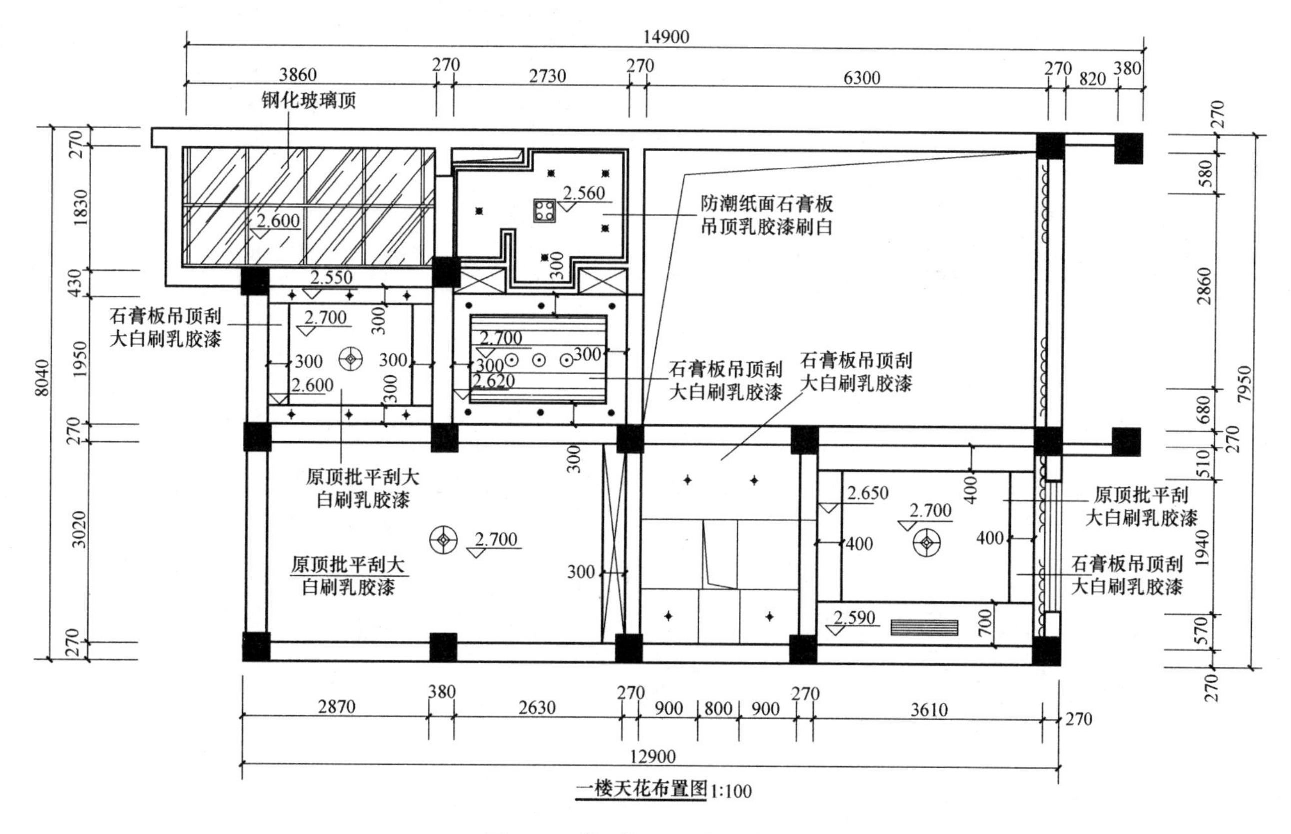

图 3-11 某顶棚（天花）布置图

（2）顶棚造型布置图。图 3-11 为某顶棚（天花）布置图。顶棚造型布置图应标明顶棚（天花）造型、天窗、构件、装饰垂挂物及其他装饰配置与部品的位置，注明定位尺寸、材料及做法。

从图中可以看出，进厅顶棚（天花）的原建筑天棚高度是 2.70m，四周局部二次叠级吊顶，叠级吊顶高度分别是 2.60m 与 2.55m。玄关顶棚（天花）的原建筑顶棚高度是 2.70m，四周局部吊顶，局部吊顶高度是 2.62m。大厅上方是空调，说明大厅在本层无顶棚（天花），有可能是二层的顶棚（天花）。多功能室的原建筑顶棚（天花）高度是 2.70m，四周局部二次叠级吊顶高度分别为 2.65m 与 2.59m，在叠级吊顶的一侧安装了空调口，使用材料是石膏板上刮大白再刷乳胶漆。卫生间顶棚（天花）为吊平顶，高度是 2.56m，材料使用 600mm × 600mm 金属扣板。绿化房顶棚（天花）为钢化玻璃顶，高度为 2.60m。车库的原建筑顶棚（天花）上刮大白刷乳胶漆。

（3）顶棚剖面图。图 3-12 为某顶棚剖面图。根据图 3-12（*a*）所示图形特点，可以断定其为顶棚剖面图。图 3-12（*b*）所示 B—B 剖面，是 B 立面墙的墙身剖面图，从上而下识读得知：内墙与吊顶交角采用 50mm×100mm 木方压角；主墙表面采用仿石纹夹板，内衬 20mm×30mm 木方龙骨；夹板与 50mm×100mm 木方间采用 *R*20 木线收口；假窗窗框采用大半圆木做成，窗洞内藏荧光灯，表面是灯箱片外贴高分子装饰画；假窗下是壁炉，壁炉台面采用天然石材，炉口是浆砌块石。图 3-12（*a*）所示吊顶，由于比例很小，并且是不上人的普通木结构吊顶，因此未作详细描述，只是对灯槽局部以大比例的详图表示。对于某些仍然未表达清楚的细部，可以由索引符号找到其对应的局部放大图（即详图），如图 3-12（*a*）的灯槽即是。

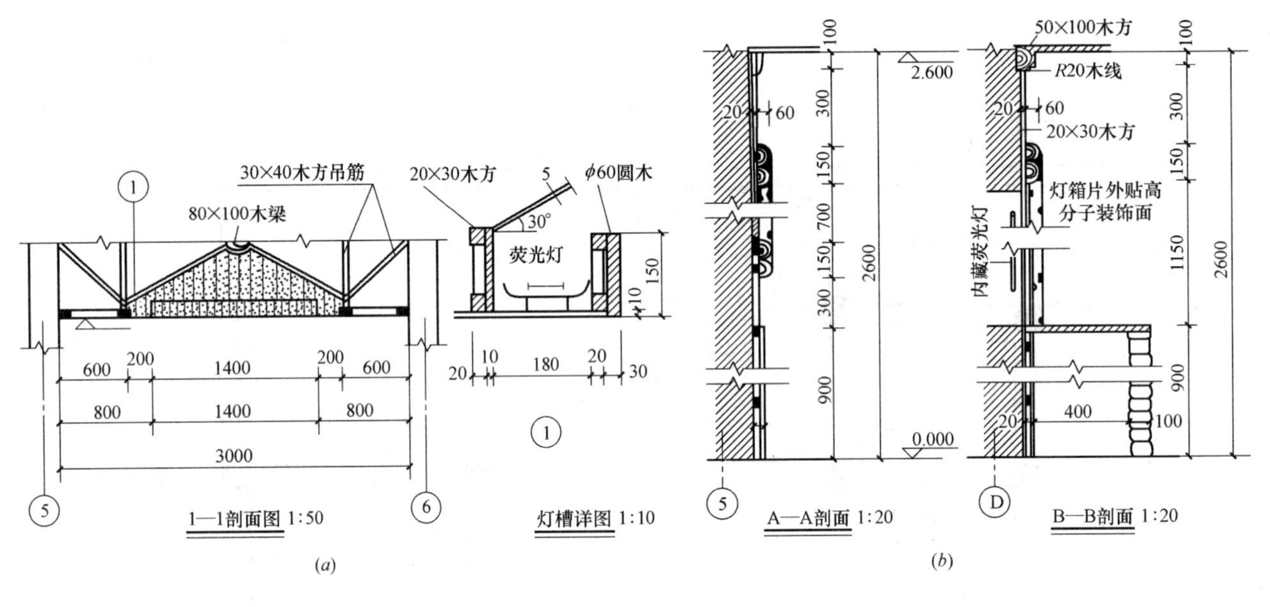

图 3-12　某顶棚剖面图

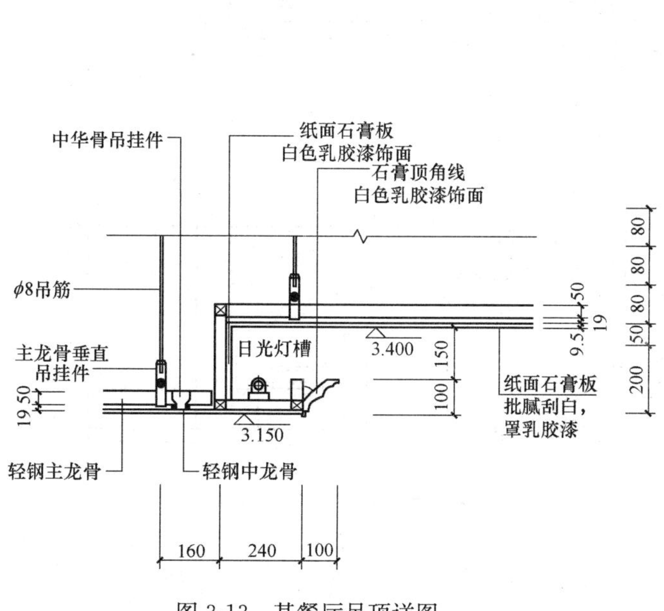

图 3-13　某餐厅吊顶详图

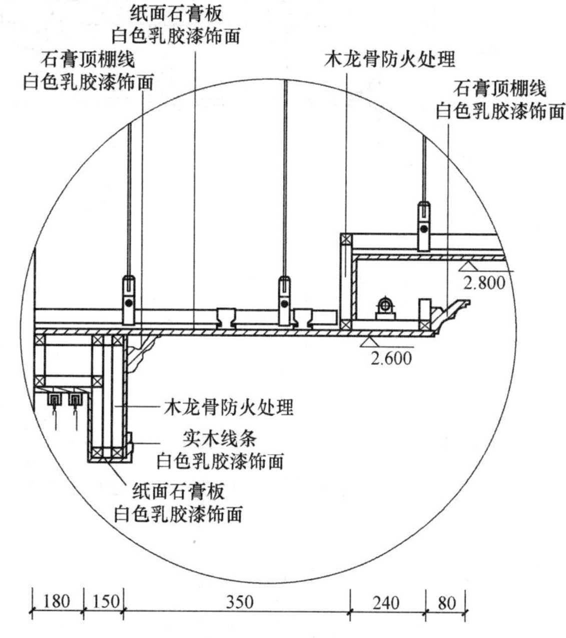

图 3-14　某别墅一层餐厅石膏顶棚节点详图

（4）顶棚详图。识读顶棚详图时，一般应结合顶棚平面图、顶棚立面图及顶棚剖面图进行分析，以了解详图来自何部位。

图 3-13 为某餐厅吊顶详图。该图反映的是轻钢龙骨纸面石膏板吊顶做法。吊杆是 ϕ8mm 钢筋，其下端有螺纹，利用螺母固定大龙骨垂直吊挂件，垂直吊挂件钩住高度 50mm 的大龙骨，再用中龙骨垂直吊挂件钩住中龙骨（高度为 19mm），在中龙骨底面固定 9.5mm 厚纸面石膏板，然后在板面批腻刮白、罩白色的乳胶漆。

图 3-14 为某别墅一层餐厅石膏顶棚节点详图，从图中可以看出，石膏顶棚从组成上看是由吊杆、主龙骨与次龙骨组成，局部龙骨（竖向）是木龙骨，并且做了防火处理。从造型上看，为叠级吊顶，高差为 0.2m。靠左面是墙体，在墙体与吊顶交界处安装窗帘盒，窗帘盒内安装双向滑轨。窗帘盒深度为 200mm，宽度为 180mm。在叠级之处有一发光灯槽，灯槽宽度为 240mm，高度为 160mm，槽口为 80mm，槽口下侧安装石膏角线，槽内安装日光灯。在顶棚与窗帘盒的交接处，装有石膏角线，在窗帘盒外侧下端装有木角线。整个装饰外表面涂刷白色乳胶漆。

（5）室内棚面结构详图。室内棚面结构详图是一种比较常见的局部详图形式，如图3-15所示。平棚的结构基本是在基础棚面上安装了两根吊杆，将棚面的木龙骨与吊杆及墙体中间的过梁上的木龙骨相结合，然后再将棚面材料与吊顶水平方向的木龙骨进行结合。在局部详图的引出线上标注的木吊杆与木龙骨均是30mm×40mm的白松木方，而从图中的剖面符号来看，吊顶的面层为纸面石膏板。实际上，拱形吊顶是一个暗槽反光顶棚，棚的中部呈拱形，拱脚深入两侧的悬吊顶棚内形成一个较大的反光面，拱脚与悬吊顶棚之间有前后两块遮光挡板，共同组成了灯具的发光暗槽。当灯具发光后，光线的主要部分被挡板所遮住，而所有的光线均由挡板和拱形吊顶反射出去，因而光线柔和。棚面所用的木吊杆、木龙骨均是采用同样的30mm×40mm的白松木方，拱形造型的面层采用3mm胶合板弯曲而成。由于拱顶部位与建筑的基础棚面的间距很近，空间狭小，不可能适于安装吊杆的施工，因此在拱顶的部位使用了30mm×60mm的白松木方，以方便拱顶的胶合板与基础棚面结合。

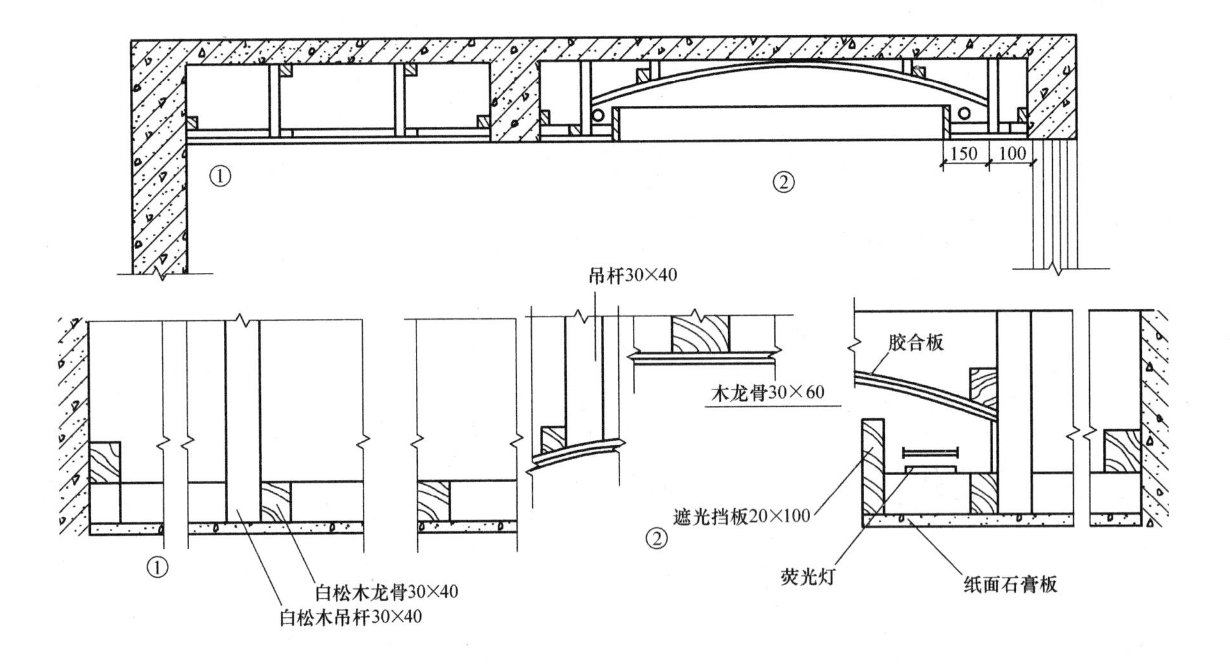

图 3-15　常见住宅室内棚面结构详图

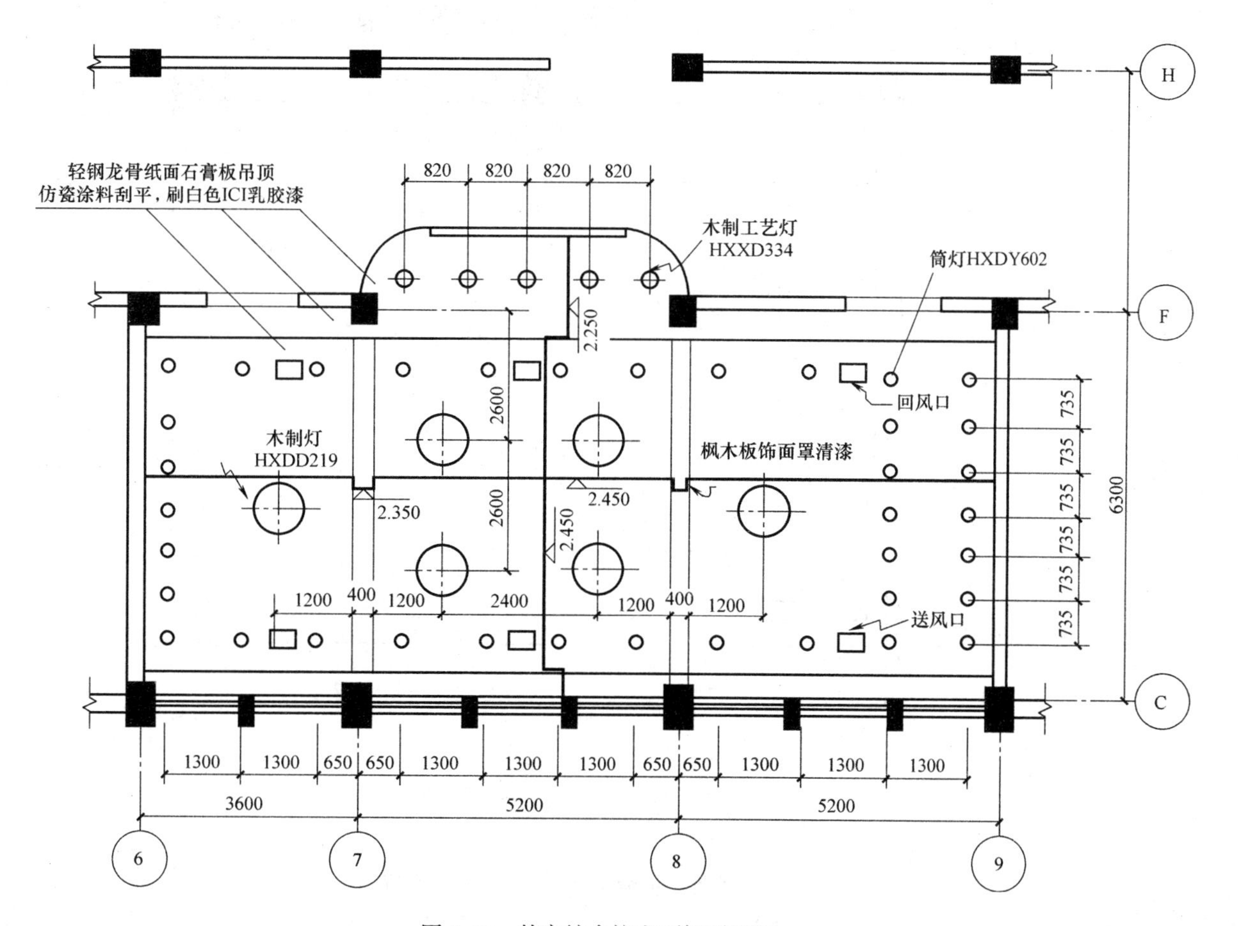

图 3-16　某宾馆会议室顶棚平面图

2. 顶棚施工图识读实例

【例 3-4】 识读某宾馆会议室顶棚平面图。

图 3-16 为一吊顶的顶棚平面图，由于房屋结构中有大梁，所以⑦、⑧轴处吊顶有下落，下落处顶棚面的标高为 2.35m（一般为距本层地面的标高），而未下落处顶棚面标高为 2.45m，因此两顶棚面的高差为 0.1m。图内横向贯通的粗实线，即为该顶棚在左右方向的重合断面图。在图内的上下方向也有粗线表示的重合断面图，反映在这一方向的吊顶最低为 2.25m，最高为 2.45m，高差为 0.2m，梁的底面处装饰造型的宽度为 400mm，高度为 100mm。

如图 3-16 所示，向下突出的梁底造型采用木龙骨架，外包枫木板饰面，表面再罩清漆。而其他位置吊顶采用轻钢龙骨纸面石膏板，表面用仿瓷涂料刮平后刷白色 ICI 乳胶漆。图中还标注出了各种灯饰的位置及尺寸：中间部分设有四盏木制圆形吸顶灯，左右两部分选用两盏同类型吸顶灯，其代号为 HXDD219；另外，周边还设有嵌装筒灯 HXDY602，间距为 735mm、1300mm 两种，以及在平面突出处顶棚上安装的间距为 820mm 的五盏木制工艺灯（HXXD334），作为点缀并作局部照明用。在图的左、中、右有三组空调送风和回风口（均为成品）。

【例 3-5】 识读某餐厅包房顶棚（天花）造型布置图。

图 3-17 为某餐厅包房顶棚（天花）造型布置图，从图中可以看出，该餐厅包房顶棚（天花）造型布置图比例是 1∶50，图中表示造型轮廓线、灯饰及其材料做法。顶棚是轻钢龙骨石膏板顶棚白色乳胶漆饰面，标高分别是 2.80m、2.85m 和 3.15m。窗帘盒内刷白色手扫漆。

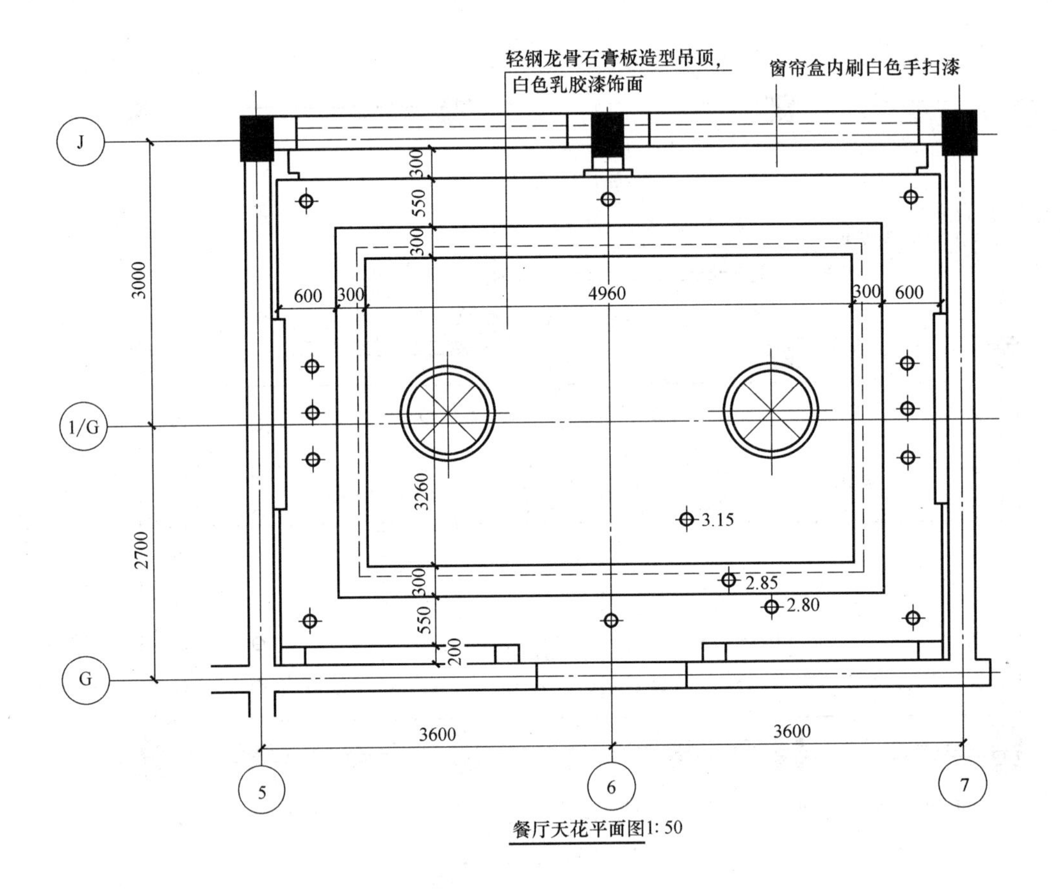

图 3-17　某餐厅包房顶棚（天花）造型布置图

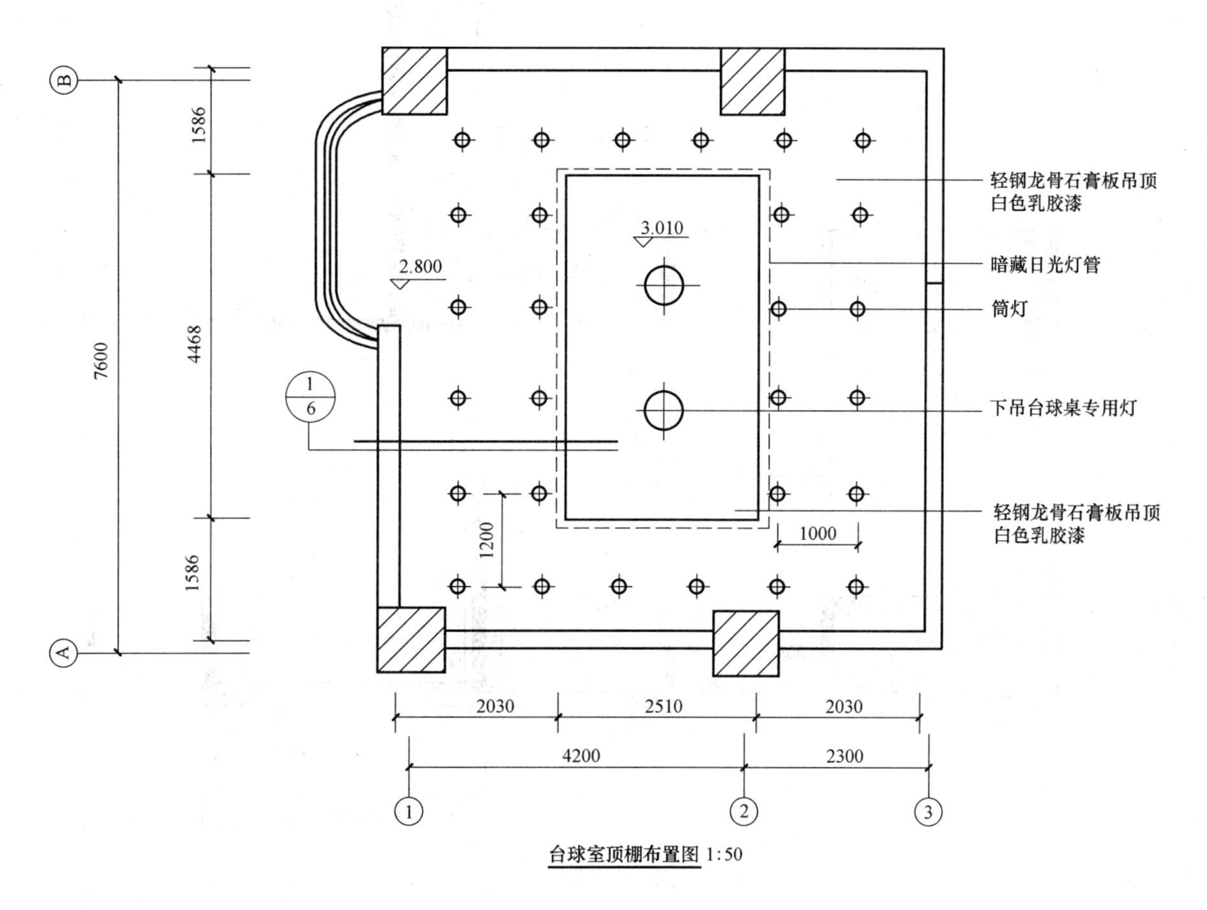

图 3-18 台球室顶棚平面图

【例 3-6】 识读某台球室顶棚平面图。

图 3-18 为某台球室顶棚平面图。从图中可以看出，台球室的顶棚采用轻钢龙骨石膏吊顶，两级标高分别为 2.800m 和 3.010m，其定形尺寸为 4468mm×2510mm，造型边线到墙边的垂直与水平距离分别为 1568mm 和 2030mm。

【例 3-7】 识读某顶棚平面图。

图 3-19 是某顶棚平面图，其比例为 1∶500。客厅顶棚为原顶棚，未做任何额外的装饰，入口处为 3 个明装筒灯，顶棚刷白色乳胶漆，四周做假顶棚装饰，内装射灯，厨房的顶棚采用条形铝板吊顶，餐厅的顶棚刷白色乳胶漆，装艺术吊灯。主卧中间为原顶棚刷白色乳胶漆，四周做假吊顶装饰，内嵌射灯，主卫顶棚则采用条形铝板装饰，南侧两个阳台均采用白色乳胶漆刷顶。

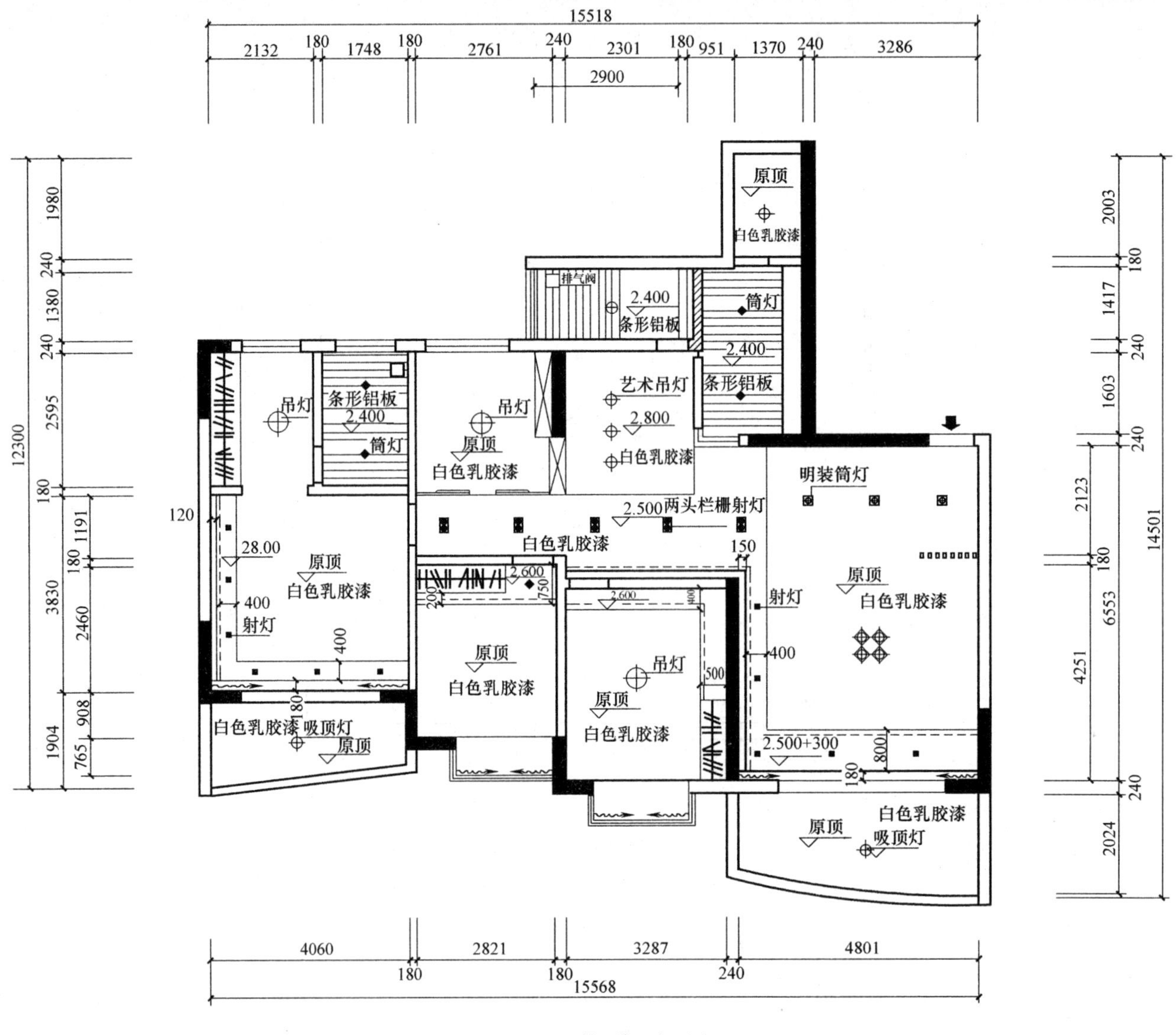

图 3-19 某顶棚平面图

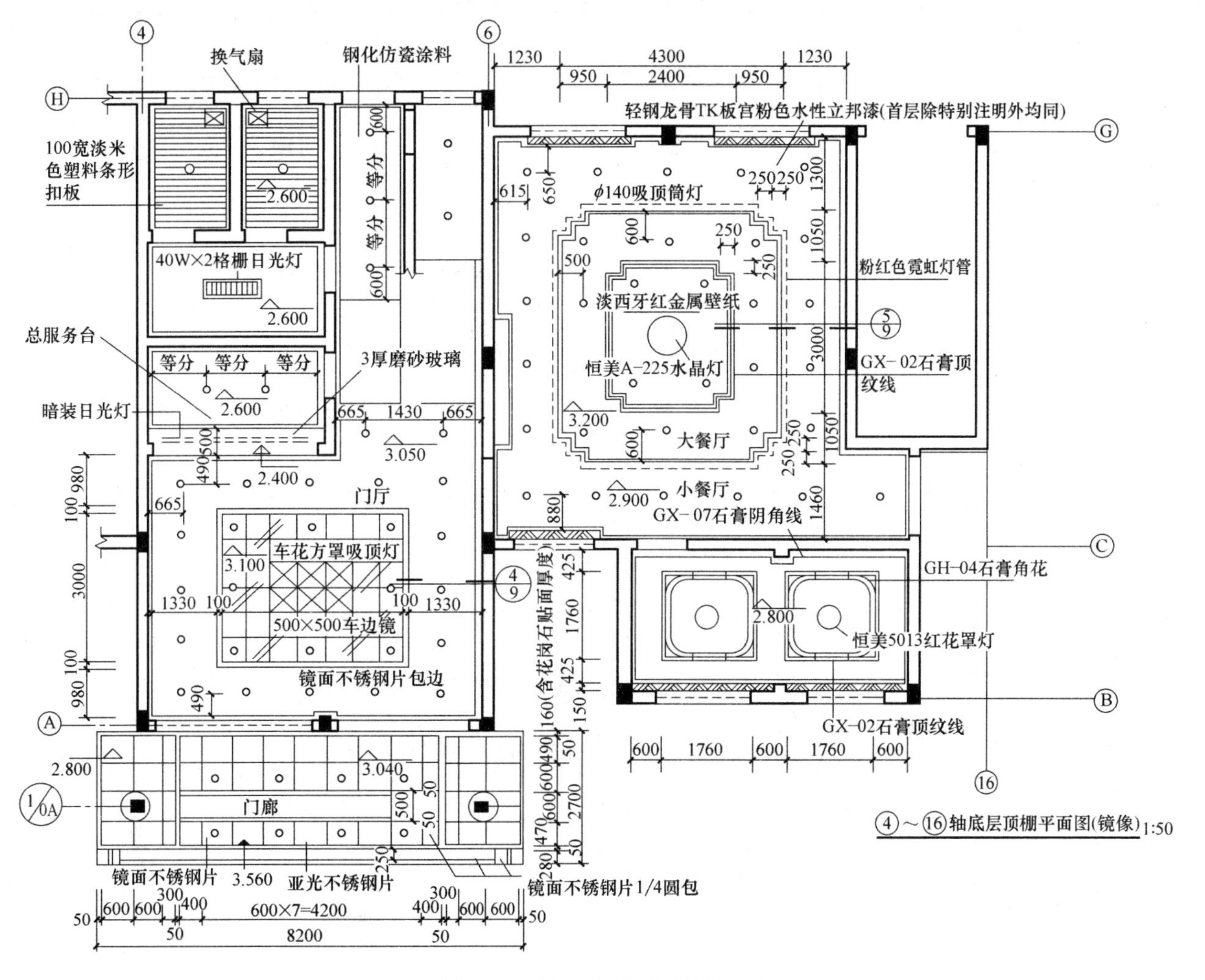

图 3-20　某房间底层顶棚平面图

【例 3-8】 识读某房间底层顶棚平面图。

图 3-20 为某房间底层顶棚平面图。由图中可以看出，门廊顶棚有三个迭级，标高分别为 2.800m、3.040m 与 5.560m，均采用不锈钢片饰面。

门厅顶棚有两个迭级，标高分别是 3.050m 与 3.100m，中间是车边镜，用不锈钢片包边收口，四周是 TK 板，并且用宫粉色水性立邦漆饰面。

总服务台前上部是一下落顶棚，标高为 2.400m，为磨砂玻璃面层内藏日光灯。服务台内顶棚标高为 2.600m。

大餐厅顶棚有两个迭级并带有内藏灯槽（细虚线所示），中间贴淡西班牙红金属壁纸，用石膏顶纹线压边。二级标高分别为 2.900m 与 3.200m，所用结构材料和饰面材料用引出线于右上角注出。

小餐厅为一级平顶，标高为 2.800m，用石膏顶纹线和角花装饰出两个四方形，墙与顶棚之间用石膏阴角线收口。

门厅中央是六盏方罩吸顶灯组合，大餐厅中央是水晶灯，小餐厅在两个方格中装红花罩灯，办公室与洗手间是格栅灯，厨房是日光灯，其余均为筒形吸顶灯。

【例 3-9】 识读某别墅顶棚平面图。

（1）图 3-21 为某别墅一层顶棚平面图，入口从下方进入，玄关的顶棚采用 150mm × 90mm 的胡桃木饰面假梁，左侧餐厅与客厅的顶棚中间做吊顶造型，四周暗藏灯管，并存四周布设筒灯，厨房的顶棚采用 150mm 宽杉木吊顶。

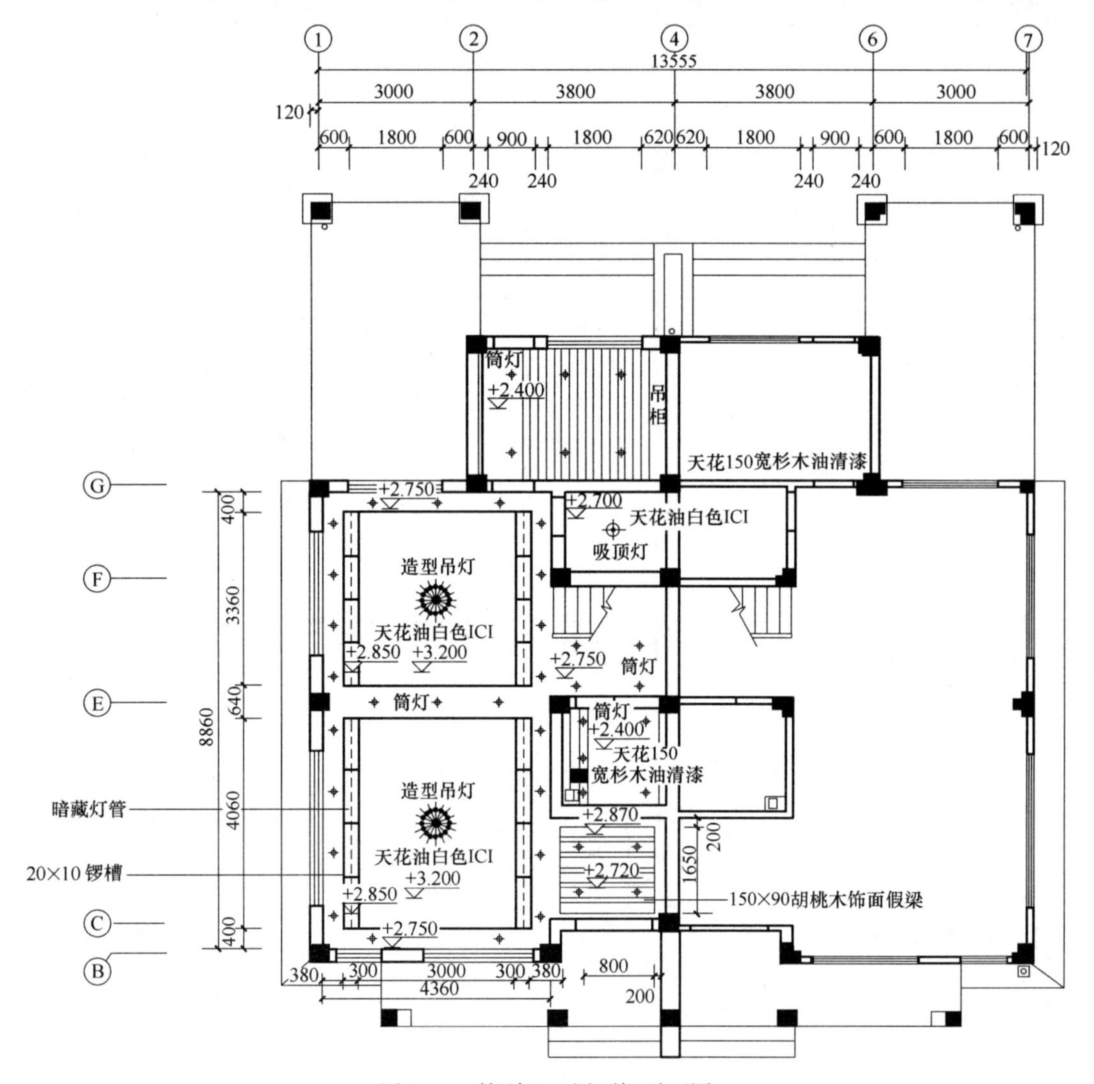

图 3-21 某别墅一层顶棚平面图

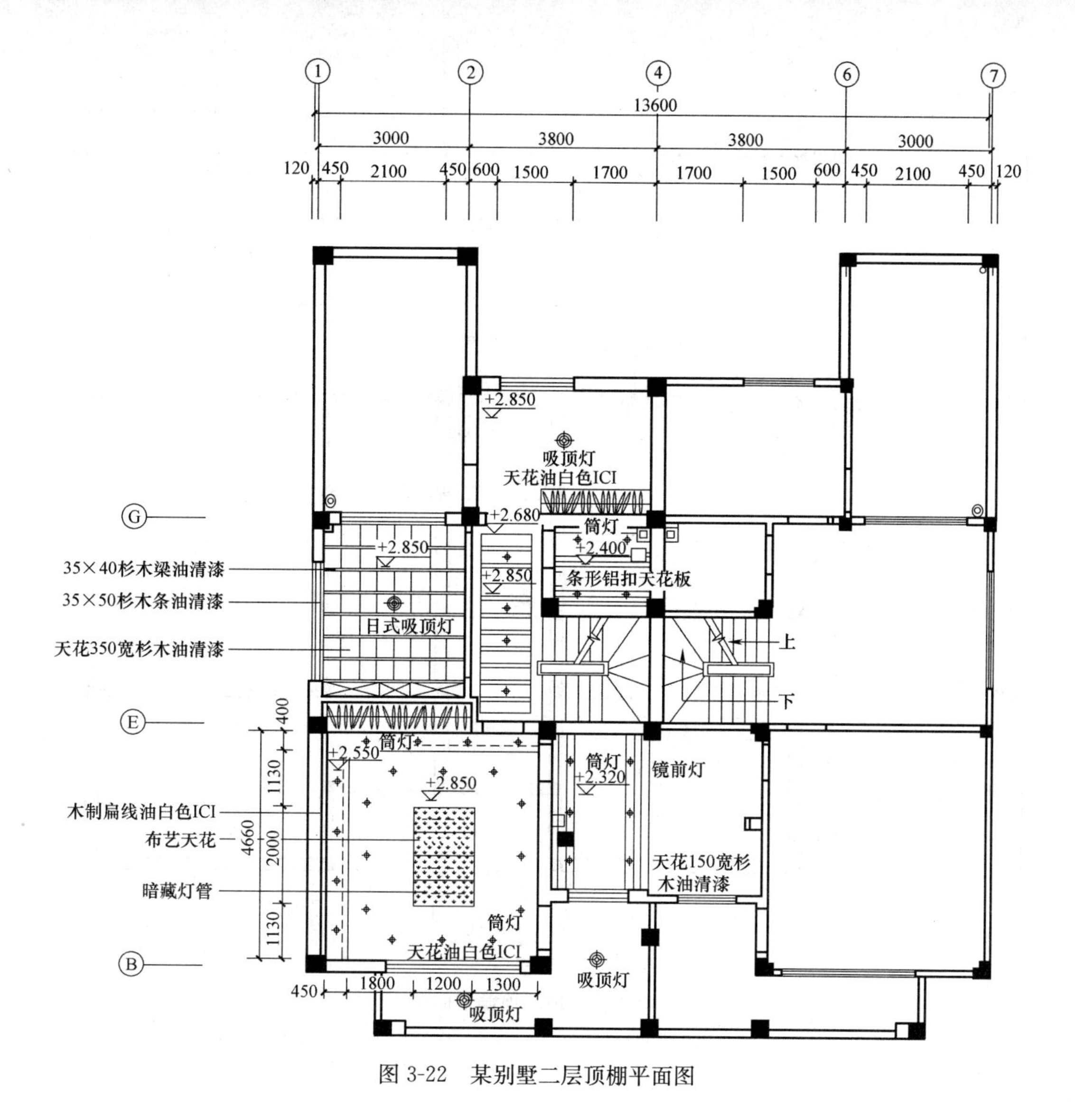

图 3-22　某别墅二层顶棚平面图

（2）图 3-22 为别墅二层顶棚平面图，主卧室顶棚中心做了一块布艺天花造型，内暗藏灯管，四周围布设了筒灯，房顶棚则是由杉木吊顶，并且采用清漆油漆，采用日式吸顶灯。儿童房顶棚漆白色乳胶漆。

（3）图 3-23 为别墅三层顶棚平面图，过道采用白色乳胶漆涂刷顶棚，父母房的顶棚做吊顶造型，中间部分标高为+2.750m，白色乳胶漆刷顶，两边装饰顶内嵌筒灯，靠近床头的一侧为装饰灯带，暗藏灯管。

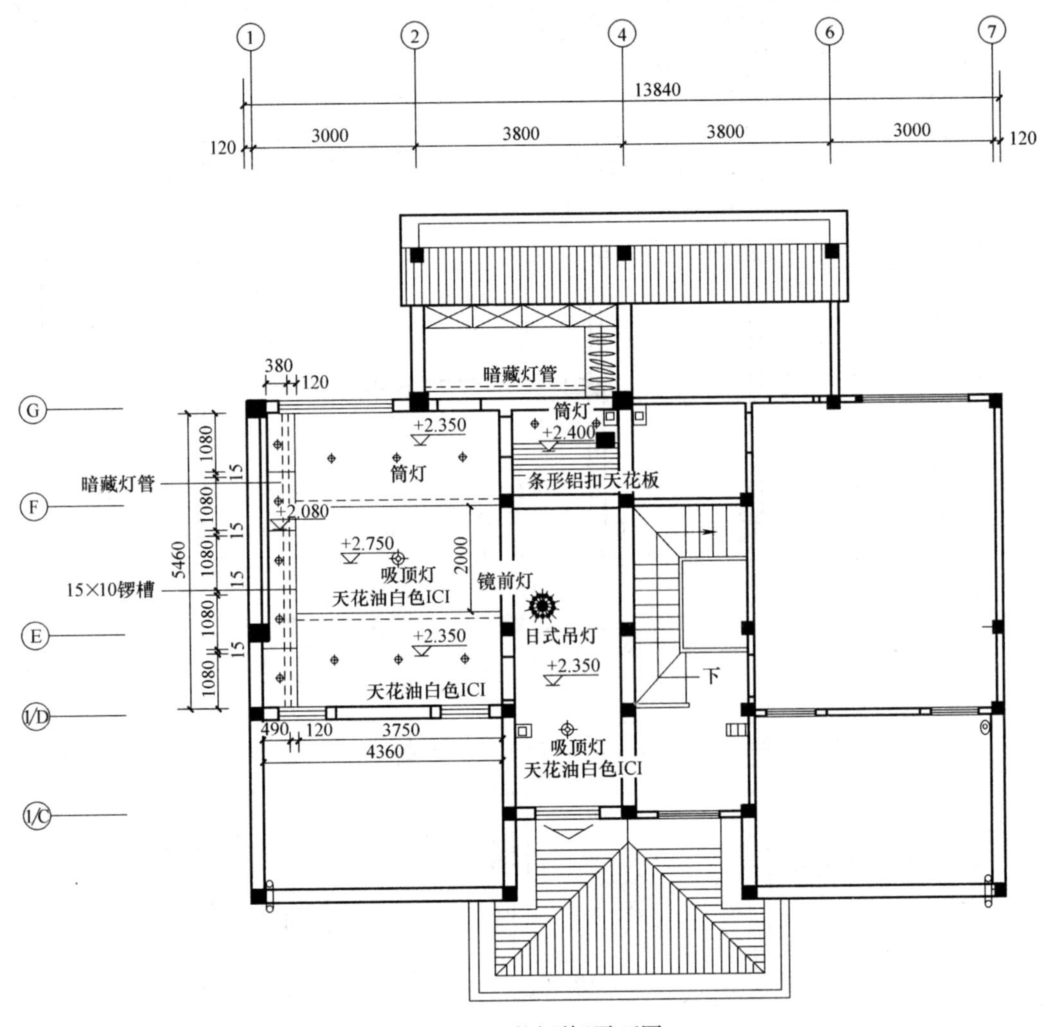

图 3-23　顶层顶棚平面图

4 识读门、窗、楼梯工程施工图

4.1 识读门、窗工程施工图

门与窗是建筑物的重要组成部分，也是主要的围护构件之一，各种门窗图样如图 4-1 所示。

门的主要功能是人们进出房间以及室内外的通行口，同时也兼有采光和通风的作用；门的形式对建筑立面装饰也有一定的作用。

窗的主要作用是采光、通风及观看风景等。自然采光是节能的最好措施，一般民用建筑主要依靠窗进行自然采光，依靠开窗进行通风，另外窗对建筑立面装饰也起着一定的作用。

门与窗位于外墙上时，作为建筑物外墙的组成部分，对于建筑立面装饰与造型起着十分重要的作用。

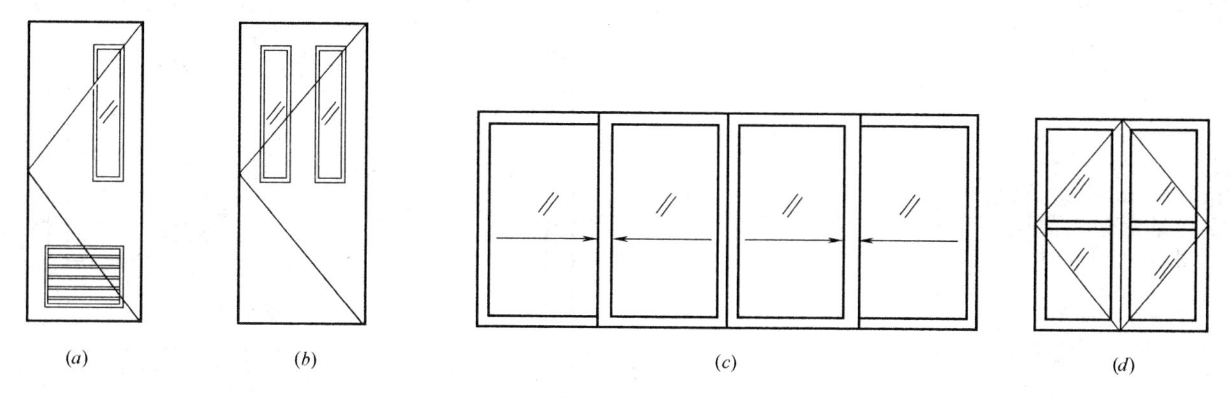

图 4-1　各种门窗图样

(*a*) 平开百叶门；(*b*) 平开门；(*c*) 推拉窗；(*d*) 平开窗

1. 识读门装修施工图

（1）识读门节点详图

1）门头节点详图。图 4-2 为④～⑥轴门头节点详图。在阅读门头节点详图时，一般要与被索引图样对应，以检查各部分的基本尺寸与原则性做法是否相符。

由图 4-2 可以看出，造型体的主体框架主要由 45mm×3mm 等边角钢组成。上部采用角钢挑出一个檐，檐下阴角处设有一个 1/4 圆，由中纤板与方木为龙骨，圆面基层为三夹板。造型体底面为门廊顶棚，前沿顶棚为木龙骨，廊内顶棚为轻钢龙骨，基层面板均为中密度纤维板。前后迭级间又有一个 1/4 圆，结构形式同檐下1/4圆。造型体的角钢框架一边搁于钢筋混凝土雨篷之上，用金属胀锚螺栓固定。另一边置于素混凝土墩与雨篷梁之上，用一根通长槽钢将框架、雨篷梁及素混凝土墩连接在一起。框架与墙柱之间采用 50mm×5mm 等边角钢斜撑拉结。造型体立面是铝塑板面层，采用结构胶将其粘于铝方管上，然后用自攻螺钉把铝方管固定在框架上。门廊顶棚为镜面与亚光不锈钢片相间饰面，需折边 8mm 扣入基层板缝并且加胶粘牢。立面铝塑板与底层不锈钢片间采用不锈钢片包木压条收口过渡。造型体顶面是单面内排水。不锈钢片泛水的排水坡度为 3%，泛水内沿做有滴水线。图中还注出了各部详细尺寸与标高、材料品种与规格、构件安装间距及各种施工要求等内容。

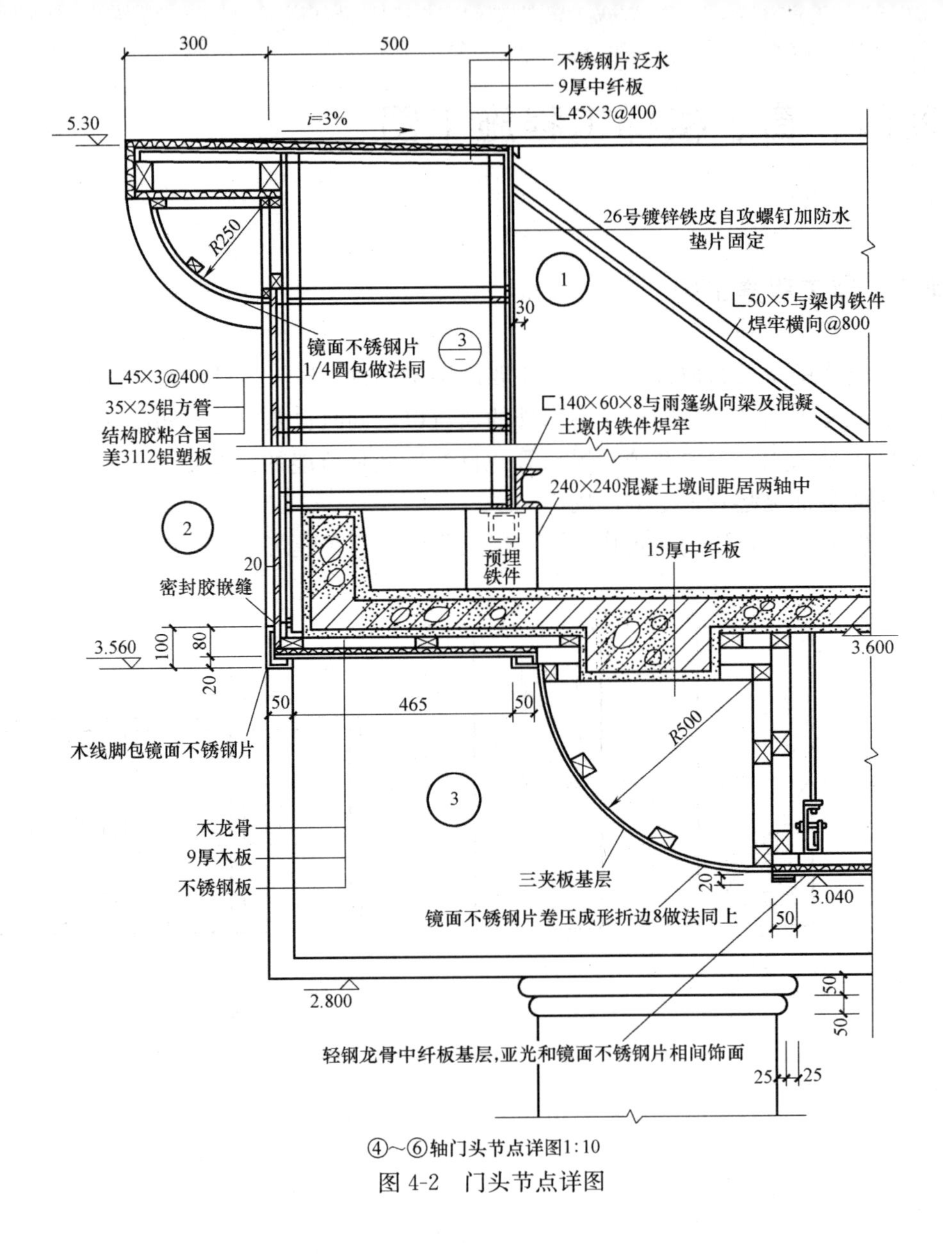

④～⑥轴门头节点详图1:10

图 4-2 门头节点详图

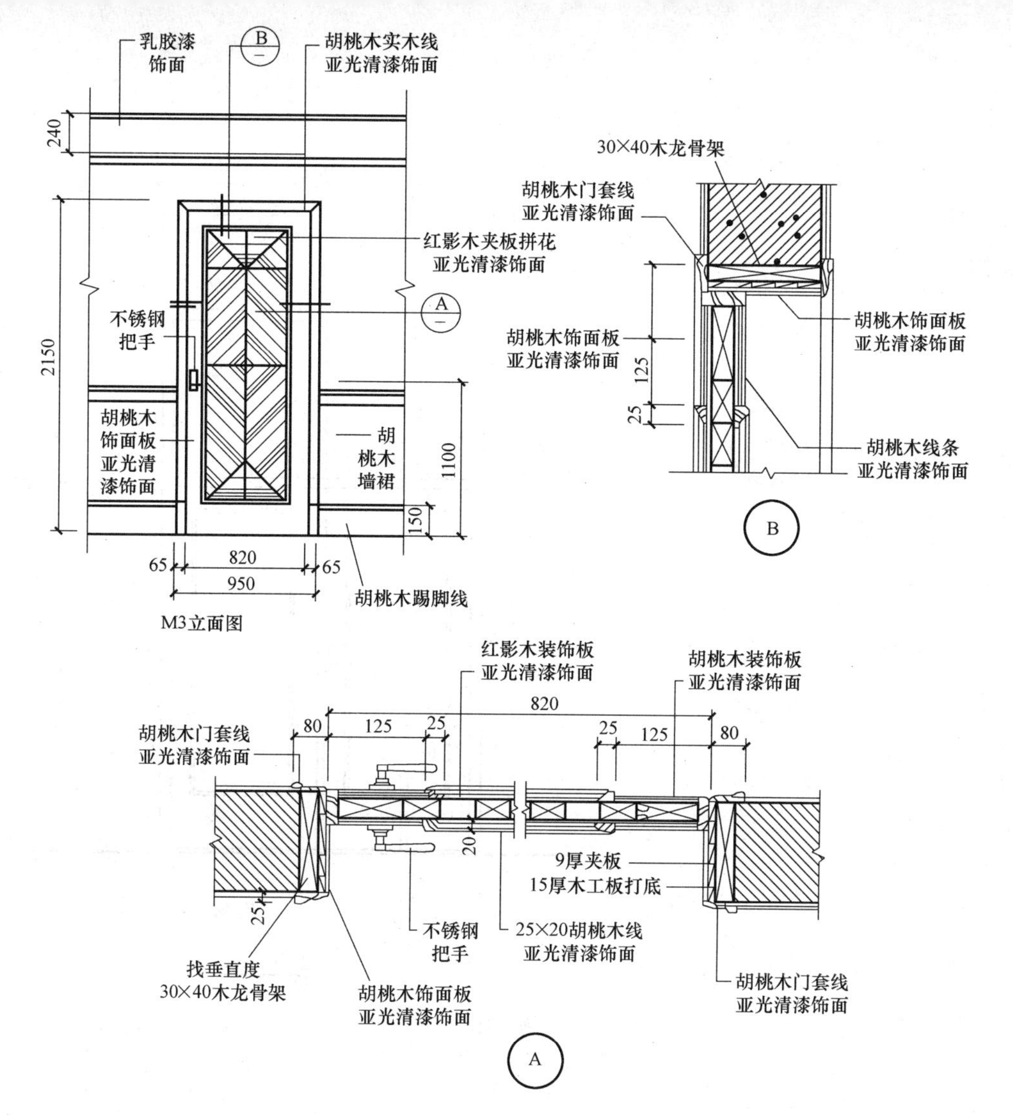

图 4-3 装饰门及门套详图

2）门及门套详图。图 4-3 为门及门套详图，它们主要用于书房、厨房、卫生间。从图中可以看出，门扇装修形式较简洁，门扇立面周边为胡桃木板饰面，门心板处饰以斜拼红影木饰面板，门套饰以胡桃木线，亚光清漆饰面。门的立面高度为 2.15m、宽度为 0.95m，门扇宽度为 0.82 m，其中门套宽度为 65mm。图中有“A”“B”两个剖面索引符号，其中“A”是将门剖切后向下投影的水平剖面图，“B”为门头上方局部剖面，剖切后向右投影。

图 4-3 的下方 A 详图即为门的水平剖面图，它反映出了门扇及两边门套的详细作法与线角形式。我们可从图上看到，门套的装修结构主要由 30mm × 40mm 木龙骨架（30mm、40mm 是指木龙骨断面尺寸）、15mm 厚木工板打底，为了形成门的止口（门扇的限位构造），还加贴了 9mm 夹板，然后再粘贴胡桃木饰面板形成门套。门的贴脸（门套的正面）的做法是直接将门套线安装在门套基层上，表面饰以亚光清漆。门扇的拉手为不锈钢执手锁，门体为木龙骨架，表面饰以红影（中间）与胡桃木（两边）饰面板，为形成门表面的凹凸变化，胡桃木下垫有厚 9mm 的夹板，宽度为 125mm。在两种饰面板的分界处用宽度为 25mm、高度为 20mm 的胡桃木角线收口，形成较好的装饰效果（俗称造型门）。

图 4-3 中右侧的 B 详图为门头处的构造作法，与 A 详图表达的内容基本一致，主要反映门套与门扇的用料、断面形状、尺寸等，所不同的是该图是一个竖向剖面图，左右的细实线为门套线（贴脸条）的投影轮廓线。

在识读门及门套详图时，应当注意门的开启方向（通常由平面布置图确定其开启方向）。

图 4-3 所示的 M3 门为内开门，图中的门扇在室内一侧。在门窗详图中通常要画出与之相连的墙面作法、材料图例等，表示出门、窗与周边形体的联系，多余部分用折断线折断后省略。

（2）识读门施工图

1）木门施工图。木门施工图如图 4-4 所示。它主要由 1 个立面图与 7 个局部断面图组成，完整地表达出了不同部位材料的形状、尺寸和一些五金配件及其相互间的构造关系。该门的立面图是一幅外立面图。在立面图中，最外围的虚线表示门洞的大小。木门分为上、下两部分，上部固定，下部为双扇弹簧门。在木门与过梁及墙体之间留有 10mm 的安装间隙。详图索引符号如 $\frac{2}{-}$ 中的粗实线表示剖切位置，细的引出线是表示剖视的方向，引出线在粗线之左，表示向左观看；同理，引出线在粗线之下，表示向下观看。一般情况下，水平剖切的观看方向相当于平面图，竖直剖切的观看方向相当于左侧面图。

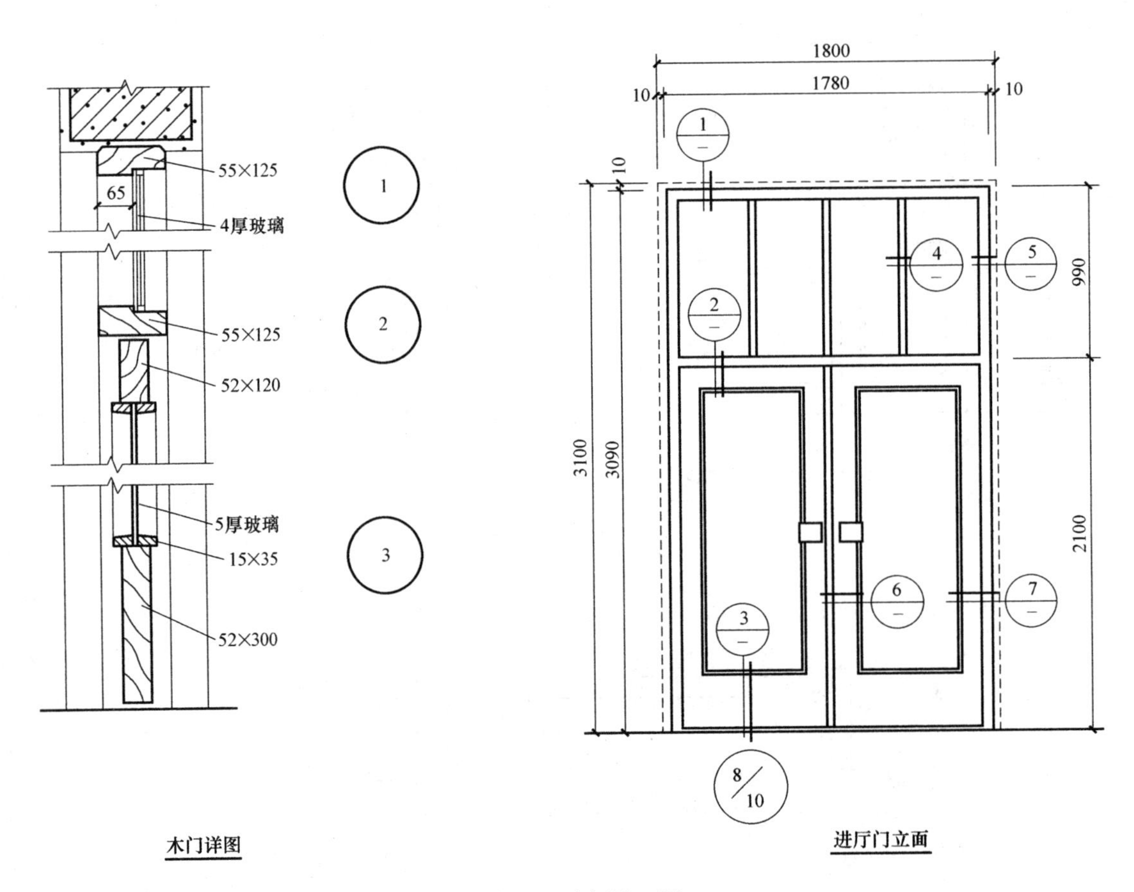

图 4-4　木门施工图

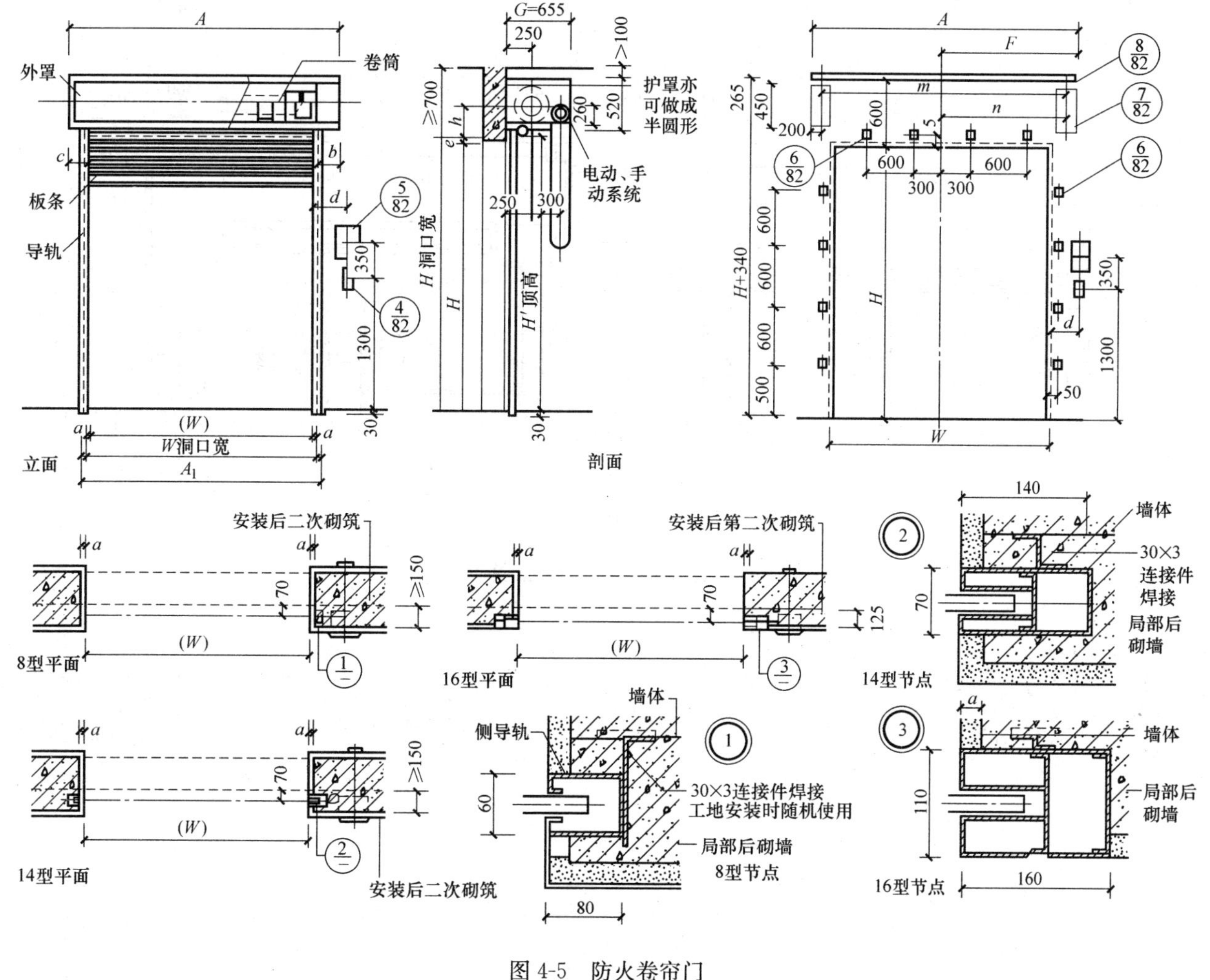

图 4-5　防火卷帘门

2）防火卷帘门施工图。识读防火卷帘门时，应当注意它的构造，如图 4-5 所示。防火卷帘门主要由帘板、卷帘筒、导轨与电力传动等部分组成。图中包括防火卷帘门立面图，剖面图，8 型、14 型、16 型平面图，8 型、14 型、16 型节点图。

【例 4-1】 识读某门面、门头室外装饰立面图。

图 4-6 为①～⑥轴门头、门面正立面图，其比例是 1∶45。门头的上部造型与门面招牌的立面均是铝塑板饰面，并且用不锈钢片包边。门头上部造型的两个 1/4 圆用不锈钢片饰面，半径分别为 0.50m 与 0.25m。④～⑥轴台阶上两个花岗石贴面圆柱，索引符号表明其剖面构造详图在饰施详图上。门面上装有卷闸门，墙柱用花岗石板贴面，两侧花池贴釉面砖。图中还表明门头、门面的各部尺寸、标高，以及各种材料的品名、规格、色彩及工艺要求。

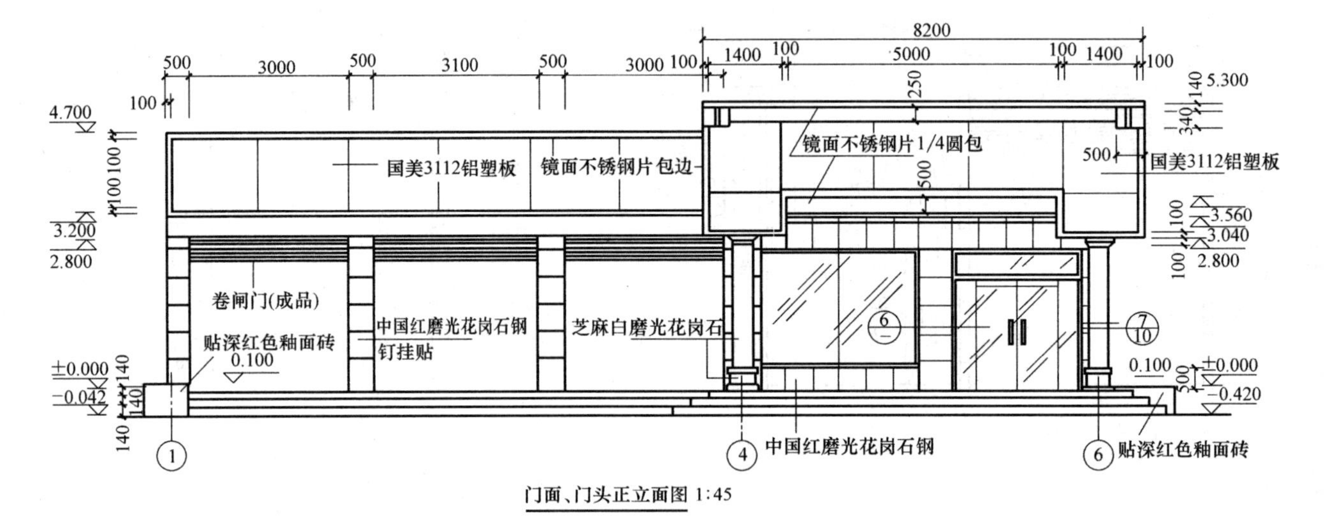

图 4-6　某门面、门头室外装饰立面图

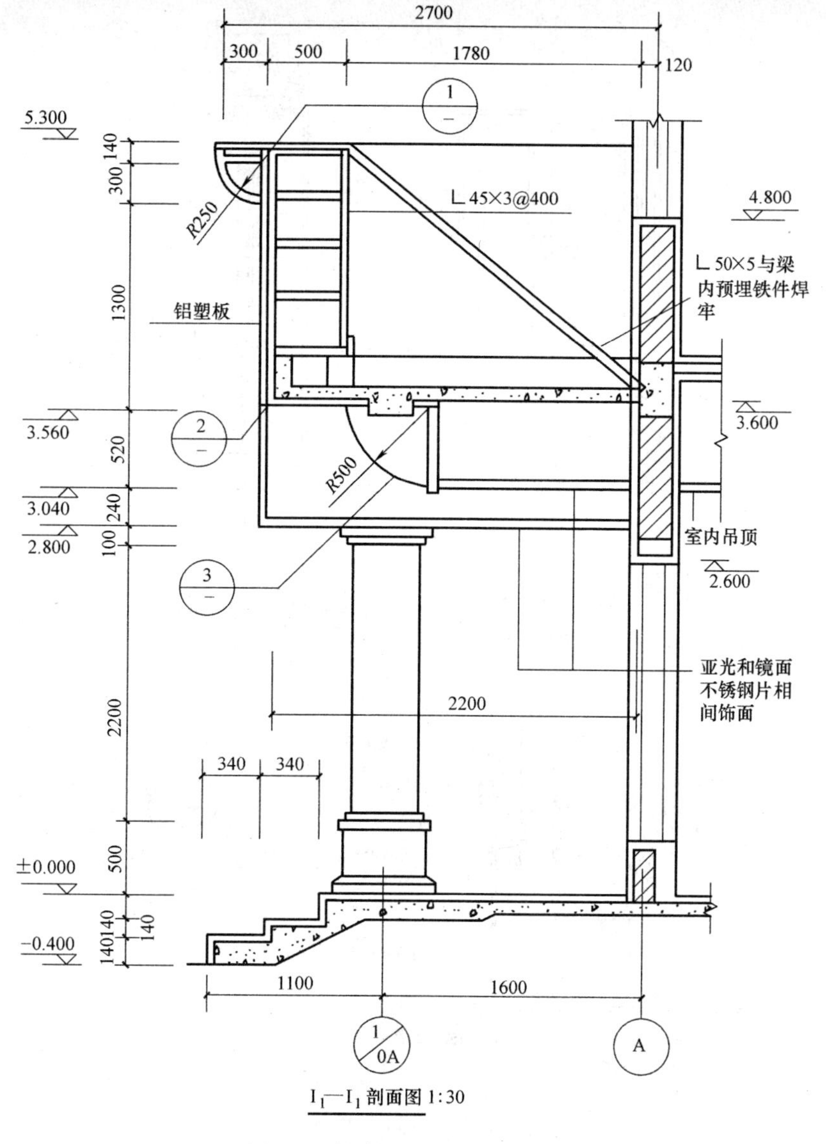

图 4-7 某建筑门头装饰剖面图

【例 4-2】 识读某建筑门头装饰剖面图。

图 4-7 为某建筑门头装饰整体剖面图。由图名“Ⅰ₁—Ⅰ₁剖面图”可以得知，该图是从底层平面布置图上剖切得到的剖面图。由图中可以看出：门头上部有一个造型牌头，其框架采用不同型号的角钢组成，面层材料采用铝塑板。雨篷底面是门廊顶棚，均采用亚光和镜面不锈钢片相间饰面。门头上部造型分别注有三个索引符号，表明这三个部位（交汇点）均另有节点详图表明其详细做法，详图就在本张图纸内，故在尺寸和文字标注上都比较概括。

【例 4-3】 识读某装饰门详图。

图 4-8 为 M3 门详图，由图中可以看出，门框上槛包在门套之内，所以只标注出洞口尺寸、门套尺寸与门立面总尺寸。本例图竖向与横向都有两个剖面详图。其中，门上槛 55mm×125mm、斜面压条为 15mm×35mm、边框 52mm×120mm，均表示它们的矩形断面外围尺寸。门芯采用 5mm 厚磨砂玻璃，门洞口两侧墙面与过梁底面用木龙骨和中纤板、胶合板等材料包钉。A 剖面详图右上角的索引符号表明，还有比该详图比例更大的剖面图表达门套装饰的详细做法。门套的收口方式为阳角用线脚⑨包边，侧沿采用线脚⑩压边，中纤板的断面采用 3mm 厚水曲柳胶合板镶平。线脚大样比例为 1∶1，是足尺图。

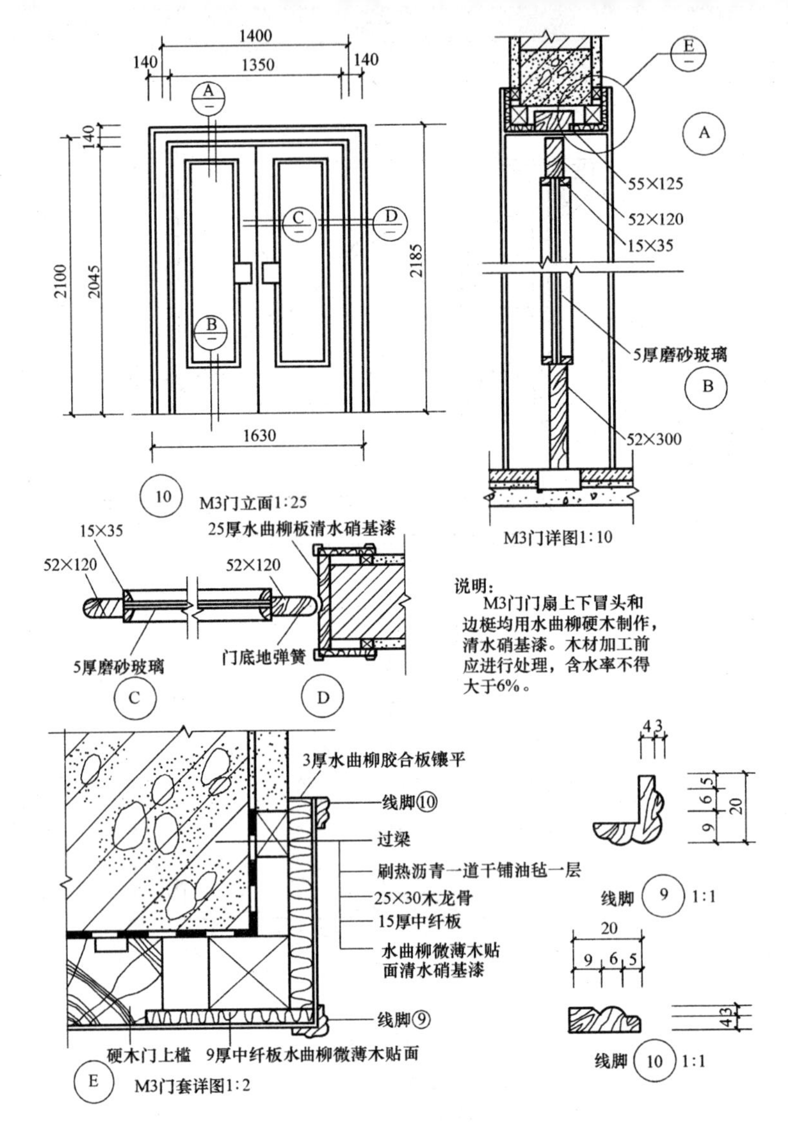

图 4-8 M3 门详图

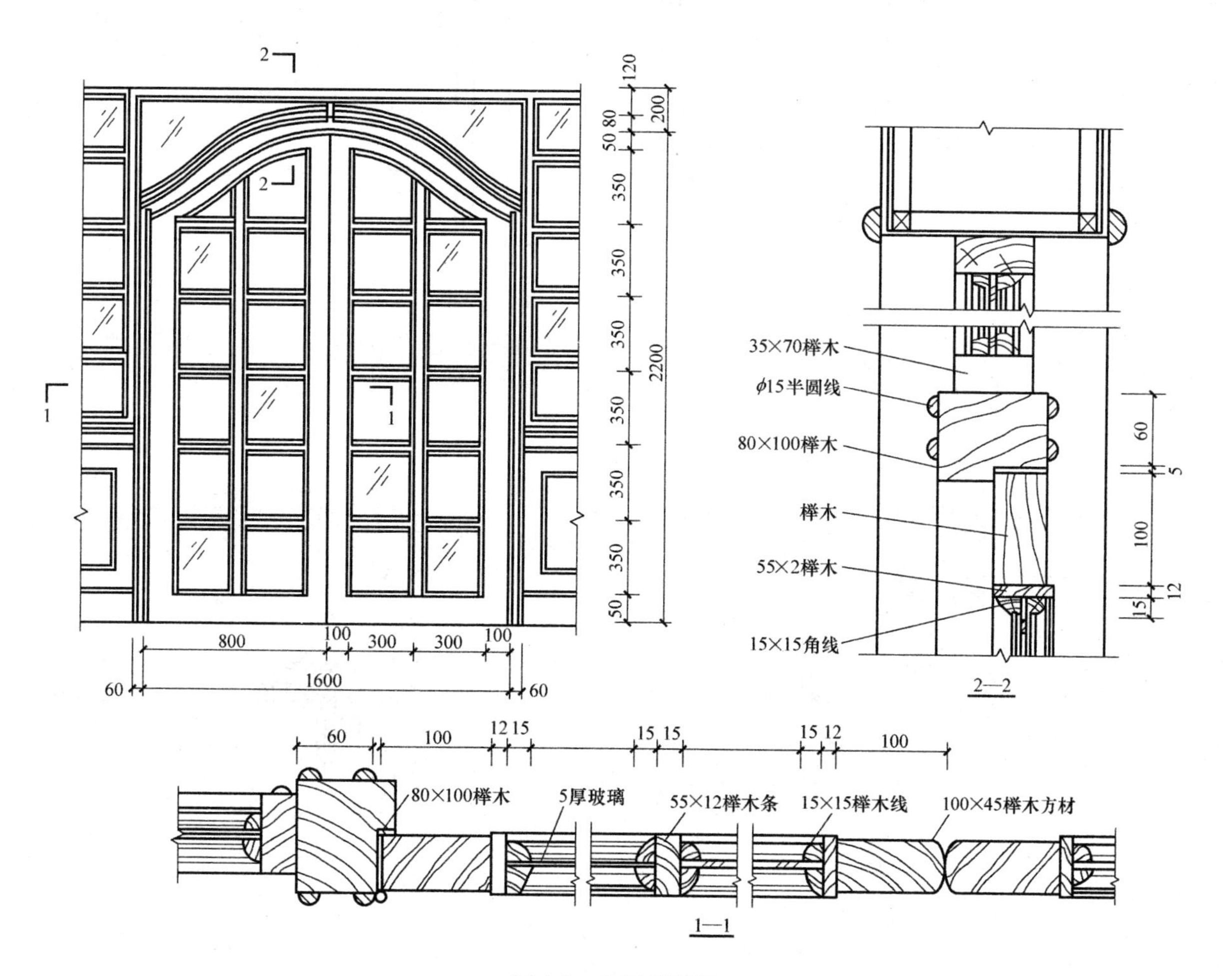

图 4-9　木制门详图

【例 4-4】 识读某木制门详图。

图 4-9 为某木质门详图。该木门是双扇玻璃木门，门洞宽度为 1600mm，高度为 2200mm。门上边是弧型造型，门扇宽度为 800mm、门边宽度为 100mm，门扇内是由尺寸为 350mm × 300mm 的田字格木框组成。

在门扇立面图上有两处剖面图索引符号 1—1 和 2—2，因此在本图纸的两侧有两个剖面图，分别是剖面图 1—1 和剖面图 2—2。

剖面图 1—1 为门扇的水平剖面图，剖面图 2—2 为门扇与门框的垂直剖面图。两个剖面图详细地表示了门扇门框的组成结构、材料和详细尺寸，例如门边是由 100mm × 45mm 的榉木方材制成，门框是由 80mm × 100mm 的榉木制成。

门框内外侧分别镶嵌 ϕ15mm 的半圆线，玻璃是 5mm 厚，用 15mm × 15mm 木角线固定。

2. 识读窗装修施工图

（1）窗套图。图 4-10 为窗套图。它主要由三幅图组成，图 4-10（*a*）所示为立面图；图 4-10（*b*）所示为节点详图①；图 4-10（*c*）所示为零件图④。由图中可以看出，窗套的线角是由聚苯板保温层切出来的，其厚度为 *d*，窗套突出墙面 20mm，聚苯板与钢筋混凝土墙之间有 10mm 空隙，板表面抹抗裂砂浆，为了加强聚苯板抗压能力，采用 L 形钢板网托加强，钢板网用 2 枚 ϕ6 尼龙胀管（中距 600mm）拧到钢筋混凝土上。

钢板网的规格为：窗长为 120mm，宽为 70mm，高为 60mm，厚为 1.2mm。中间焊 6mm 厚三角形钢板，中距为 500mm。

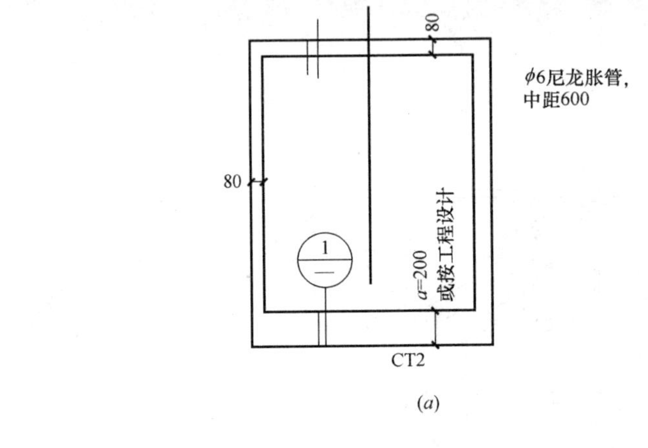

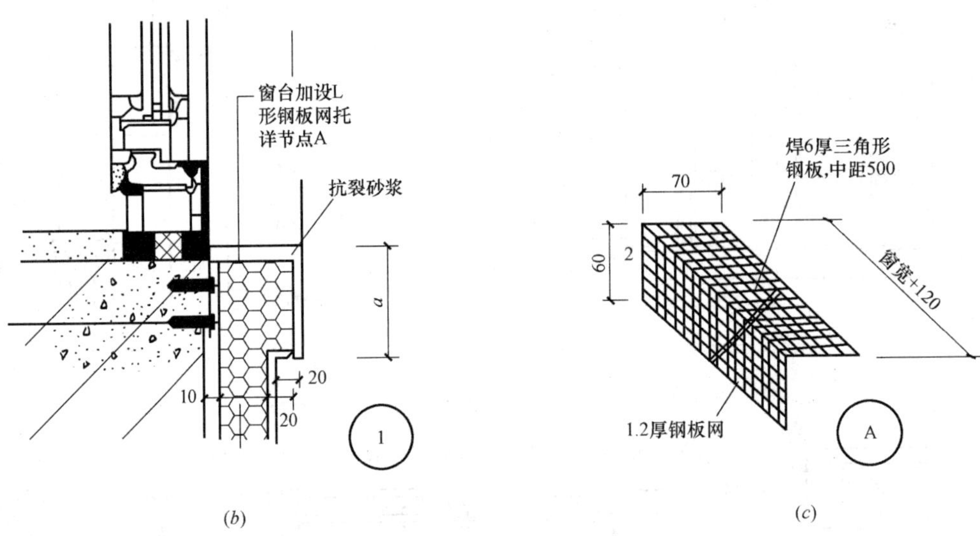

图 4-10　窗套图

（*a*）立面图；（*b*）节点详图；（*c*）零件图

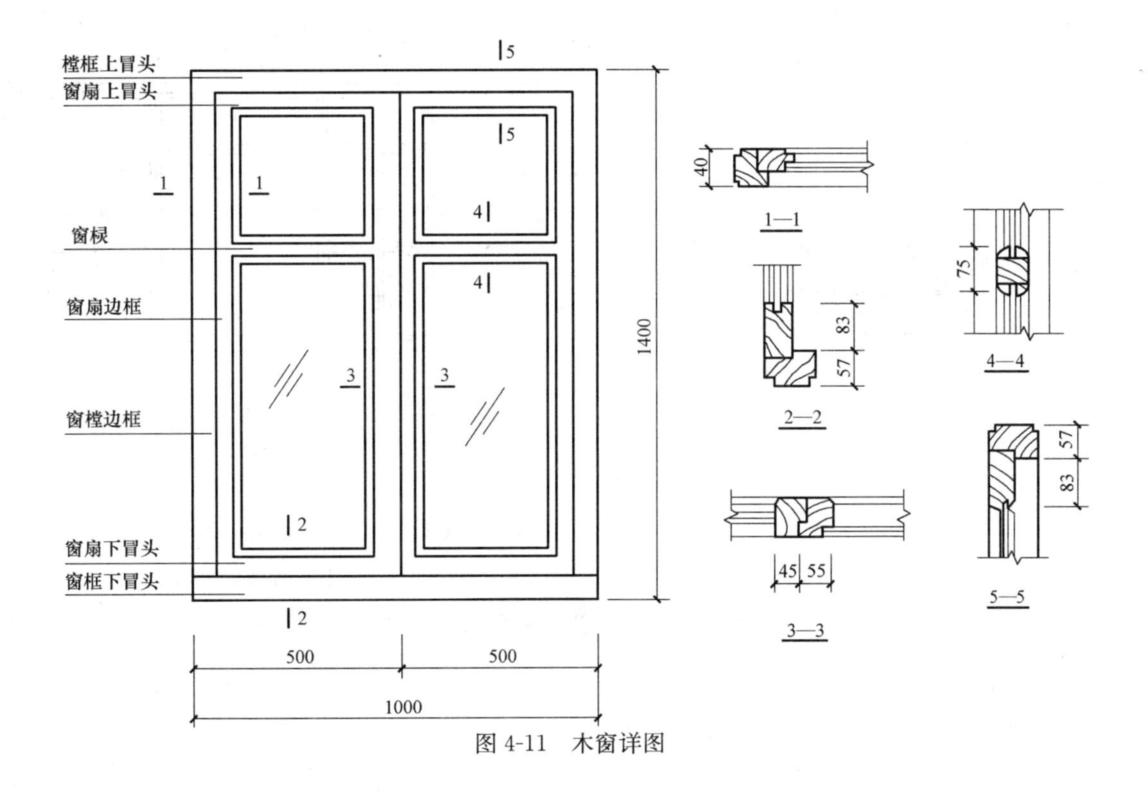

图 4-11　木窗详图

（2）窗详图。图 4-11 为一樘平开的木制窗详图，它是由窗框与对开的两个窗扇所组成的。图中的窗户樘框主要由窗框的两个边框以及上、下冒头所组成，从 1—1 剖面、2—2 剖面与 5—5 剖面的局部详图上看，樘框的断面形状是在方形的截面上裁制出一个“L”形的缺口，同时在樘框的背面两侧也裁制出了较小的凹下去的小角线槽。窗扇主要由边框、窗板与上、下冒头组成。但是从 1—1 剖面和 3—3 剖面的局部详图上看，窗扇的边框有两种断面形式：一种为窗扇外边框，其截面的外侧平直，内侧裁制出安装玻璃的“L”形裁口槽；另一种是位于两个窗扇中间的两个内边框（也称为中梃），其除了要在断面上裁制出安装玻璃的“L”形裁口槽外，还需要在内边框截面相对的另一面同样裁制出“L”形缺口，以利于两个窗户扇间关闭后互相弥合。窗扇的上、下冒头断面形状可以参见 2—2 剖面与 5—5 剖面局部详图的内侧，截面形式与窗扇外边框的截面形状大致相同。窗扇的窗板是指窗扇中的横枨，一般都是在窗棂截面的上下裁制线型。在窗板的外侧裁制“L”形的角线槽，以便安装窗玻璃，而在窗板的内侧裁制各种漂亮的坡形或者曲形截面。

（3）凸窗施工图。图 4-12 为某凸窗的平面图和立面图，其比例为 1∶50。从平面图上可以看出，凸窗呈半圆形造型，内径为 1250mm，外径为 1450mm，凸窗的宽度为 4200mm，立面图中凸窗的高度为 2650mm，中间半圆形窗户玻璃采用 10mm 厚钢化玻璃。

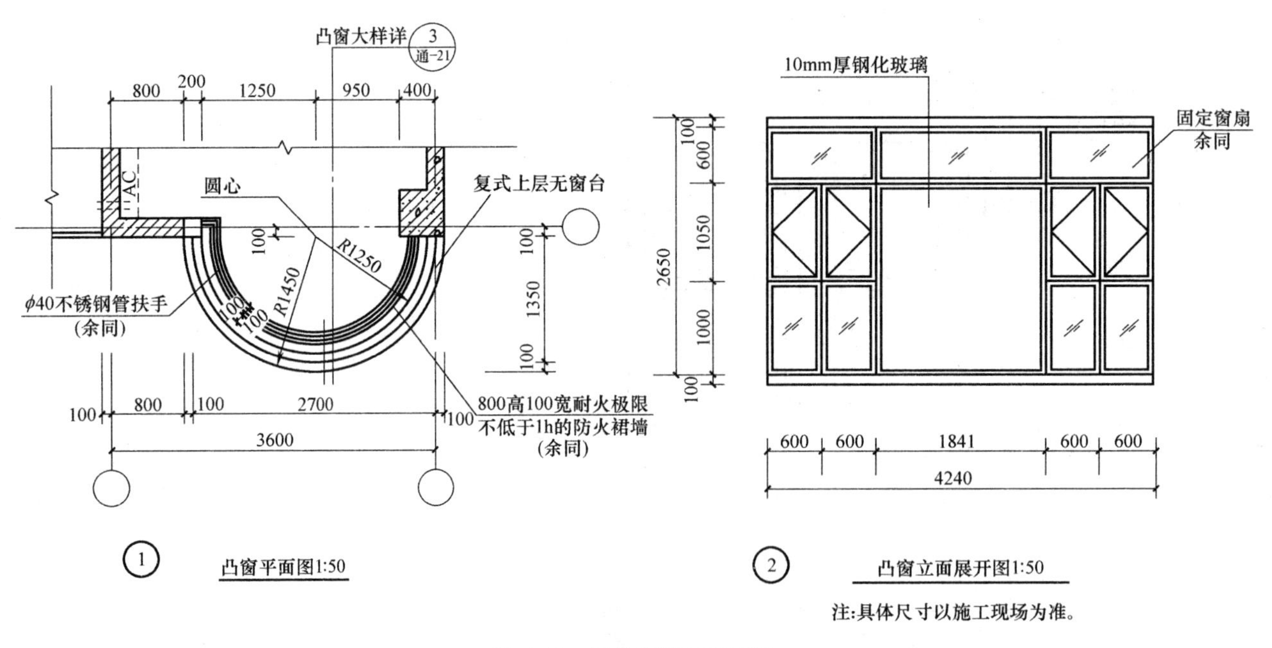

图 4-12　某凸窗施工图识读

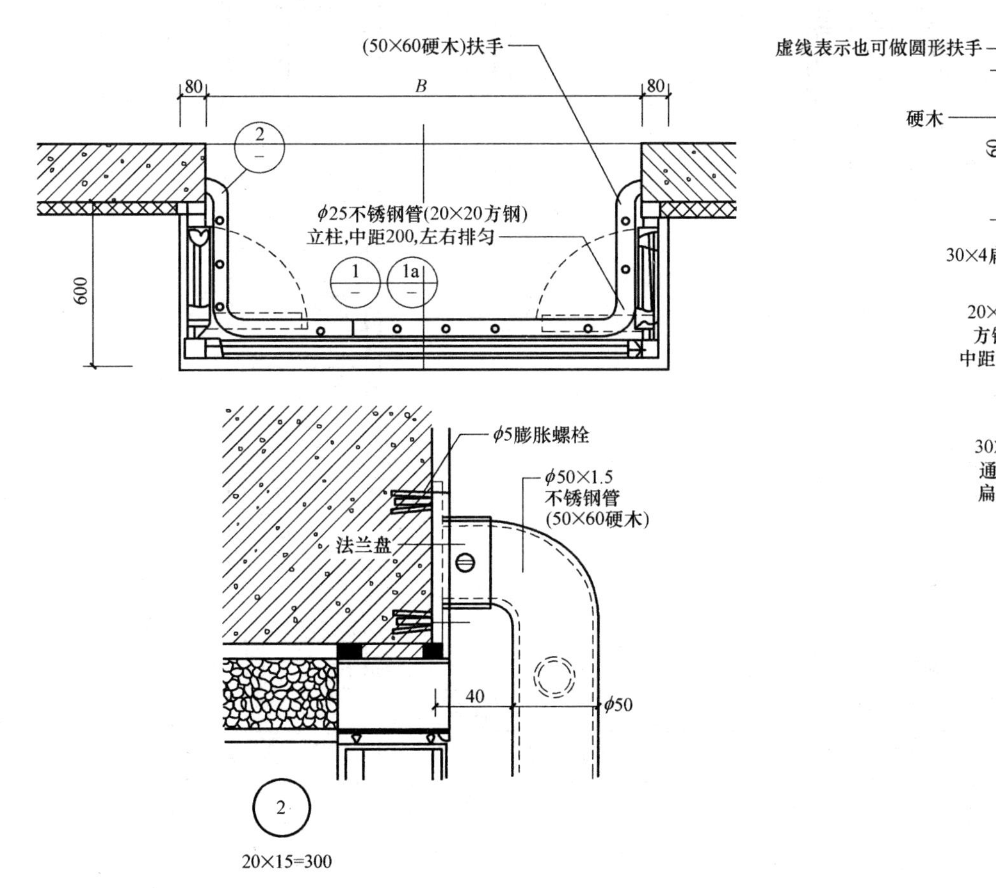

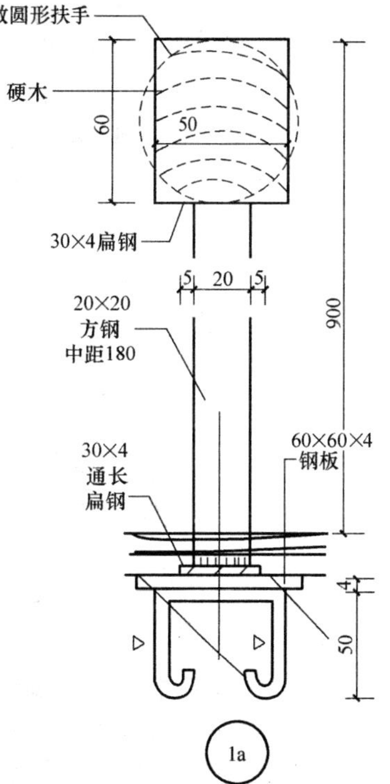

图 4-13　某矩形凸窗平面图

【例 4-5】 识读某矩形凸窗平面图。

图 4-13 所示为某矩形凸窗平面图。由图表明，墙体材料为混凝土；立柱材料为 20mm×20mm 的方钢，间距为 180mm。

在固定立柱时，将 30mm×4mm 通长扁钢焊到预埋件（60mm×60mm×4mm 钢板）上，并且将方钢焊接到扁钢上。

在固定扶手时，将法兰盘用 ϕ5 膨胀螺栓固定到墙上，将扶手插入法兰盘中，拧上螺栓固定。

【例 4-6】 识读某钢窗详图。

图 4-14 钢窗详图。由图中可以看出，钢窗主要由钢窗扇与钢窗框构成，该钢窗的尺寸为 1752mm×1752mm。钢窗采用燕尾铁脚固定，其一端采用 1∶2 的水泥砂浆埋入墙内，另一端采用 M5×12 的螺钉与钢窗框拧紧。

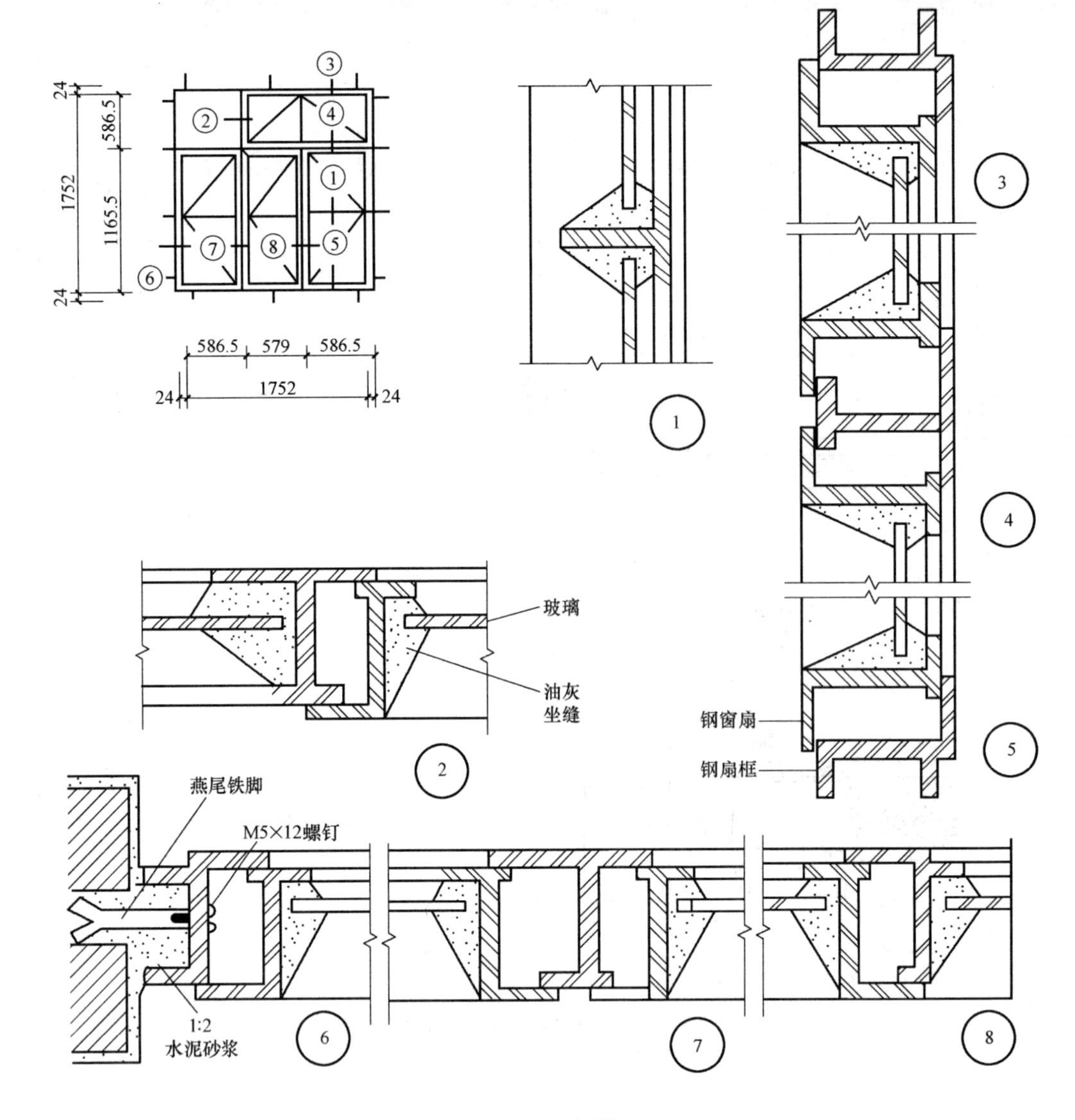

图 4-14 钢窗详图

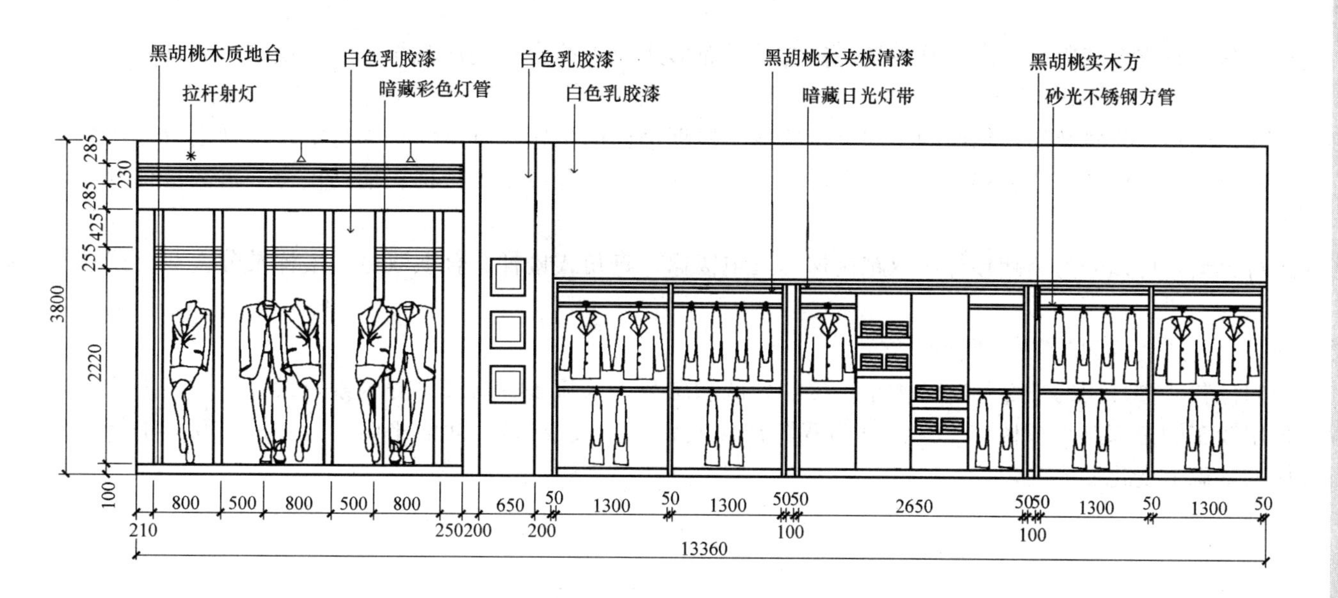

图 4-15 橱窗立面图

【例 4-7】 识读某专卖店橱窗装饰立面图。

图 4-15 为某专卖店橱窗立面图，橱窗高度为 3800mm，总长度为 13360mm，橱窗左侧为模特展示窗口，地台采用黑胡桃木质地台，背板采用白色乳胶漆涂刷，模特身后采用宽度为 800mm，高度为 2900mm 的造型装饰，内暗藏灯管，顶部采用拉杆射灯。右侧采用白色乳胶漆打底，右侧靠下为黑胡桃木质的衣橱展示区，内藏灯管。

4.2 识读楼梯工程施工图

楼梯是联系建筑上下层的垂直交通设施。楼梯一般设置在建筑物的主要出入口附近，在多层或者高层民用建筑中，除了设置楼梯外，还需设置电梯、坡道等垂直交通设施。

楼梯应当满足人们正常时垂直交通、紧急时安全疏散的要求，其数量、位置及平面形式应当符合有关规范与标准的规定，并且应当考虑楼梯对建筑整体空间效果的影响。

建筑装饰工程中楼梯的形式多种多样，应根据建筑及使用功能的不同进行选择。根据楼梯的位置，有室内楼梯与室外楼梯之分；根据楼梯的材料，可分为钢筋混凝土楼梯、钢楼梯、木楼梯及组合材料楼梯；根据楼梯的使用性质，可分成主要楼梯、辅助楼梯、疏散楼梯及消防楼梯。

工程中，一般按楼梯的平面形式进行分类，可以分为单跑楼梯、双跑楼梯、三跑楼梯、直角式楼梯、合上双分式楼梯及分上双合式楼梯等多种形式的楼梯。

按照楼梯间形式可分开敞式楼梯间、封闭式楼梯间与防烟楼梯间等。

楼梯形式的选择主要取决于其所处的位置、楼梯间的平面形状和大小、楼层高低和层数、人流多少与缓急等因素，设计时应当综合权衡这些因素。目前，在建筑装饰工程中采用较多的是双跑平行楼梯（又简称为双跑楼梯或者两段式楼梯），其他比如三跑楼梯、双分平行楼梯及双合平行楼梯等都是在双跑平行楼梯的基础上变化而成的。

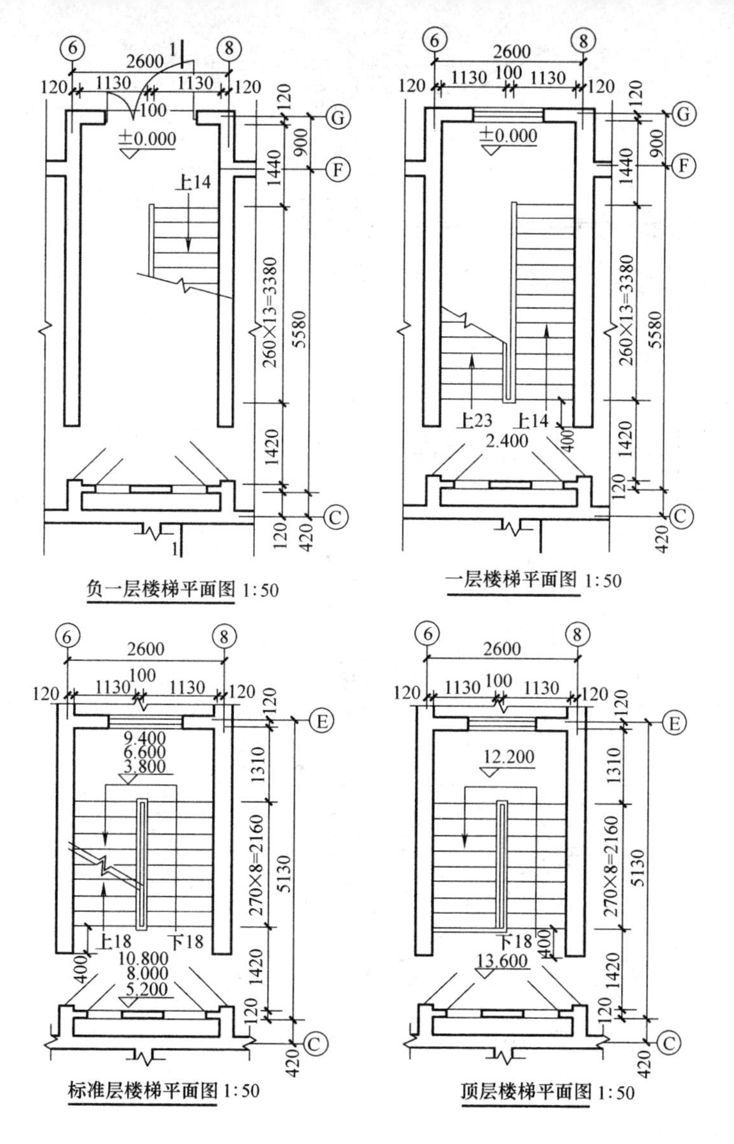

图 4-16 楼梯平面图

1. 识读楼梯平面图

如图 4-16 所示，楼梯平面图采用 1∶50 的比例。为了便于阅读及标注尺寸，各层平面图宜上下或左右对齐放置。平面图中应当标注楼梯间的轴线编号、开间、进深尺寸、楼地面和中间平台的标高、楼梯梯段长和平台宽等细部尺寸。在标注楼梯梯段长度尺寸时，应当采用“踏面宽度×踏面数＝梯段长”的形式。

在楼梯平面图中，一般画一条与踢面线成 30°的折断线。各层下行梯段不予剖切。而楼梯间平面图则为房屋各层水平剖切后的向下正投影，如同建筑平面图。如果中间几层的构造一致，通常只画一个标准层平面图。因此，楼梯平面详图一般只画出底层、中间层及顶层三个平面图。

从图 4-16 中可以看出，中间层梯段的长度是 8 个踏步的宽度之和（270×8＝2160mm），而中间层梯段的步级数为 9（18/2）。负一层平面图中只有一个被剖到的梯段。图中标注有“上 14”的箭头表示从储藏室层楼面向上走 14 步级可达一层楼面，梯段长为 260×13＝3380mm，表明了每一踏步宽 260mm，一共有 13＋1＝14 级踏步。一层平面图中标注有“下 14”的箭头表示从一层楼面向下走 14 步级可达储藏室层楼面，“上 23”的箭头表示从一层楼面向上走 23 步级可达二层的楼面。顶层平面图的踏面是完整的。只有下行，所以梯段上没有折断线。楼面临空的一侧装有水平栏杆。顶层平面图画出了屋顶檐沟的水平投影，楼梯的两个梯段都是完整的梯段，只标注有“下 18”。

2. 识读楼梯剖面图

楼梯剖面图是假想用一个铅垂面将各层楼梯的某一个梯段竖直剖开，向未剖切到的另一梯段方向投影，得到的剖面图，称为楼梯剖面图，如图4-17所示。楼梯剖面图的剖切位置一般标注在楼梯底层平面图中。楼梯剖面图一般也采用1∶50的比例。

识读时，应注意图中比例及投影方向。多层或者高层建筑的楼梯间剖面图，如果中间若干层构造一样，可以用一层表示这些相同的若干层剖面，从此层的楼面与平台面的标高可以看出所代表的若干层情况。

从图 4-17 中可以看出，楼梯剖面图标注出了楼梯间的进深尺寸与轴线编号，地面、平台面、楼面等的标高，梯段、栏杆（或者栏板）的高度尺寸（根据建筑设计规范规定：楼梯扶手高度应自踏步前缘量至扶手顶面的垂直距离，其高度不得小于 900mm）。梯段的高度尺寸与踢面高和踏步的数量合并书写，如图中 1400 均分 9 份，表示有 9 个踢面，每个踢面高度为 1400mm/9 = 155.6mm。梯段的高度为 1400mm。

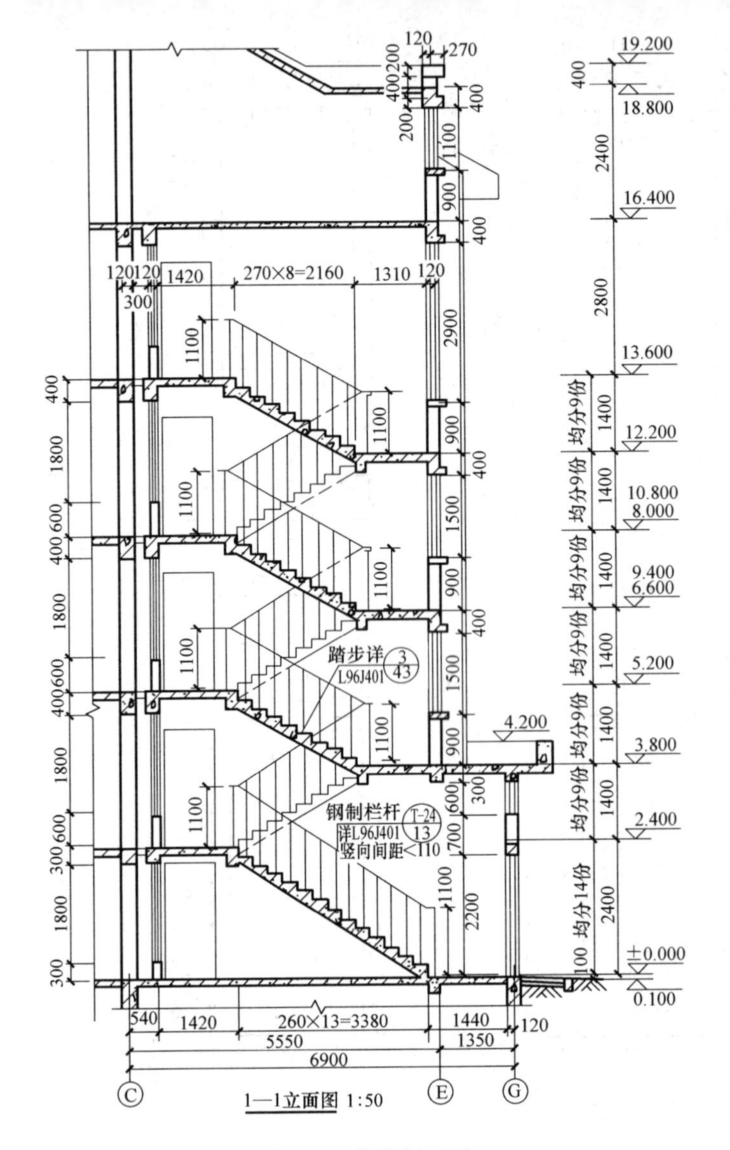

图 4-17　楼梯剖面图

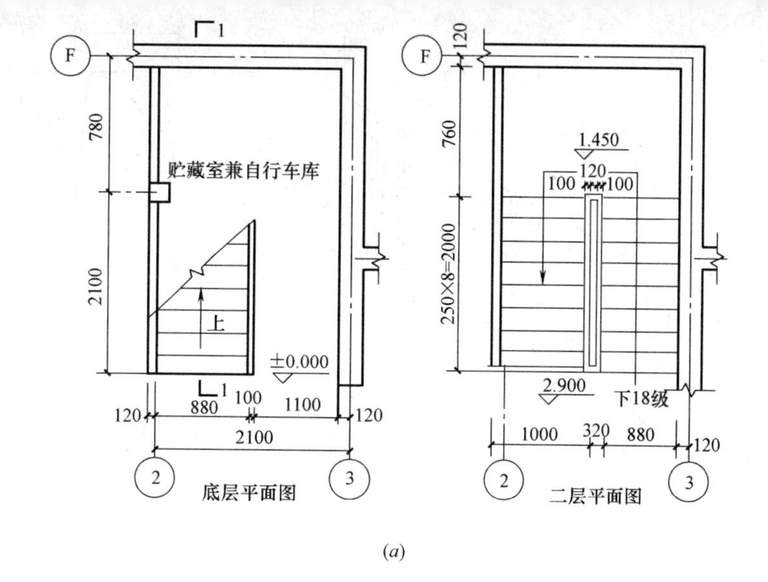

(*a*)

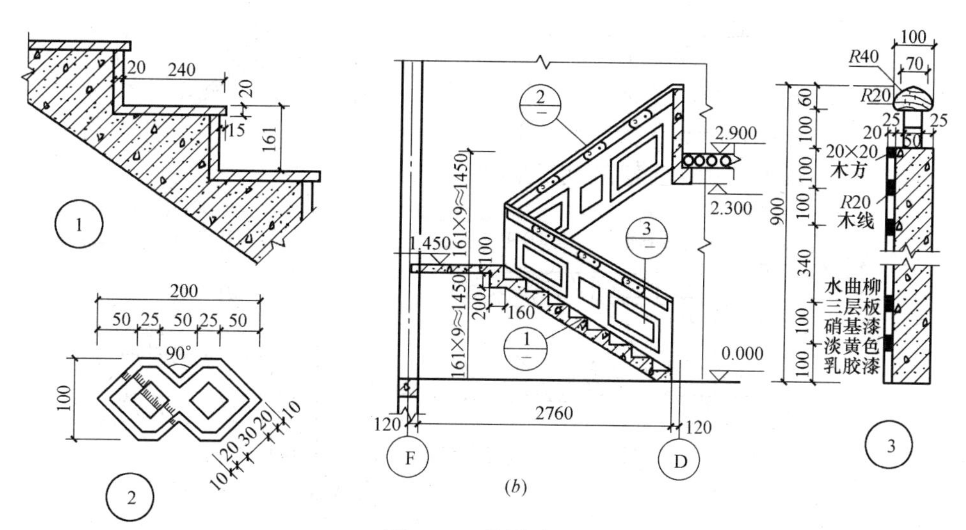

(*b*)

图 4-18　楼梯详图

（*a*）楼梯平面图；（*b*）楼梯剖面图及节点详图

3. 识读楼梯详图

如图 4-18 所示，楼梯详图一般用来表达楼梯的类型、结构形式、各部位的尺寸以及装修做法等。由于它的构造较为复杂，所以常常用平面详图、剖面详图与节点详图等综合表示。

从图 4-18 中可以看出，图 4-18（*a*）为楼梯平面图，图 4-18（*b*）为楼梯剖面图及节点详图。底层平面图只有一个被剖切的梯段与栏板，并且标注有“上”字的长箭头。此图除了画出承重墙以外，还画出了楼梯与餐厅之间的隔墙、支承楼梯梁的砖柱的位置与大小等。从文字说明可以了解到，休息平台与第二梯段的下方用作贮藏室兼自行车库。此图的二层平面图也是顶层平面图，画出了两段完整的梯段与休息平台，在梯口处有一个注“下”字的长箭头。底层与二层注出了相同的踏步数，但是所注的踏步数比总级数少二级，这主要是因为各梯段的最高一级踏面与休息平台或者楼层面重合的缘故。此图的剖面图是从第一梯段剖切后向右（东）投影的。对于踏步形式、级数以及各踢面高度、平台面、楼面等的标高都注有详细的尺寸。对于栏板、扶手等细部的构造与材料等，又用索引符号引出，表示另有节点详图表示。

4. 识读楼梯栏板详图

现代装饰工程中的楼梯栏板（杆）的材料一般比较高档，工艺制作精美，节点构造讲究，所以其详图也相对比较复杂。如图 4-19 所示，楼梯栏板（杆）详图，一般包括楼梯局部剖面图、顶层栏板（杆）立面图、扶手大样图、踏步及其他部位节点图。

从图中可以看出，该楼梯栏板主要由木扶手、不锈钢圆管和钢化玻璃所组成。栏板高度为 1.00m，每隔两踏步有两根不锈钢圆管，圆管间的距离为 0.14m。A 详图表示扶手的断面形状与材质，使用琥珀黄硝基漆饰面；B 详图表示钢化玻璃与不锈钢圆管的连接构造；C 详图表示圆管与踏步的连接；D 详图表示扶手尽端与墙体连接方法及所用材料。从图中可以了解到，顶层栏板由于受梯口宽度影响，其水平向的构造分格尺寸与斜梯段不同。

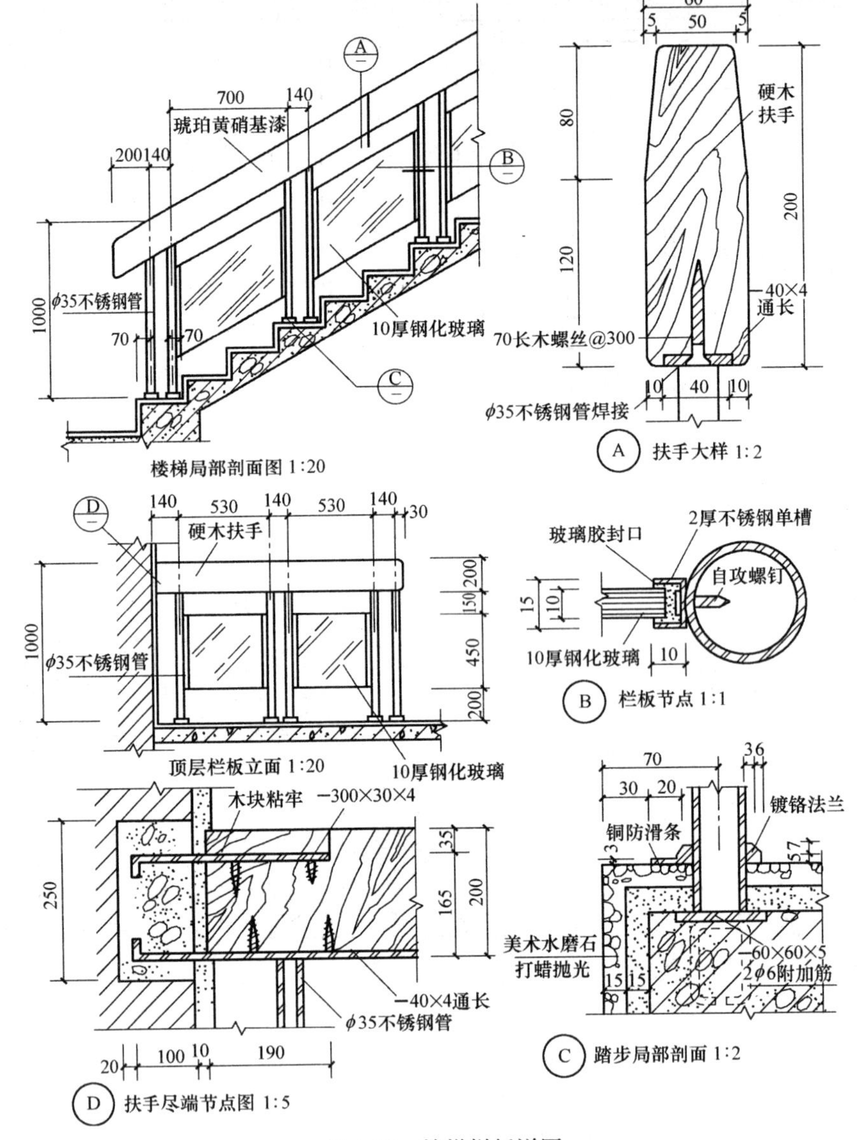

图 4-19　楼梯栏板详图

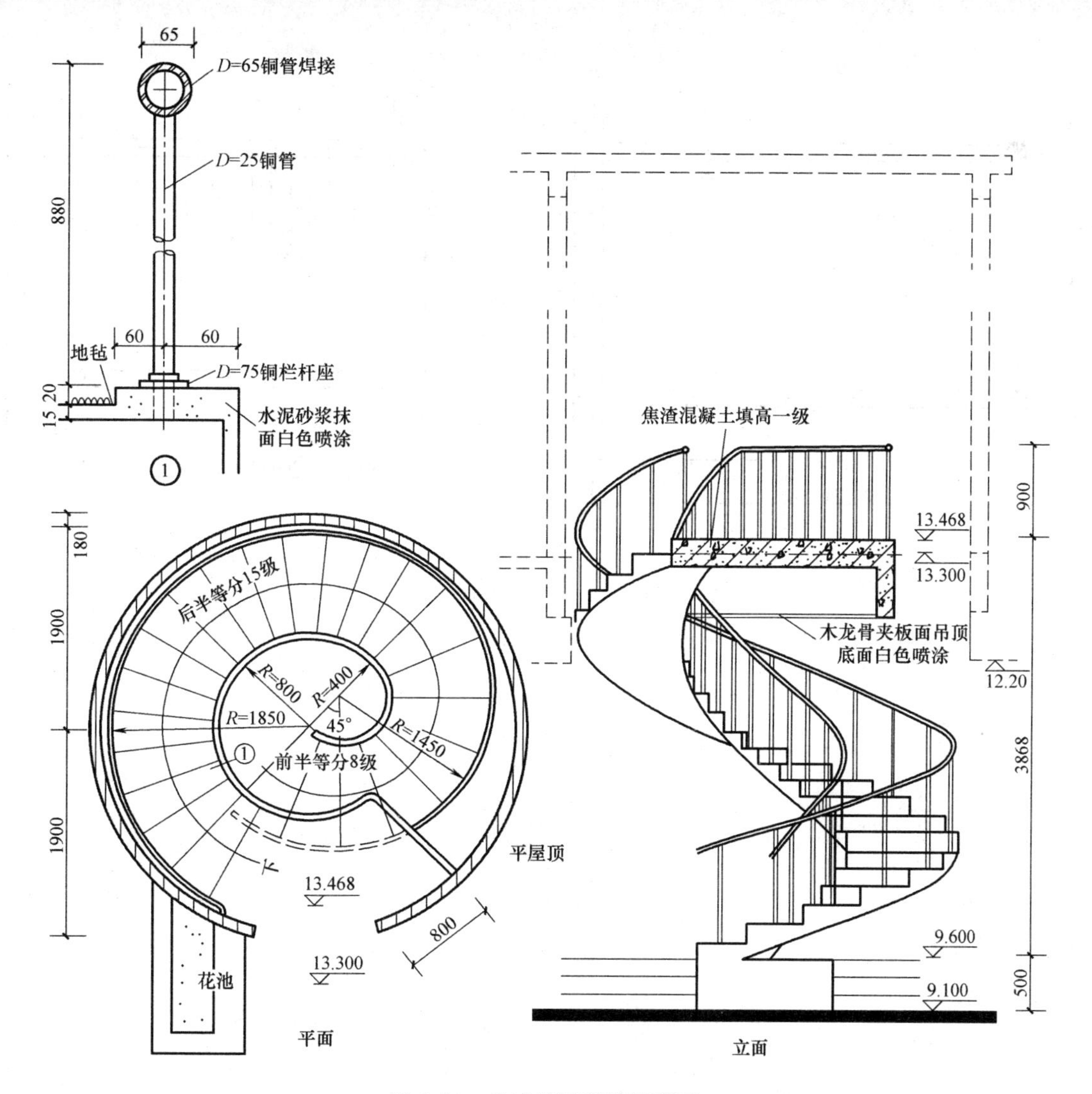

图 4-20　某建筑圆形楼梯详图

【例 4-8】 识读某建筑圆形楼梯详图。

图 4-20 为某建筑圆形楼梯详图。该楼梯为圆形楼梯，占地尺寸为 3800mm × 3800mm，楼梯高度为 3.868m。楼梯主要由两段不同半径的圆弧组成，上半段楼梯宽度为 1850mm－800mm＝1050mm，分为 15 级，每个踏步外端宽度为 2π × 1900mm/2 × 15 级 ＝ 398mm。下半段楼梯宽度为 1450mm－400mm＝1050mm，分为 8 级，每个踏步外端宽度为 2π × 1450mm/2×8 级＝569mm。每个踏步高为 3868mm/(14＋8)级＝176mm。

在圆楼梯踏步混凝土板的下面是由木龙骨和木夹板组成的吊顶，表面白色喷涂。

该楼梯为钢筋混凝土结构，栏杆与扶手是铜制成。楼梯扶手上沿端距地毯表面高度为 900mm，扶手直径为 65mm。栏杆固定在混凝土基础上，栏杆直径为 25mm，铜栏杆座直径为 75mm。

【例 4-9】 识读某建筑楼梯施工图。

图 4-21、图 4-22 为某建筑的楼梯平面图。楼梯间的开间为 3600mm，进深为 3300mm。梯段的长度为 3300mm，每个梯段都有 11 个踏面，踏面的宽度均为 300mm。楼梯休息平台的宽度为 1720mm 和 680mm，楼梯顶层悬空的一侧，设有一段水平的安全栏杆。

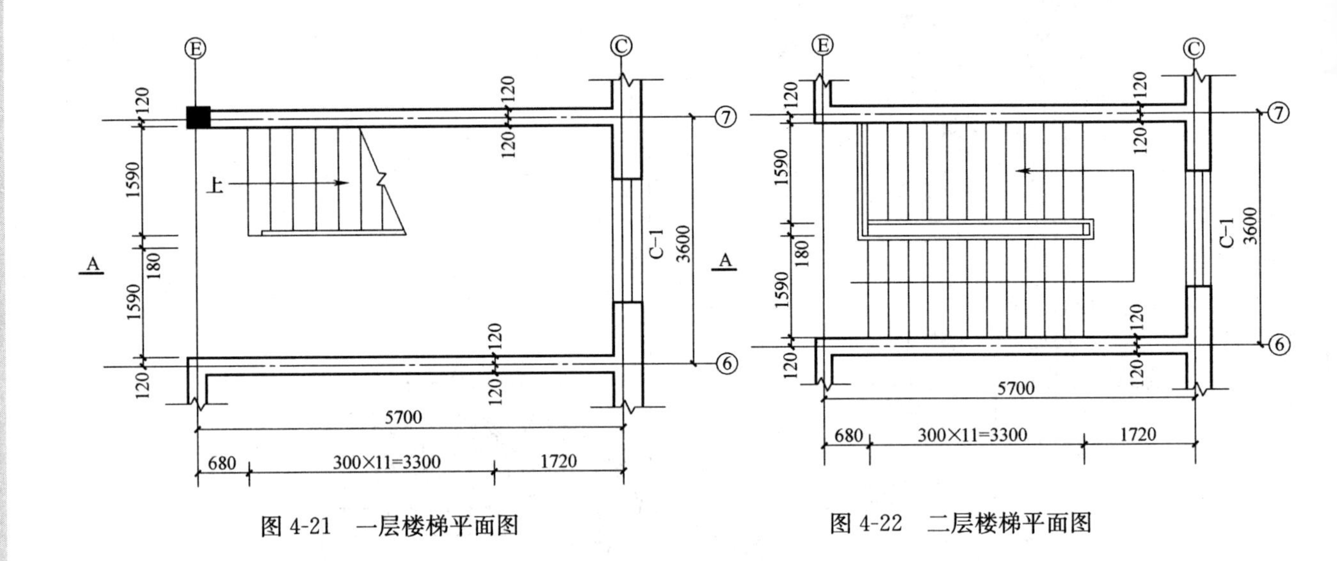

图 4-21 一层楼梯平面图

图 4-22 二层楼梯平面图

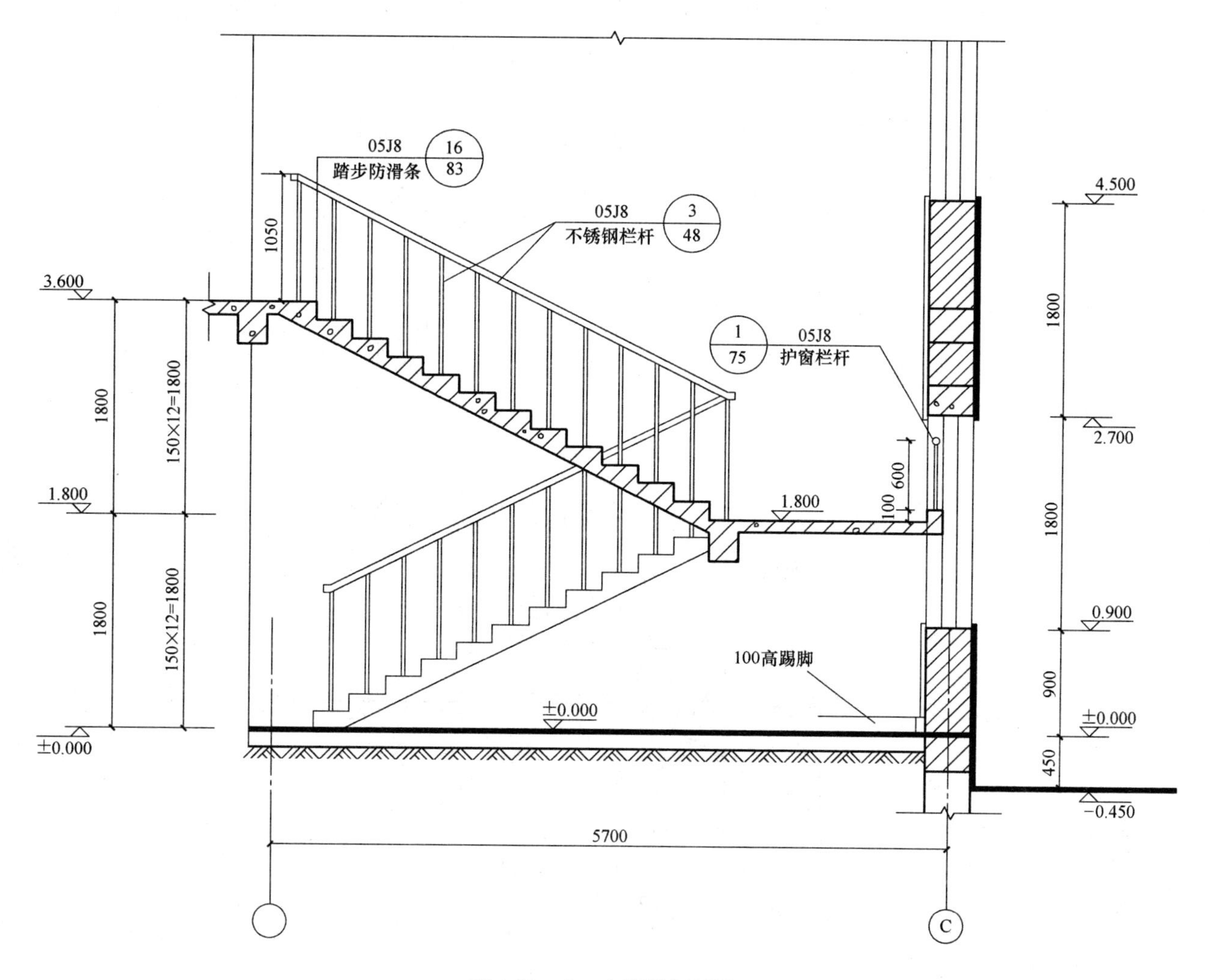

图 4-23　A—A 楼梯剖面图

【例 4-10】 识读某建筑楼梯施工图。

图 4-23 为楼梯剖面图。从底层平面图中可以看出，该剖面是从楼梯上行的第一个梯段剖切的。每层的楼梯有两个梯段，每一个梯段有 11 级踏步，每级踏步高度为 150mm，每个梯段高度为 1800mm。楼梯间窗户宽度为 1800mm，窗台高度为 900mm。楼梯基础和楼梯梁等构件尺寸应查阅结构施工图。

【例 4-11】 识读某建筑楼梯施工图。

由图 4-24 可以看出，楼梯的扶手高度为 900mm，采用直径 60mm 的不锈钢管，楼梯栏杆采用直径 20mm、壁厚 2mm 的不锈钢管，两个踏步之间放置 1 根。扶手和栏杆采用焊接连接。楼梯踏步的作法一般与楼地面相同。踏步的防滑采用成品金属防滑包角。楼梯栏杆的底部与踏步上的预埋件焊接连接，连接后盖不锈钢法兰。

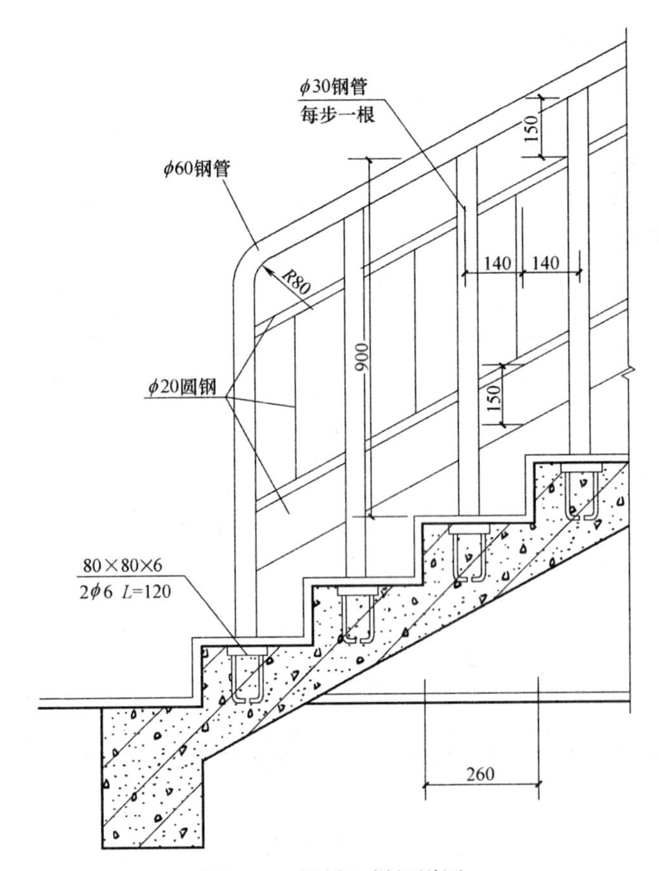

图 4-24 楼梯和栏杆详图

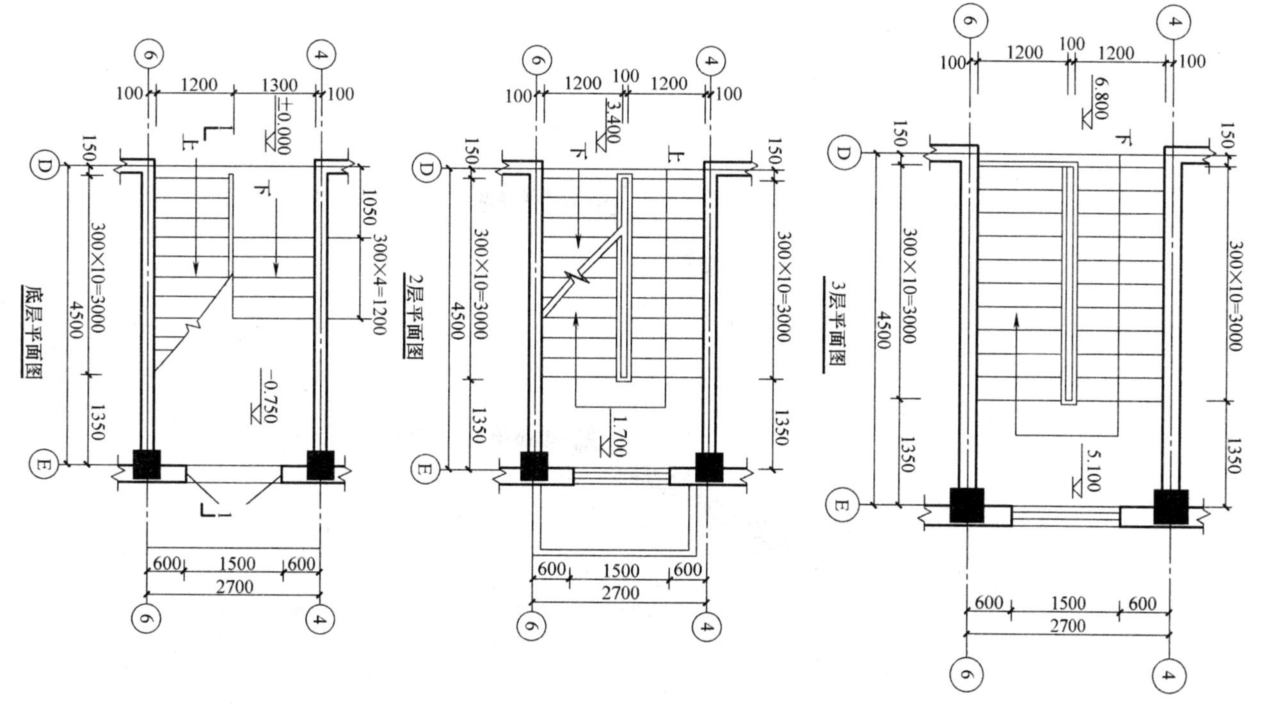

图 4-25　楼梯平面图

【例 4-12】　识读某办公楼楼梯施工图。

图 4-25 为某办公楼的楼梯平面图。楼梯间的开间为 2700mm，进深为 4500mm。由于楼梯间与室内地面有高差，先上了 5 级台阶。每个梯段的宽度均是 1200mm（底层除外），梯段的长度为 3000mm，每个梯段均有 10 个踏面，踏面的宽度均为 300mm。楼梯休息平台的宽度为 1350mm，两个休息平台的高度分别为 1700mm 与 5100mm。楼梯间窗户宽度为 1500mm。楼梯顶层悬空的一侧，有一段水平的安全栏杆。

图 4-26 为某办公楼的楼梯剖面图。从底层平面图中可以看出，该剖面是从楼梯上行的第一个梯段剖切的。每层的楼梯有两个梯段，每一个梯段有 11 级踏步，每级踏步高度为 154.5mm，每个梯段高度为 1700mm。楼梯间窗户和窗台高度均为 1000mm。楼梯基础和楼梯梁等构件尺寸应查阅结构施工图。

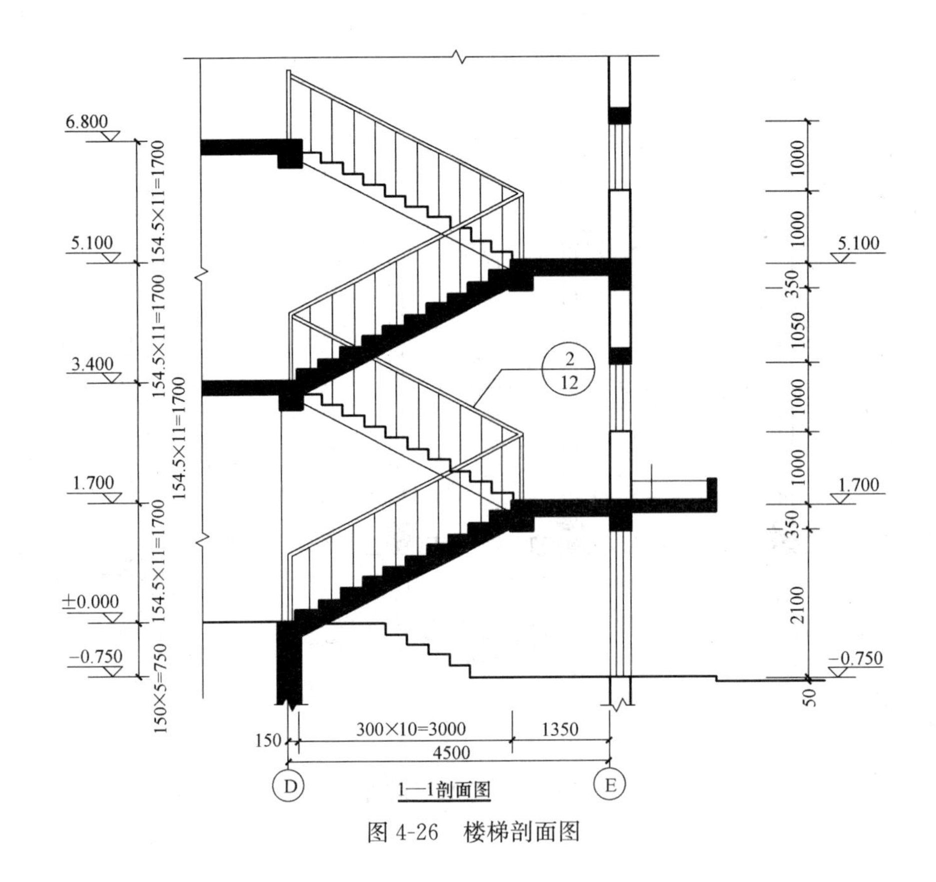

图 4-26 楼梯剖面图

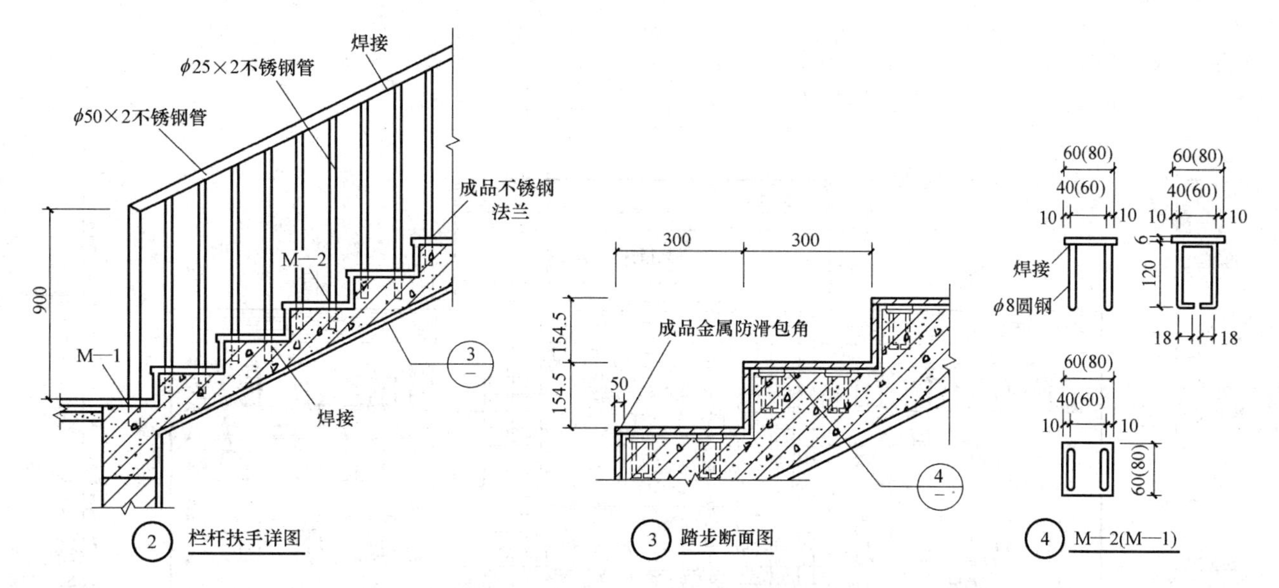

图 4-27 楼梯踏步、栏杆、扶手详图

由图 4-27 可以看出，楼梯的扶手高度为 900mm，采用直径 50mm、壁厚 2mm 的不锈钢管，楼梯的栏杆采用直径 25mm、壁厚 2mm 的不锈钢管，每个踏步上放置两根。扶手与栏杆采用焊接连接。楼梯踏步的作法一般与楼地面相同。踏步的防滑采用成品金属防滑包角。楼梯栏杆的底部与踏步上的预埋件 M—1、M—2 焊接连接，连接后盖不锈钢法兰。预埋件详图利用三面投影图表示出了预埋件的具体形状、尺寸与作法，括号内表示的是预埋件 M—1 的尺寸。

5 识读幕墙、墙柱面、隔断（隔墙）装饰施工图

5.1 识读玻璃幕墙装饰施工图

1. 识读玻璃幕墙分格图

图5-1为某大楼外立面幕墙分格图，图中间的白色部分为点玻璃幕墙。由图中可以看出，幕墙从二～六层之间，分为两种样式，二～四层之间为一种样式，单块玻璃宽度为1453mm，长度为1900mm，五～六层之间第二种样式，宽度为1453mm，长度为2500mm。

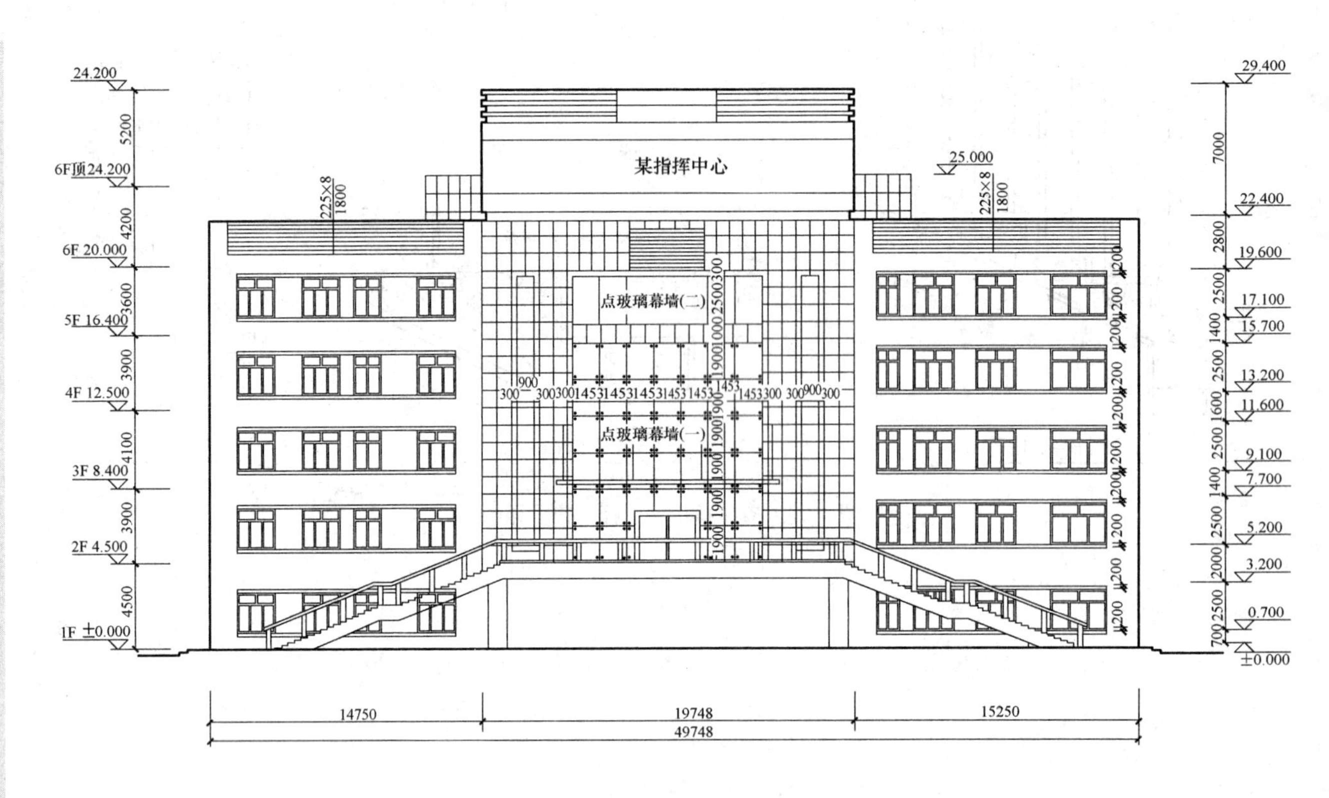

图5-1 玻璃幕墙分格图

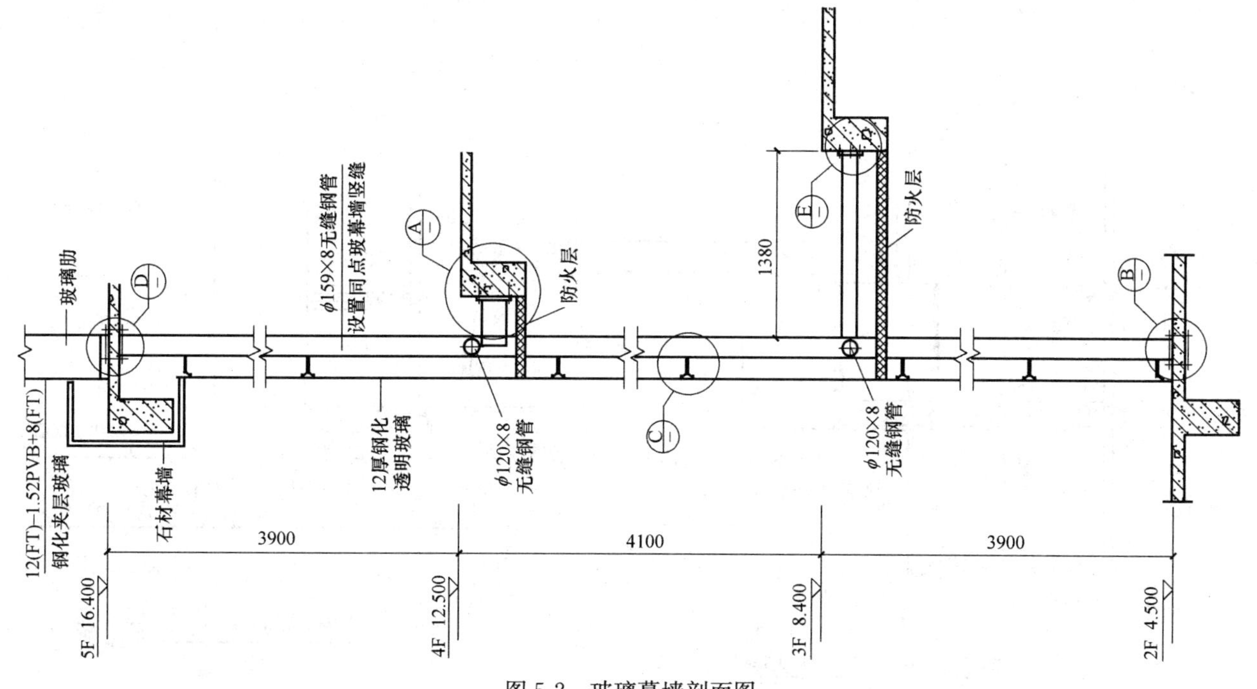

图 5-2　玻璃幕墙剖面图

2. 识读玻璃幕墙剖面图

图 5-2 为图 5-1 玻璃幕墙二～五层剖面图，由图中可以看出，最外层玻璃采用 12mm 厚的钢化透明玻璃材质，ϕ120×8 无缝钢管设置为点玻璃幕墙横缝，ϕ159×8 无缝钢管设置为点玻璃幕墙竖缝，(A/-)、(B/-)、(C/-)、(D/-)和(E/-)均为幕墙节点大样图，和详见“3. 识读玻璃幕墙大样图”的讲解。

3. 识读玻璃幕墙大样图

图 5-2 中Ⓐ、Ⓑ、Ⓒ、Ⓓ和Ⓔ均为幕墙节点大样图，具体位置参见图 5-3。

Ⓐ大样图为点式玻璃幕墙中间节点处理后大样，从图中可以看出，墙上固定一块 250mm × 200mm × 10mm 预埋板，下部为 1.5mm 厚的镀锌铁板，内附 80mm 厚的防火棉，玻璃与钢管的距离以现场尺寸为准。

Ⓑ大样图为点式玻璃幕墙立柱底部节点大样，从图中可以看出，预埋件与楼板固定，幕墙立柱与预埋件固定具体作法均在图中详细地标出。

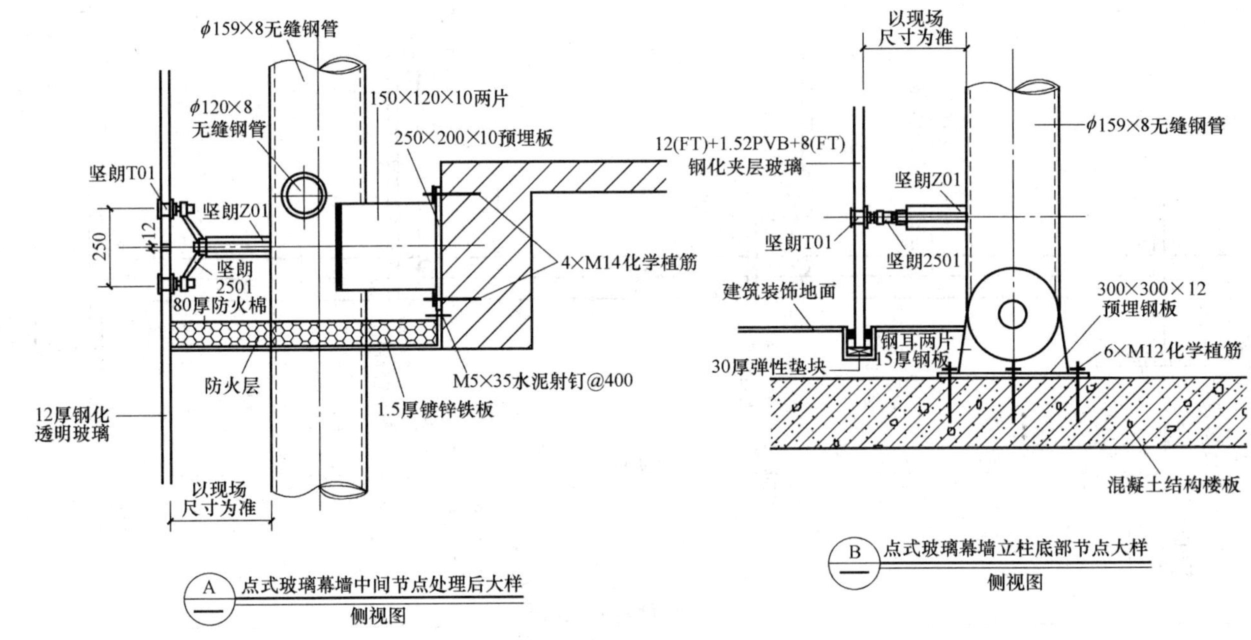

图 5-3 玻璃幕墙大样图（一）

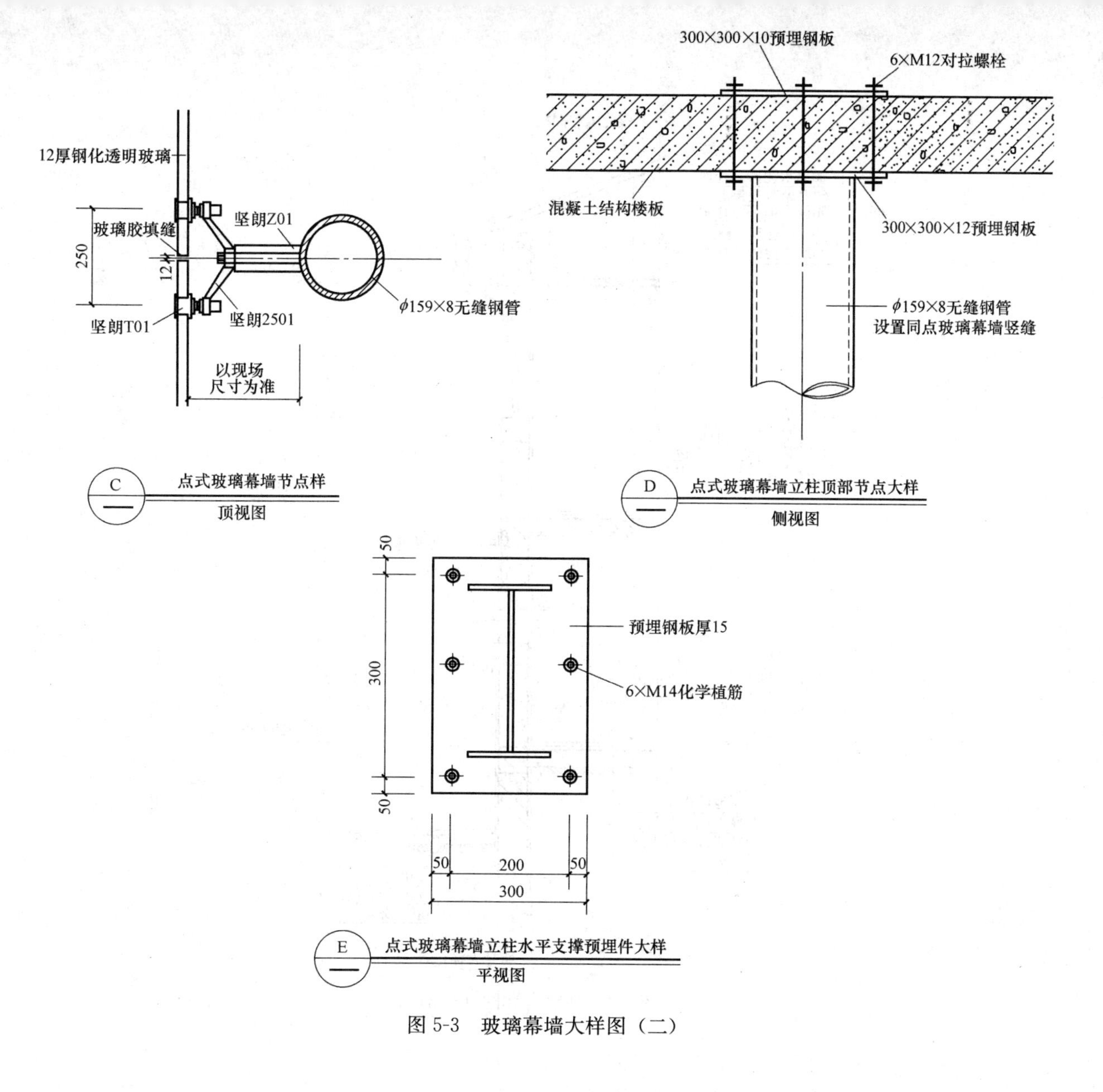

图 5-3 玻璃幕墙大样图（二）

C大样图为点式玻璃幕墙节点大样，从图中可以看出，玻璃与支架相连，支架与幕墙立柱连接，两支架之间的距离为 250mm，采用 12mm 厚的钢化透明玻璃。

D大样图为点式玻璃幕墙立柱顶部节点大样，从图中可以看出，楼板两端设置 300mm × 300mm × 12mm 预埋板，采用 6 × M12 对拉螺栓连接，预埋板用来固定幕墙立柱。

E大样图为点式玻璃幕墙立柱水平预埋件大样，从图中可以看出，预埋件宽度 300mm，长度为 400mm，植筋距预埋件边缘 50mm。

5.2 识读墙柱面装饰施工图

1. 识读墙面装饰施工图

（1）外墙身详图。外墙身详图是建筑物的外墙身剖面详图，是建筑剖面图的局部放大图，如图5-4所示。它一般用来表达外墙的厚度，门窗洞口、窗台、檐口等部位的高度，地面、屋面及楼面的构造做法等内容。

图5-4为房屋的外墙身详图，它主要由3个节点构成。从图中可以看出，基础墙采用普通砖砌成，上部墙体采用加气混凝土砌块砌成。在室内地面处设有基础圈梁，在窗台上也设有圈梁，一层窗台的圈梁上部突出墙面60mm，突出部分高100mm。室外地坪标高为−0.800m，室内地坪标高为±0.000m。窗台高为900mm，窗户高为1850mm，窗户上部的梁同楼板是一体的，到屋顶与挑檐也构成一个整体，由于梁的尺寸比墙体要小，在外面又贴了50mm的聚苯板，因此能够起到保温的作用。室外散水、室内地面、楼面、屋面的做法采用分层标注的形式表示的。

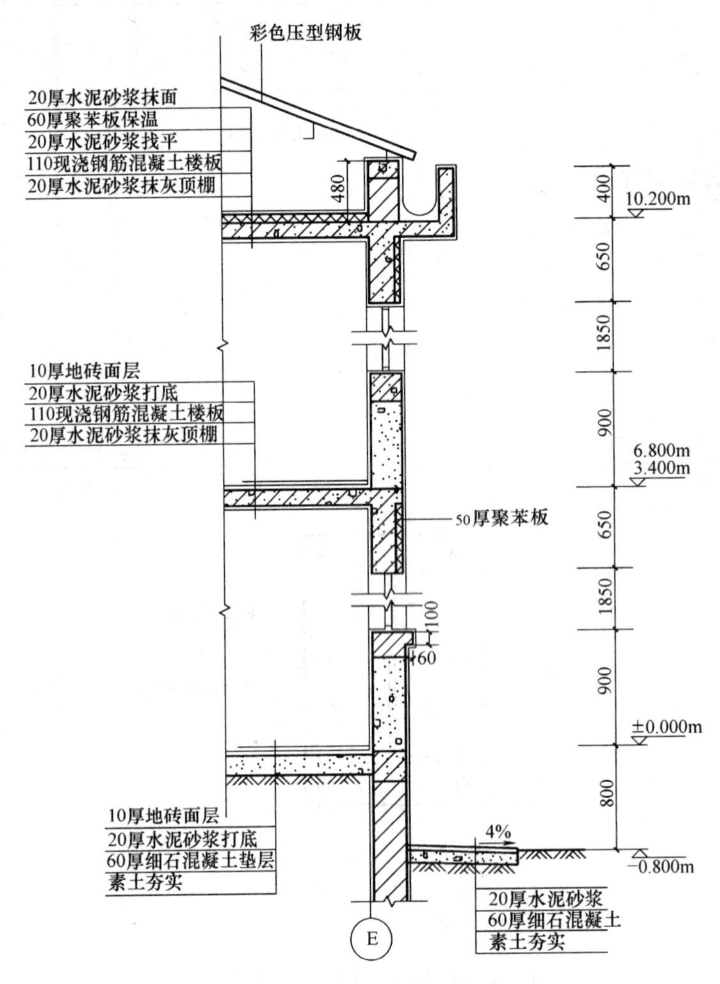

图5-4 外墙身详图（mm）

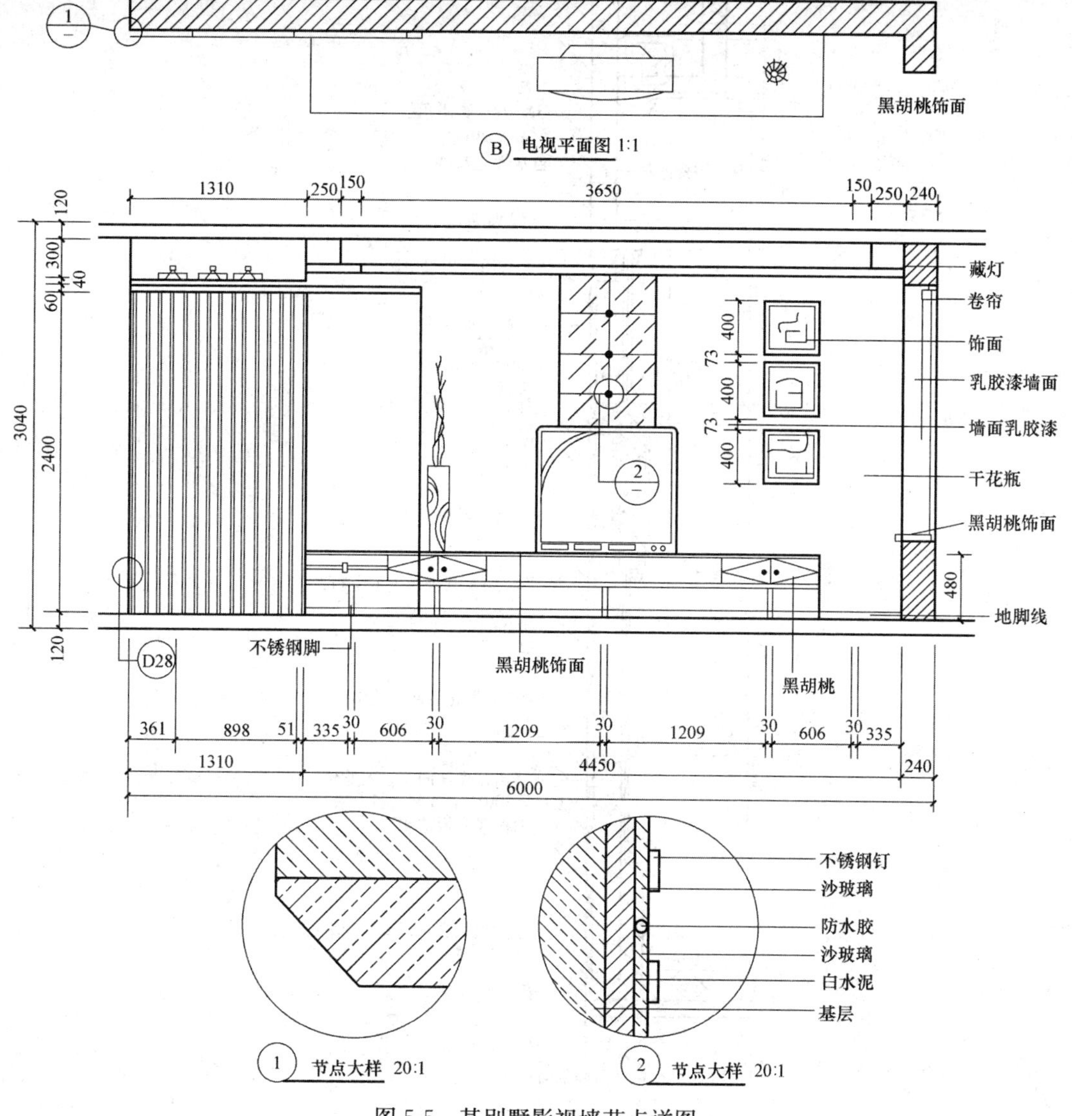

图 5-5　某别墅影视墙节点详图

（2）墙节点详图。墙节点详图属于装饰节点详图的一种，虽然其表示的范围小，但牵涉面大，尤其是有些普通意义的节点，可能只是表示一个连接点或交汇点，却代表各个相同部位的构造做法。

图 5-5 为某别墅影视墙节点详图，图 5-5 中的①号详图的位置在详图⑤电视平面图 1∶1的最左边位置，②号详图位置在影视墙正立面图的中央位置。图 5-5 中的①号详图反映了影视墙与墙面衔接处的节点做法，转角处以木线条拼接做柔化处理；②号详图表示了玻璃墙面的装饰做法，按照分层构造引出的说明制作——基层之上刮白水泥，随后采用不锈钢钉固定沙玻璃，沙玻璃之间缝隙填防水胶嵌缝。

（3）内墙装饰剖面节点图。内墙装饰剖面节点图主要是通过多个节点详图组合的形式，将内墙面的装饰做法，从上到下依次表明出来，使人一目了然，还便于与立面图对照阅读。图 5-6 为底层小餐厅内墙装饰剖面图，由小餐厅立面图展开图里面上剖切而来。最上面的为轻钢龙骨吊顶、TK 板面层、宫粉色水性立邦漆饰面。顶棚与墙面相交处用 GX-07 石膏阴角线收口；护壁板上口墙面采用钢化仿瓷涂料饰面。墙面的中段是护壁板，护壁板面中部凹进 5mm，凹进部分嵌装了 25mm 厚的海绵，且用印花防火包面。护壁板面无软包处贴水曲柳微薄木，清水涂饰工艺。薄木与防火布两种不同饰面材料之间采用 1/4 圆木线收口，护壁上下采用线脚⑩压边。墙面下段为墙裙，与护壁板连在一起，通过线脚②区分开来。护壁的内墙面刷热沥青一道，干铺油毡一层。所有水平向龙骨都设有通气孔，护壁上口与锡脚板上也设有通气孔或者槽，使护壁板内保持通风干燥。

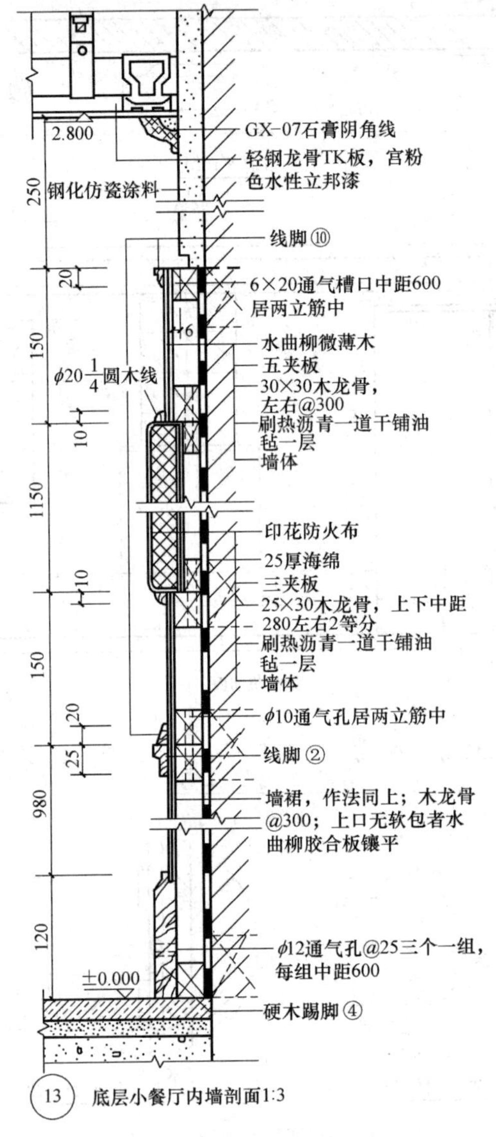

图 5-6　内墙剖面节点详图

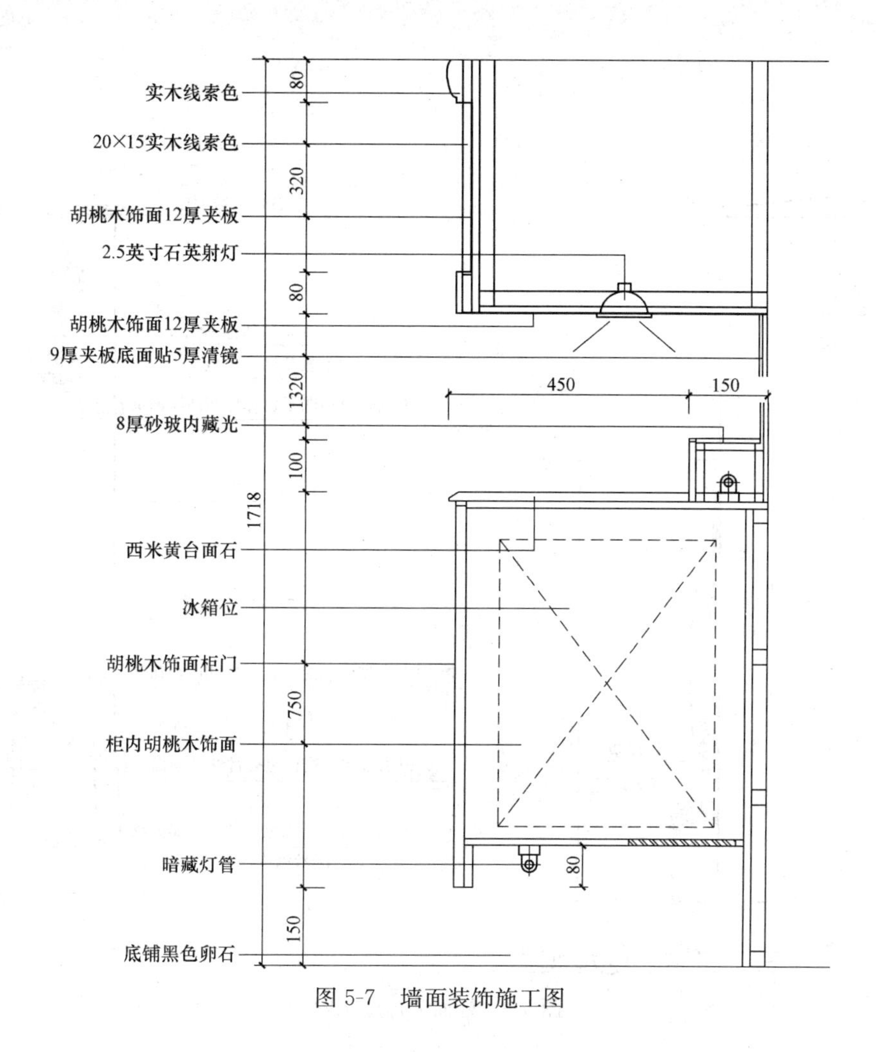

图 5-7 墙面装饰施工图

【例 5-1】 识读某室内墙面装饰施工图。

图 5-7 为某墙面装饰施工图，由图可知设计人员对该墙面所做的造型。造型最外面为 12mm 厚的胡桃木饰面，外嵌入尺寸为 20mm×15mm 的实木线索色，中部在原墙面上做 9mm 厚的夹板，底面贴 5mm 厚的清镜，下部为胡桃木材质的柜子，柜内也为胡桃木饰面，并且内藏灯管，地面上铺设黑色卵石。

2. 识读柱面装饰施工图

图 5-8 为柱面装饰的立面图和剖面图，由图中可以看出，柱子高度为 2800mm，宽度为 700mm，主要装饰分为三部分，立面图中将柱子各个部位所用的材质、立面尺寸已经标注的非常清楚，剖面图为柱子底部剖面示意，柱子基座高度为 180mm，宽度为 700mm，两边装饰条尺寸图中已经详细标注出。

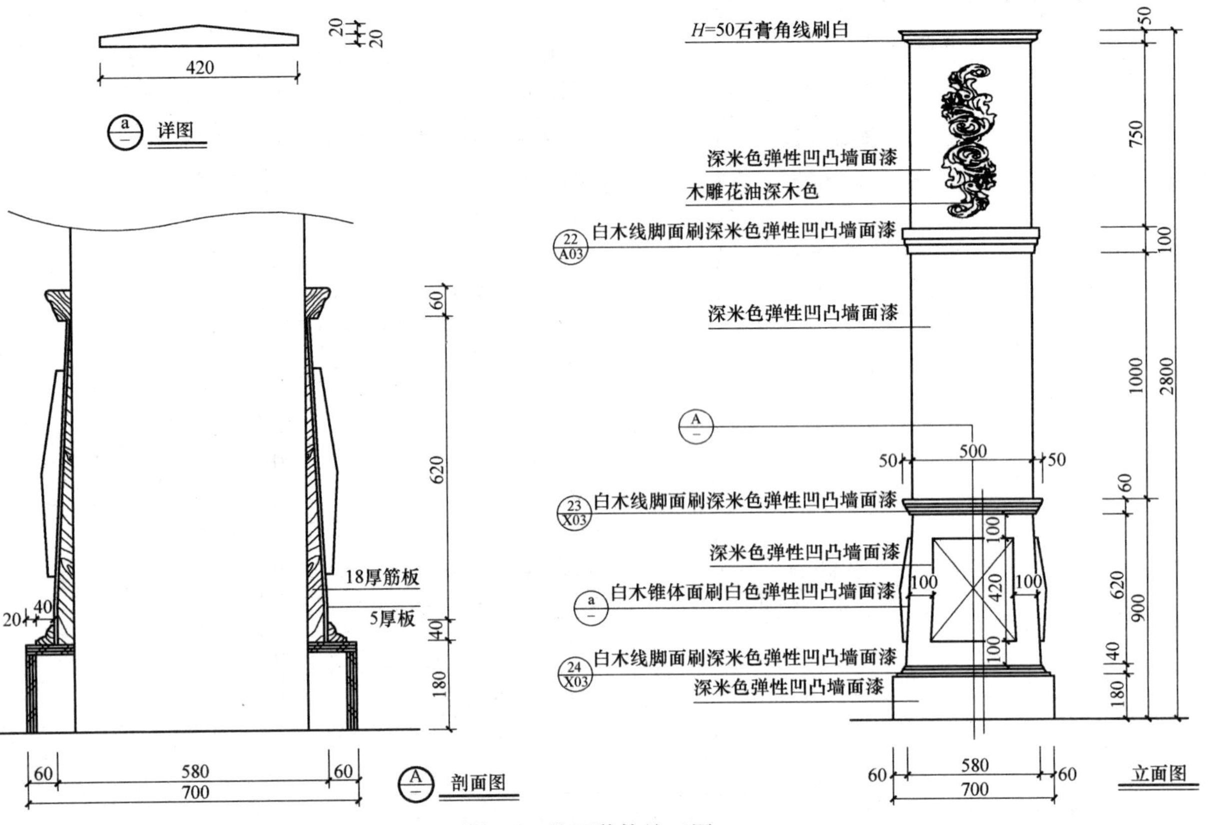

图 5-8 柱面装饰施工图

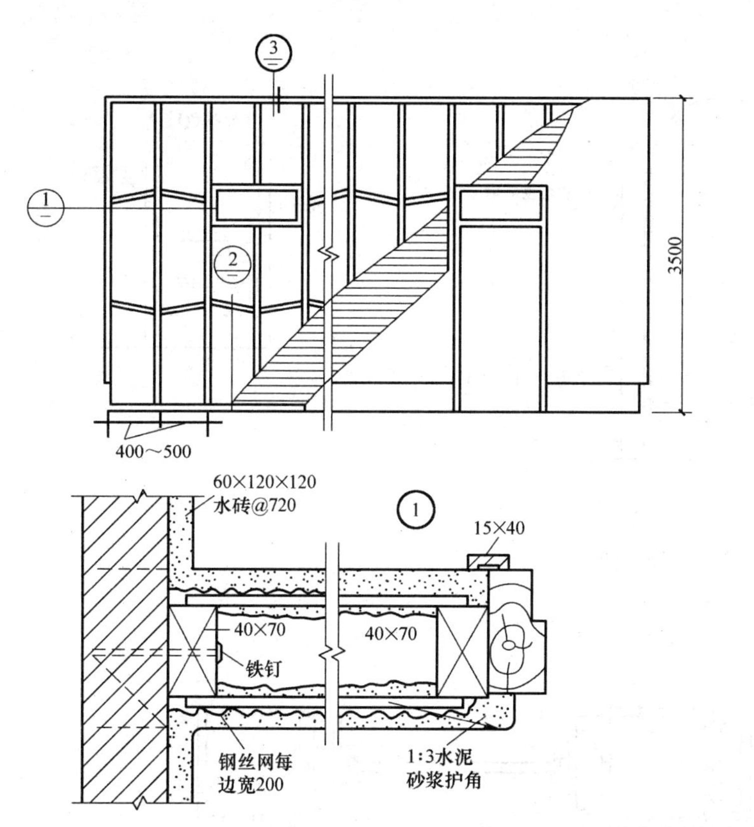

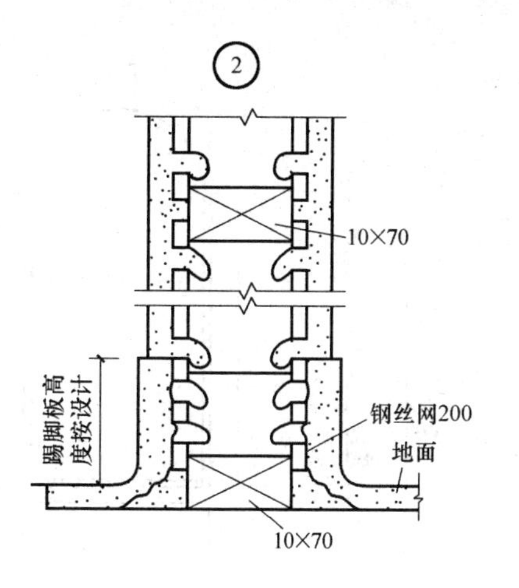

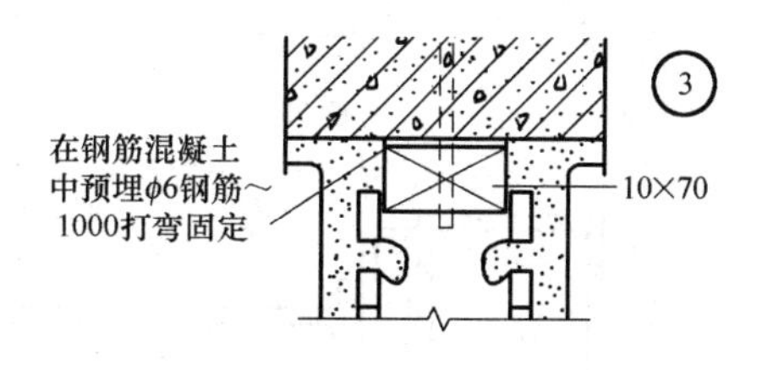

图 5-9　灰板条隔墙施工图

5.3　识读隔断（隔墙）装饰施工图

1. 识读灰板条隔墙施工图

图 5-9 为灰板条隔墙施工图，灰板条隔墙即木隔封口，隔墙立筋的间距为 400～500mm，当有门口时，其两侧各立一根通天立筋，图中各节点的构造做法详参见各个节点图。

2. 识读铝合金框架玻璃隔断施工图

图 5-10 所示为铝合金框架玻璃隔断施工图，由图可以看出，该隔断框架采用茶色铝合金框料，框架上镶嵌 6mm 厚的茶色玻璃，并且采用密封胶条封闭。

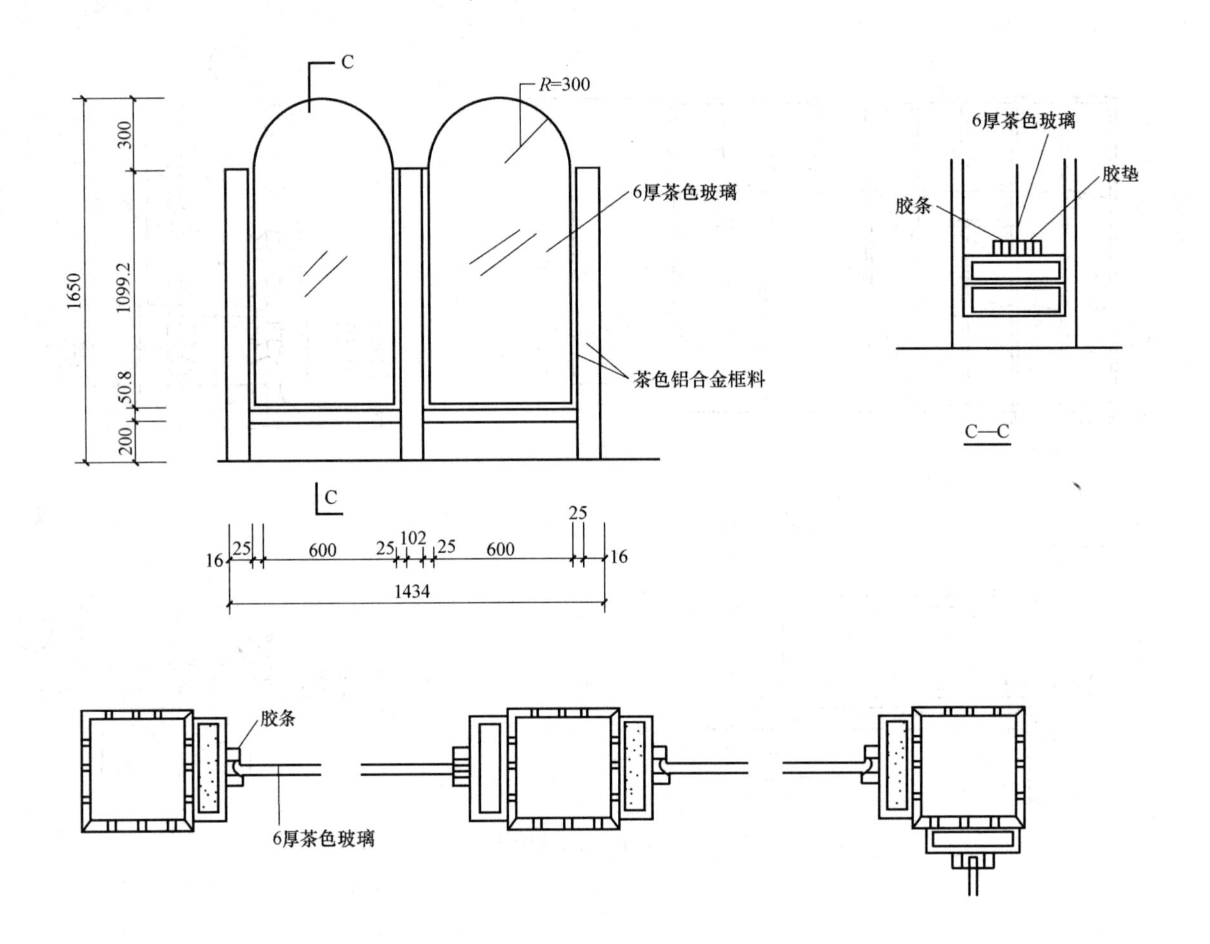

图 5-10 铝合金框架玻璃隔断施工图

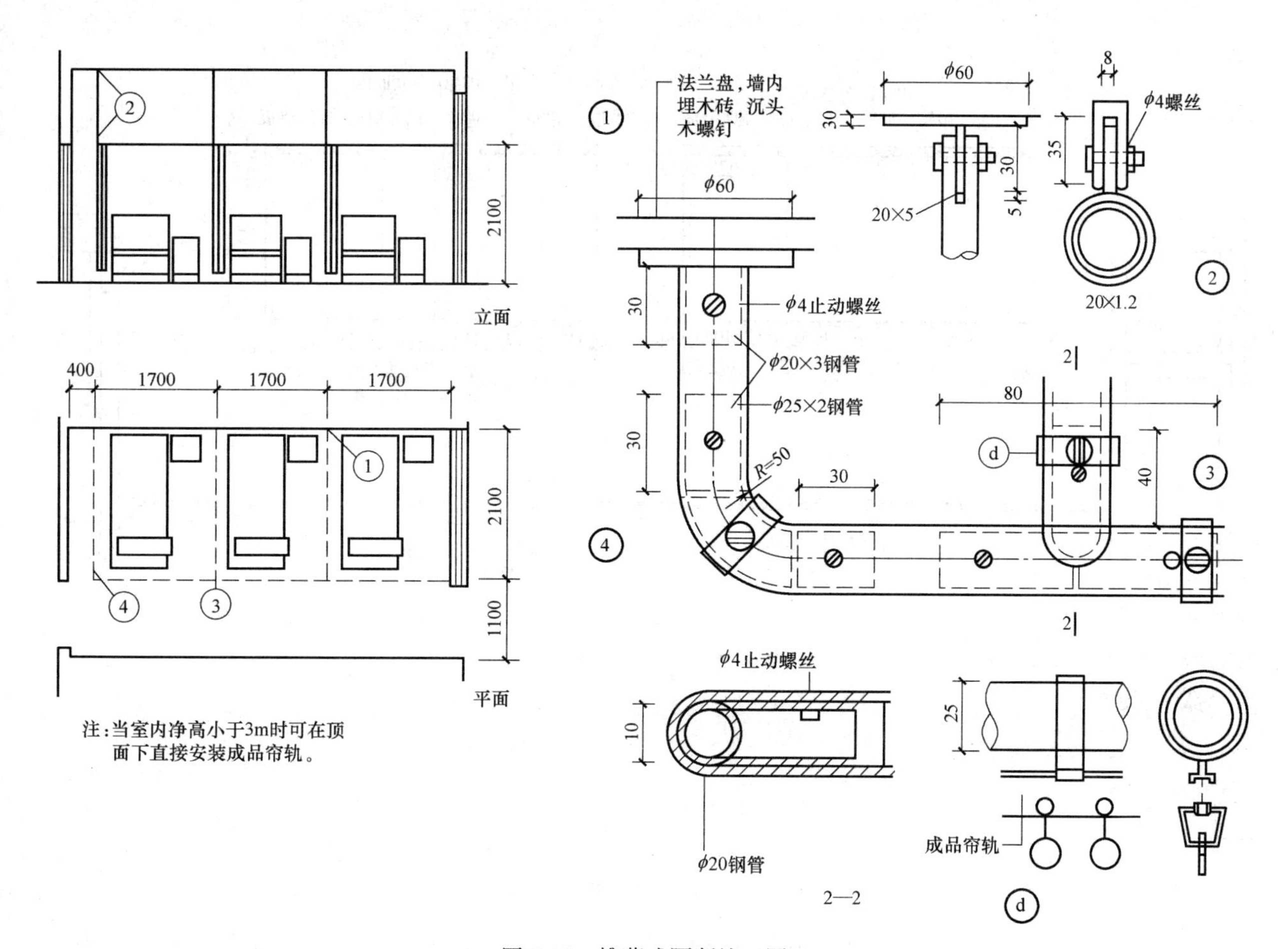

图 5-11　帷幕式隔断施工图

3. 识读帷幕式隔断施工图

帷幕式隔断又称为软隔断，是利用面料织物作分隔物，分割室内空间，如图 5-11 所示。

由图 5-11 可以看出，帷幕式隔断主要由帷幕、轨道、滑轮或吊钩、支架或吊杆、专门构配件等部分组成。在图 5-11 中，帘轨的高度为 2100mm，帷幕宽度为 5500mm，图中各节点的构造做法详见节点图。

【例 5-2】 识读某屏风隔断施工图。

图 5-12 为屏风隔断平面图和立面图。由图可以看出，屏风主要分为三组，第一组屏风单片宽度为 1028mm，总长度为 5300mm，共 5 片；中间一片单片宽度为 1063mm，总长度为 7600mm，共 7 片；最后一片宽度为 1173mm，总长度为 7200mm，共 6 片，屏风立面图中将活动屏风的构造标注得非常清楚。

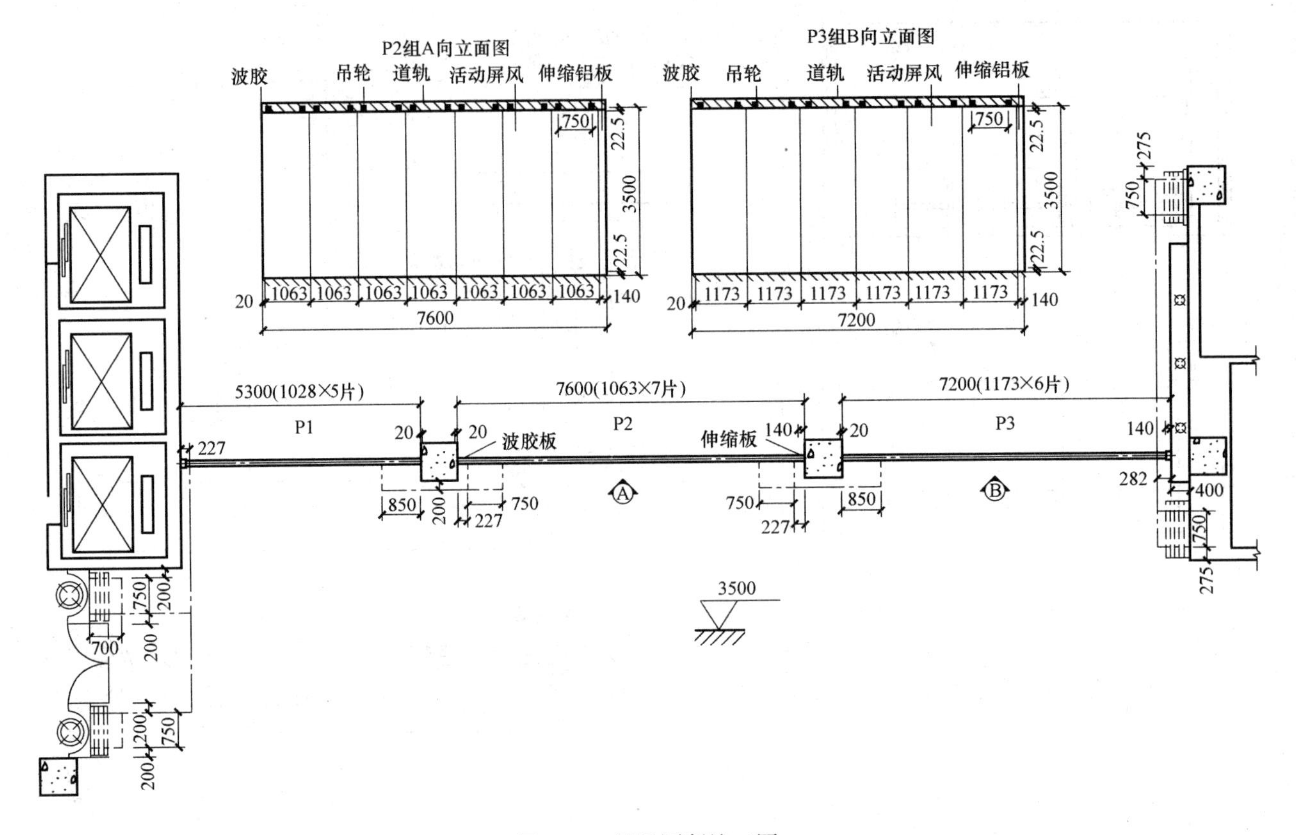

图 5-12 屏风隔断施工图

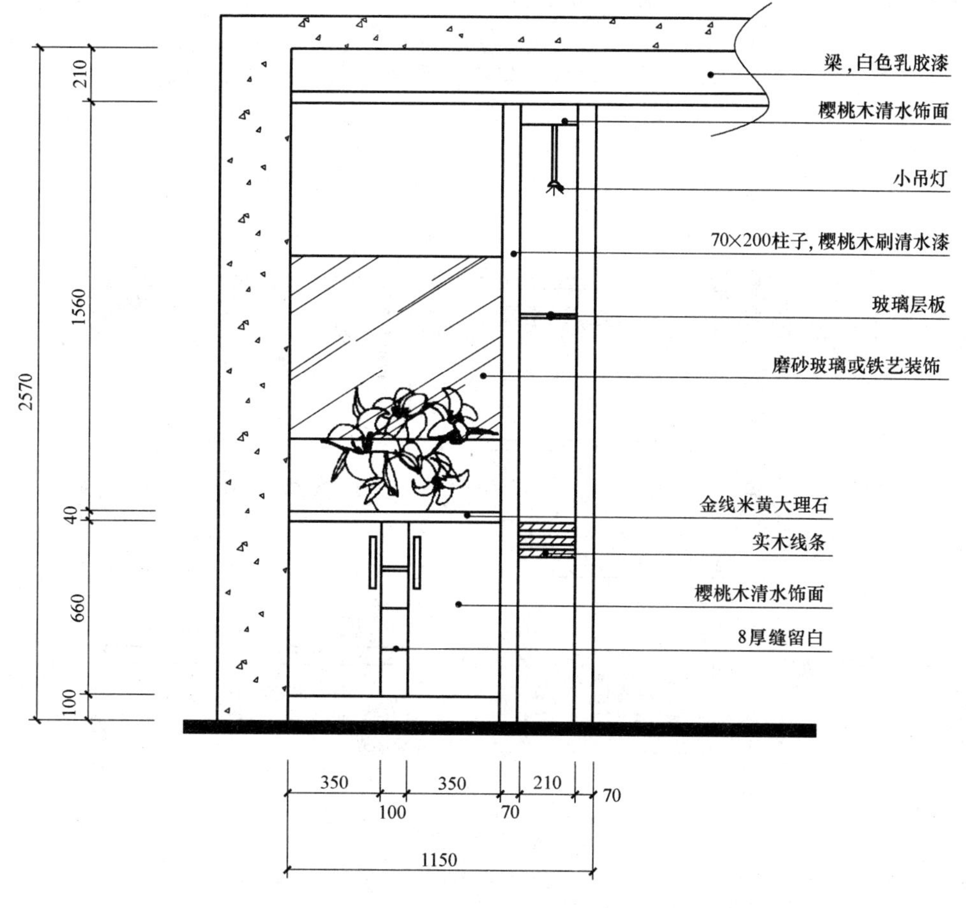

图 5-13　玄关隔断立面图

【例 5-3】 识读某玄关隔断立面图。

图 5-13 为某玄关隔断立面图，隔断下底宽度为 1150mm，高度为 2570mm，上顶部梁涂刷白色乳胶漆，下贴樱桃木清水饰面立柱部分，材质为樱桃木，涂刷清水漆，立柱最上端设有小吊灯装饰，中间设有玻璃层板。中间部分采用磨砂玻璃装饰，下部采用金线米黄色大理石台板，最下部柜门采用樱桃木材质，涂刷清水漆，柜门中间留白。

6 装饰装修施工图识读实例

6.1 某小区别墅装饰装修施工图识读实例

1. 识读平面布置图

（1）识读一层平面图

1）从图中可以看出，该图为某小区别墅装施一层①～⑤轴线平面布置图，比例为 1∶50，一层室内房间布局主要有南侧客厅、书房和北侧的餐厅、厨房及楼梯、卫生间等功能区域。大门设置在②～③轴线南侧外墙上，入口处设有台阶，大门向外开启并与一层客厅相连。

2）客厅是住宅布局中的主要空间，从图 6-1 中可以看出客厅开间 4.500m、进深 5.400m，设有影视柜、沙发、茶几等家具，并有两级台阶与餐厅相连，客厅地面标高为±0.000m，装饰物设有花台、旱景小品等。在客厅大门内侧和窗台旁，还布置了鞋柜和吊式空调。在平面布局图中，家具、绿化及陈设等应按比例绘制，一般选用细线表示。与客厅连通的空间是餐厅、楼梯间及过厅，由于空间贯通，客厅及餐厅的地面不在同一标高（餐厅地面标高为 0.300m），所以进入客厅后具有层次感，且视线开阔。靠餐厅①轴线的墙设有博古架兼酒水柜。餐厅设有 8 人餐桌及立式空调。书房设有写字台、书柜、椅子及沙发等家具。厨房中的虚线表示煤气灶上方的吊柜，灶台的左侧设有洗菜池。卫生间的地面比书房、餐厅等地面低 20mm（−0.020），卫生间的门扇内侧设有挡水线（细实线）。

3）为了表示室内立面在平面图中的位置及名称，图 6-1 的客厅中给出了四面墙面的内视符号，即以该符号为站点分别以 A、B、C、D 四个方向观看所指的墙面，且以该字母命名所指墙面立面图的编号。

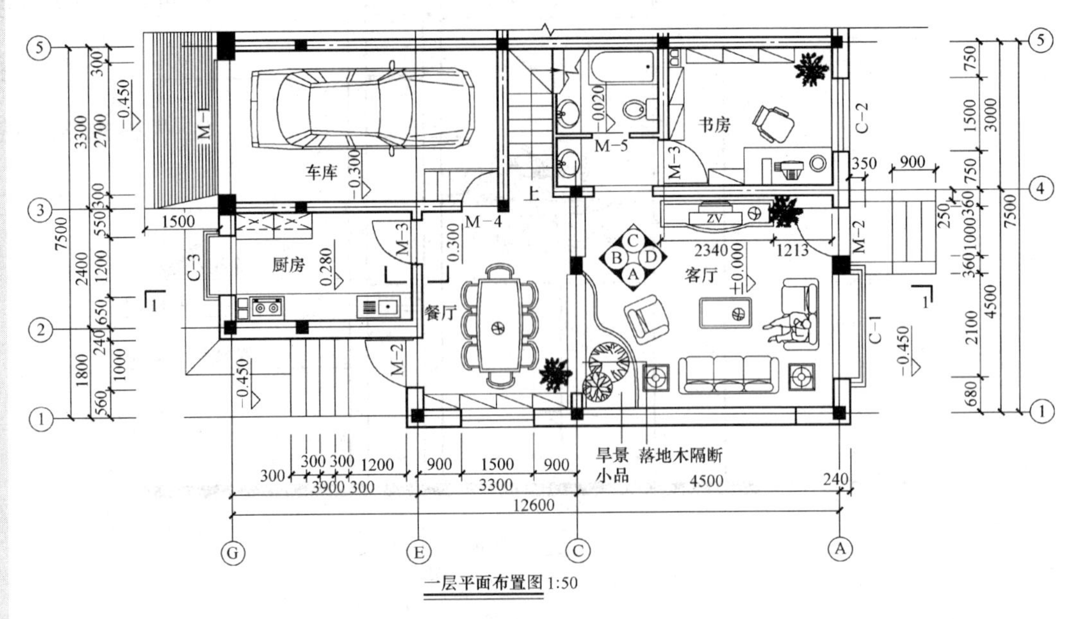

图 6-1 某别墅一层平面布置图

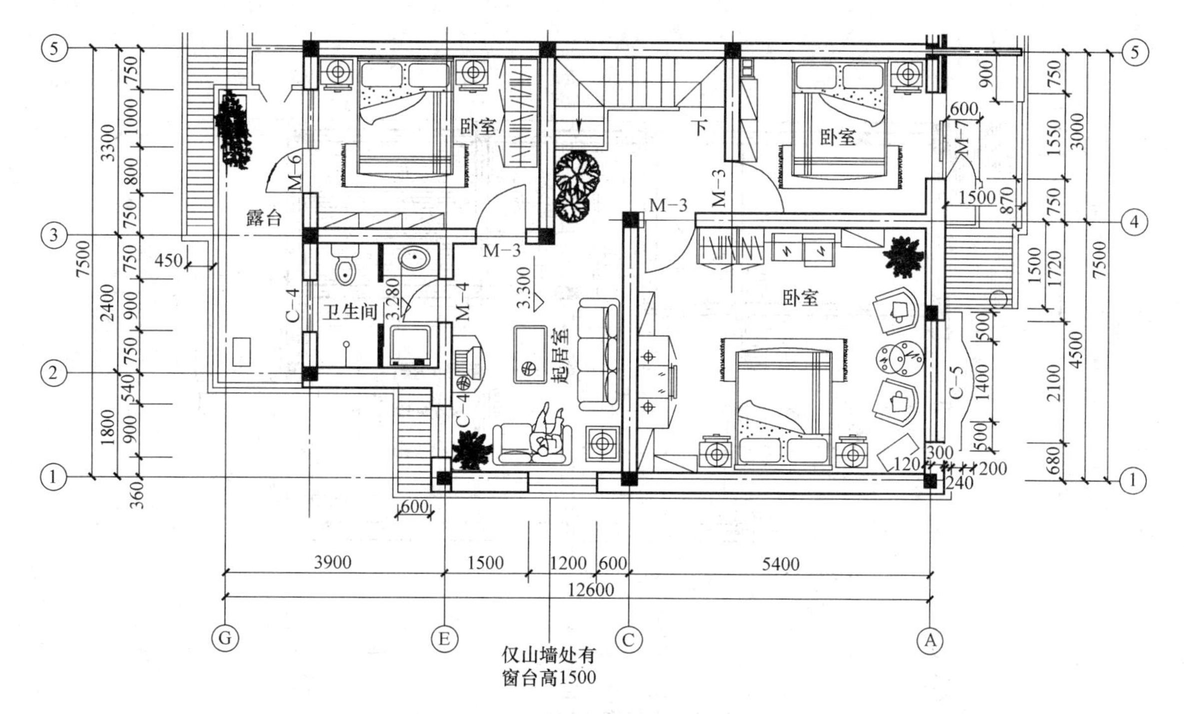

图 6-2 某别墅二层平面图

4）平面布置图中一般应当标注固定家具或造型等的尺寸，比如图中客厅影视柜的尺寸，客厅影视柜长度为 2340mm。

在平面布置图的外围，一般应当标注两道尺寸。第一道为房屋门窗洞口、洞间墙体或墙垛的尺寸；第二道为房屋开间及进深的尺寸。当室外房屋周围设有台阶等构配件时，也应当标注其定形、定位尺寸，例如图中大门口处的室外台阶，其栏板宽度为 250mm、水平长度为 900mm，右侧栏板侧面与轴线④重合。

（2）识读二层平面图。在图 6-2 中，书房、卫生间做有窗帘及窗帘盒。书房顶棚画有与墙面平行的细线，即顶角线，此顶角线的做法为 50mm 宽石膏线，表面涂白色乳胶漆饰面。

2. 识读楼地面平面图

该别墅①～⑤轴一层地面平面图如图 6-3 所示。

从图 6-3 中可以看出，除了书房地面为胡桃木实木地板外，其他主要房间比如客厅、餐厅及楼梯等采用幼点白麻花岗石地面；客厅、餐厅采用 800mm×800mm 幼点白麻花岗石铺贴，并且每间中央都做拼花造型；厨房、卫生间铺贴 400mm×400mm 的防滑地砖，楼梯台阶也为幼点白麻铺设；石材地面均设 120mm 宽黑金砂花岗石走边；客厅中央地面做拼花造型。

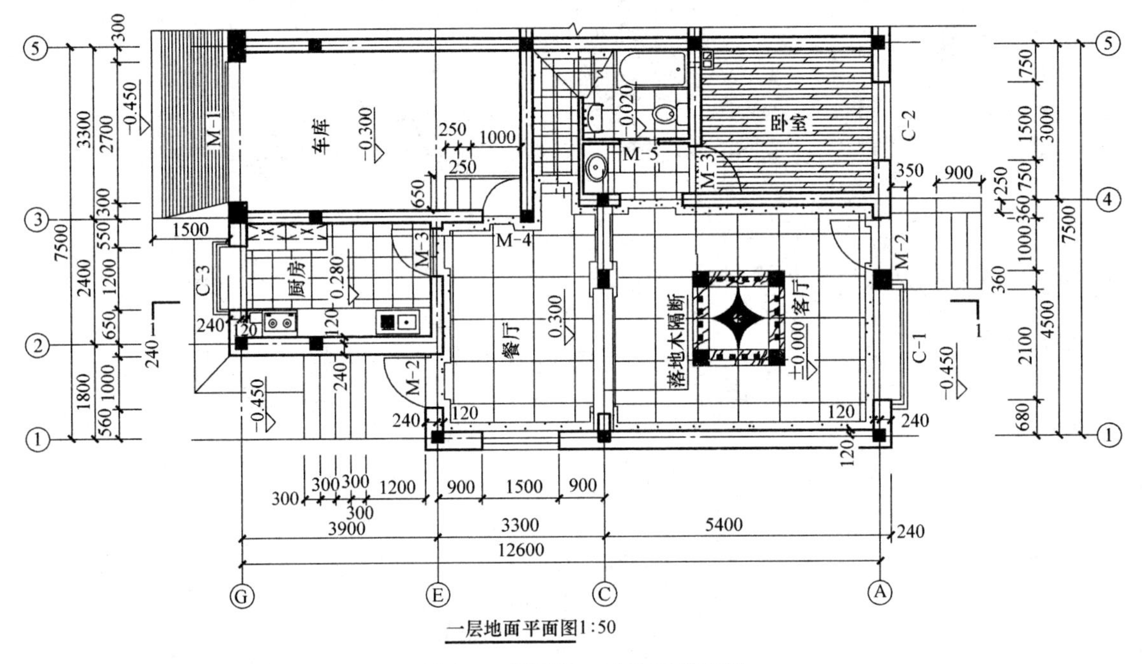

图 6-3　某别墅一层地面平面图

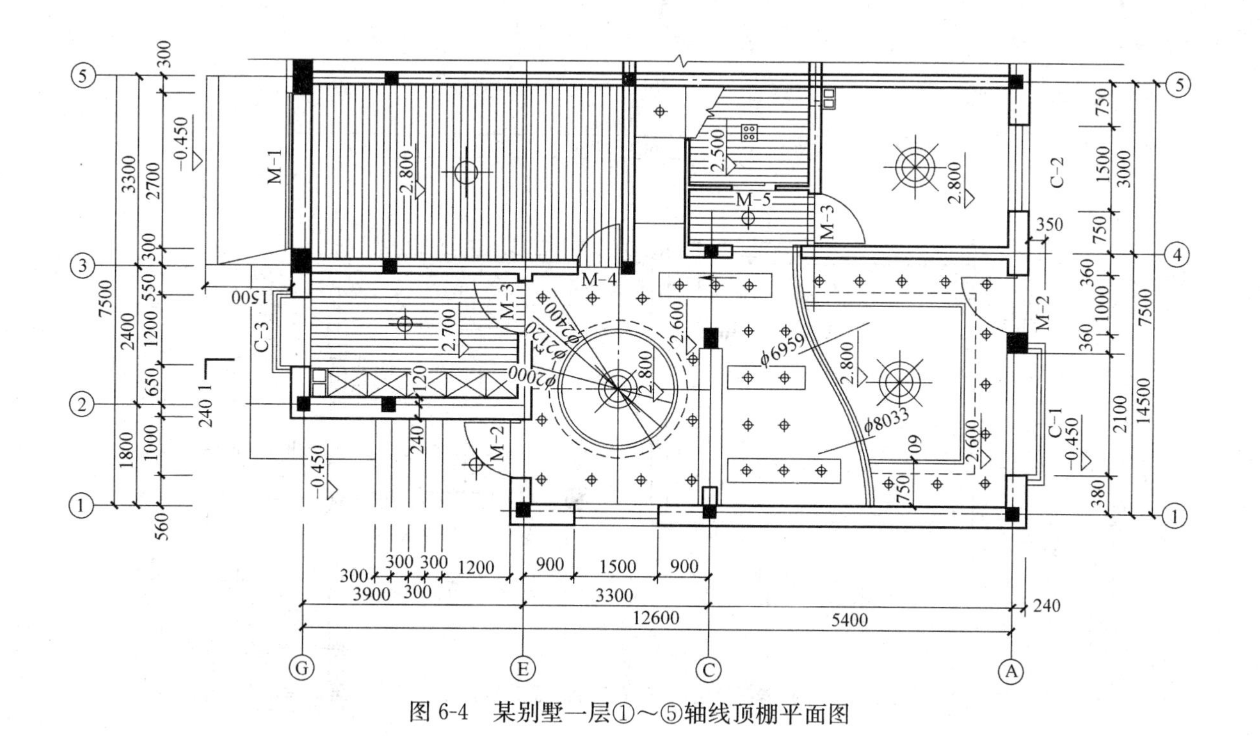

图 6-4　某别墅一层①～⑤轴线顶棚平面图

3. 识读顶棚平面图

图 6-4 为某别墅一层①～⑤轴线顶棚平面图，其比例为 1∶50。

图 6-4 中的客厅"2.800"标高为吊顶顶棚标高，此处吊顶宽为 750mm，做法是轻钢龙骨纸面石膏板饰面、刮白后罩白色乳胶漆。内侧的虚线代表隐藏的灯槽板，其中设有日光灯带，外侧的两条细实线代表吊顶檐口有两步叠级造型，每步宽为 60mm。曲线吊顶是由两条半径为 8033mm 和 6959mm 的圆弧组合而成的，它与二层平面布置图（如图 6-2 所示）中该位置的曲线挑台相协调。从图 6-4 中可以看到餐厅吊顶中有一个直径为 2000mm 的圆形造型，正中有一盏吊灯；2.800m 标高为板底直至顶棚装饰完成面的标高，圆形外侧吊顶的标高为 2.600m，在圆形吊顶图形的下侧有四组大小不等的矩形灯槽，灯槽内设有筒灯，图中标注了矩形灯槽的定形与定位尺寸。餐厅的吊顶也是采用轻钢龙骨纸面石膏板做法，饰面为白色乳胶漆。客厅的左侧卧室为平顶。厨房的顶棚为平吊顶，做法为轻钢龙骨铝扣板吊顶，顶棚的中间有一盏吸顶灯，完成面标高为 2.700m。卫生间的吊顶标高为 2.500m，做法为长条铝微孔板。图中厨房里靠②轴线顶棚处有吊柜。

图 6-5 为二层顶棚平面图。在图 6-5 中，二层曲线挑台的吊顶标高为 5.800m，灯池（三角形）吊顶的标高为 6.300m，做法为轻钢龙骨纸面石膏板乳胶漆饰面；二层卧室有吸顶灯，其顶棚均不做吊顶，直接批腻刮白、罩白色乳胶漆，顶棚的周边均无顶角线；卫生间的吊顶与一层相同，为长条铝微孔板吊顶。

图 6-5 中的②～③轴线北侧阳台为木龙骨白色 PVC 板吊顶，吊顶装饰面标高为 5.800m。

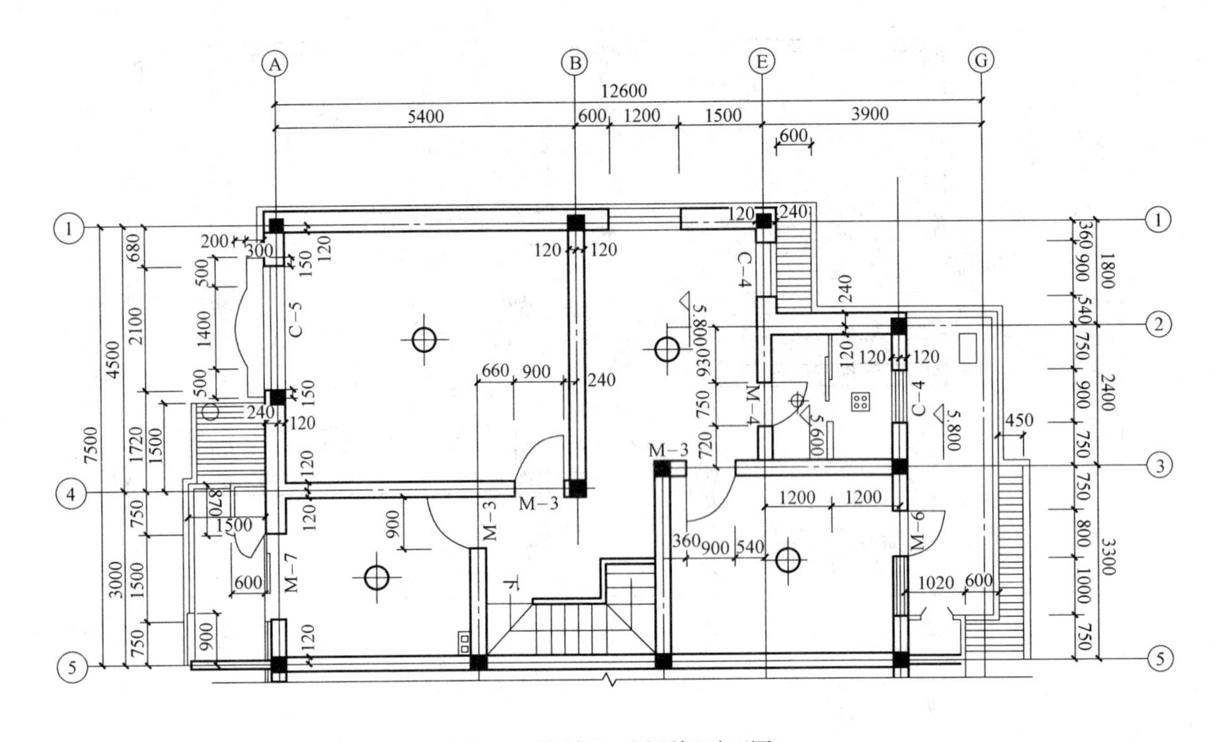

图 6-5　某别墅二层顶棚平面图

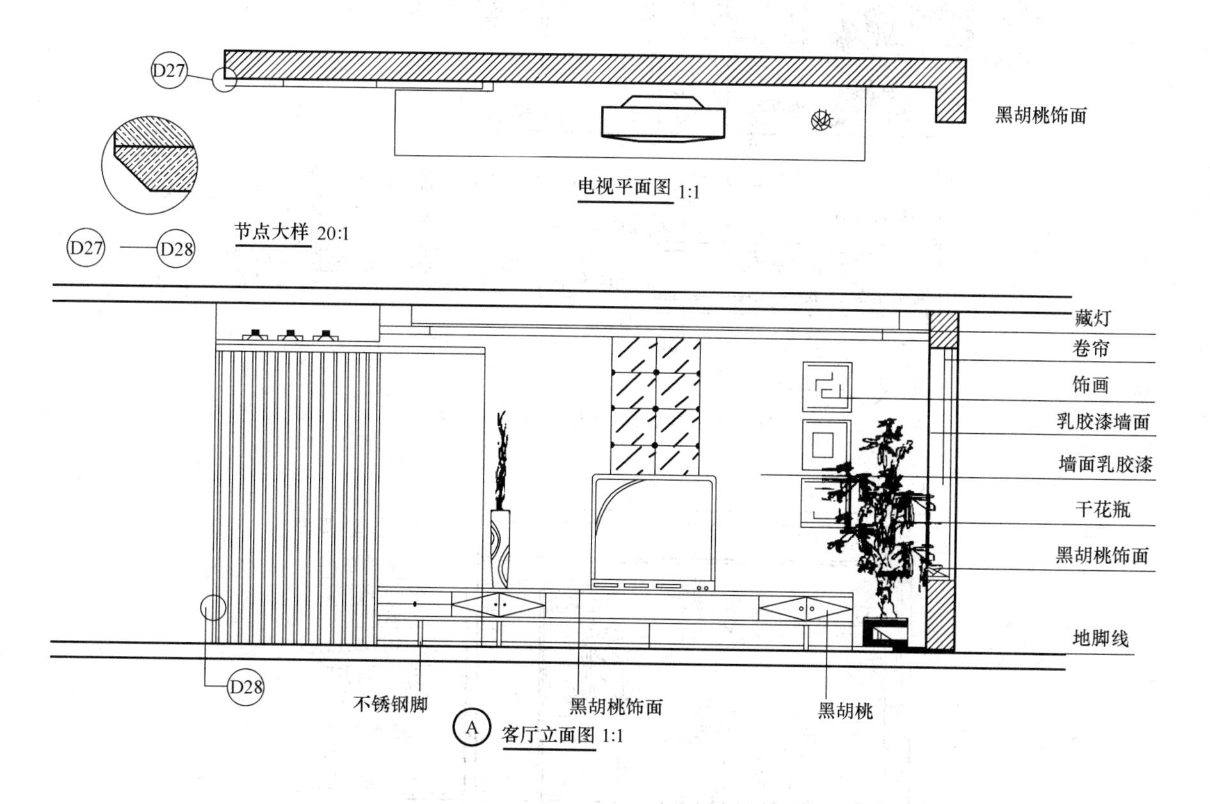

图 6-6　某别墅室内立面图（一）

4. 识读立面图

图 6-6～图 6-8 为某小区别墅客厅室内立面图。图 6-1 中写出“客厅”字样并且编号为“A、B、C、D”的内视符号即为客厅空间墙立面编号，图中由于客厅与餐厅空间相连，所以其中“B”指向餐厅墙面。

图 6-1 中的客厅空间选择 C 向立面（向右），即影视柜所在的墙面。图 6-1 中的影视柜的定形尺寸分别为 2340mm 和 500mm，定位尺寸为 1213mm。

图 6-6 中的“Ⓐ立面图”，该立面图反映出了从左到右客厅墙面及相连的楼梯间、卫生间、餐厅的Ⓐ方向投影全貌；图中反映出了客厅在电视墙部分做的一组活动拉门装饰以及电视柜造型等装饰形式及尺寸。

图 6-7 与图 6-8 分别是某别墅一层客厅Ⓑ立面图和其中一间客房立面图。Ⓑ立面图反映了该墙在客厅中采用胡桃木博古架造型屏风作为餐厅的分界，并且可以兼作为酒水柜；客房立面图为简洁室内造型，在墙面做些修饰墙边设有造型明快的衣柜，突出了房间小巧、轻快、温馨的气氛，墙面采用白色乳胶漆做法。从图 6-6 可见，影视墙具有现代气息，简洁、大方、没有烦琐的装饰；采用黑胡桃木饰面、罩聚酯清漆，附近有索引符号引出其详图位置；影视墙长度为 5760mm，高度为 2750mm。楼梯间及其右侧墙面装饰做法是下部墙面采用胡桃木墙裙（高 1000mm）、上部墙面采用素色壁纸。该立面图门套、门上方及壁纸上口饰有宽 35mm 的胡桃木挂镜线，此线上方墙面为刮白、罩白色乳胶漆。楼梯底面也为壁纸贴面，梯段的侧面饰以胡桃木封边；客厅的高处墙面也为刮白、罩白色乳胶漆做法，墙面采用打破单调装饰有 25mm×9mm 纸面石膏板（引出标注），间距 570mm；客厅设有叠级造型吊顶，中间设有吊灯，顶棚周边有日光灯槽，高度为 240mm。客厅顶棚最高为 2700mm，图中为了配合电视柜详图还画出了索引符号。

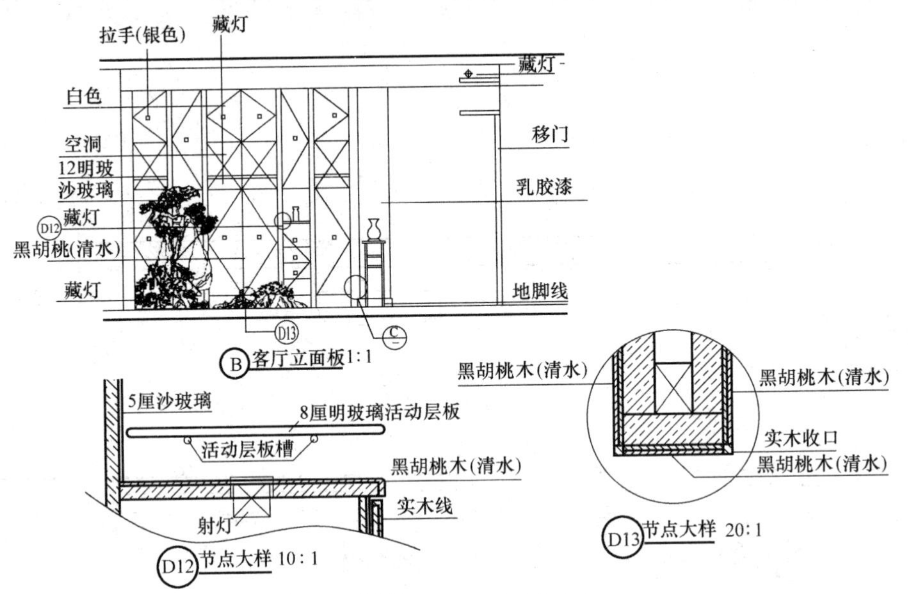

图 6-7　某别墅室内立面图（二）

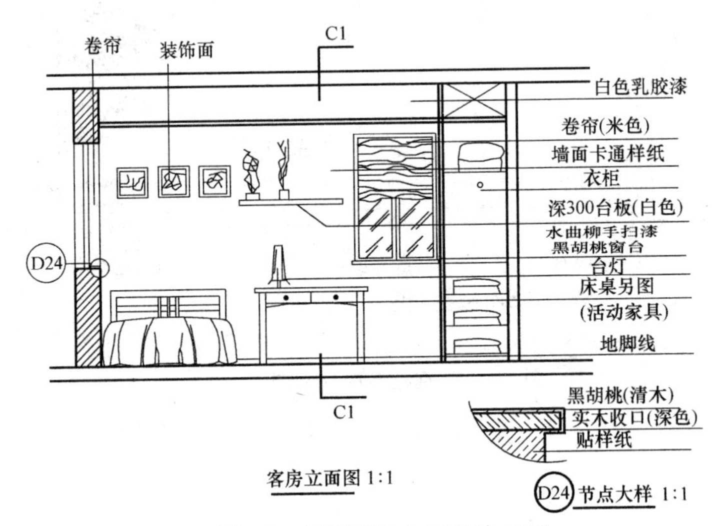

图 6-8　某别墅室内立面图（三）

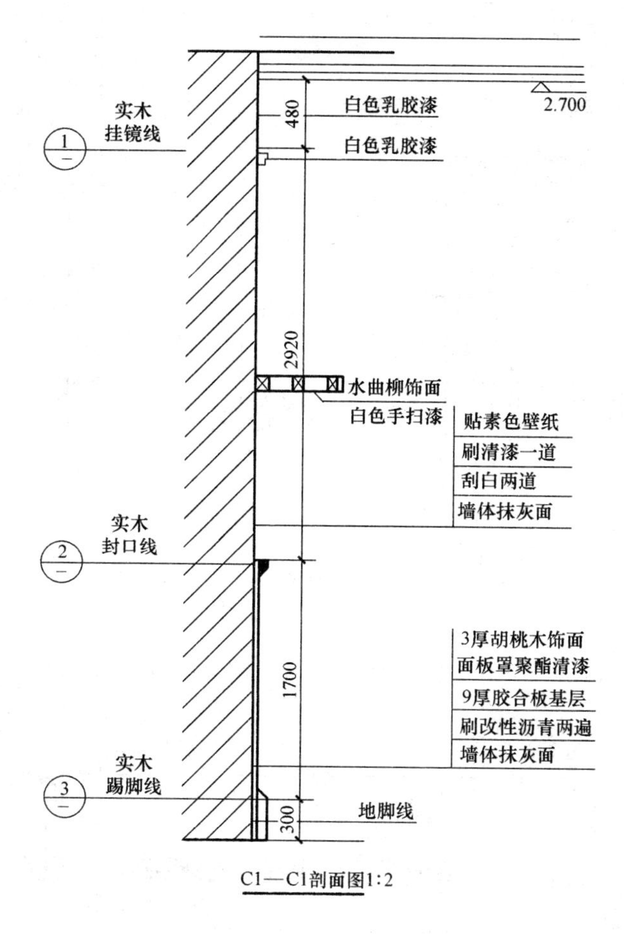

图 6-9　某别墅墙面装饰剖面图

5. 识读剖面图

某别墅墙面装饰剖面图如图 6-9 所示。此图反映了地面及踢脚线、墙面、顶棚收口三个节点的竖向构造。踢脚线、墙裙封边线及挂镜线均凸出墙面；踢脚线高度为 300mm，踢脚线上方为墙裙，高度为 1700mm；墙裙上方刮白贴色素壁纸，高度为 2900mm；挂镜线以上到顶棚底面为挂白罩白色乳胶漆，高度为 480mm。顶棚无顶角线。

墙面选用素色壁纸，构造层次和做法如图 6-9 所示。挂镜线的上方为挂白、墙面罩乳胶漆。顶棚底面标高为 2.700m。

6. 识读详图

图 6-10 为某别墅装饰门及门套详图，它是图 6-1 所示的一层平面布置图中“M-3”门的详图及门套详图，主要用于书房、厨房及卫生间。图 6-10所示门扇立面周边为胡桃木板饰面，门芯板处饰以胡桃木面板，门套饰以胡桃木线，亚光清漆饰面。门的立面高度为 2.400m、宽度为 1.000m，门套宽度为 60mm。图中有“A”、“B”两个剖面索引符号，其中“B”是将门剖切后向下投影的水平剖面图，“A”为门头上方局部剖面，剖切后向左投影。

图 6-10 的下方 B 详图即为门的水平剖面图，它反映了门扇及两边门套的详细做法与线角形式；从图中可以看到，门套的装饰结构主要由木龙骨架、木工板打底，为了形成门的止口（门窗的限位构造），还加贴了胡桃木夹板，然后再粘贴胡桃木饰面板形成门套（如图 6-11 所示）。门的贴脸（门套的正面）做法比较简单，它直接将门套线安装在门套基层上，表面饰面以亚光清漆。门扇的拉手采用不锈钢执手锁，门体采用木龙骨架、表面饰以红影（中间）和胡桃木（两边）饰面板，为形成门表面的凹凸变化，胡桃木下垫有夹板。在两种饰面板的分界处采用胡桃木角线收口，形成较好的装饰效果（俗称造型门）。

图 6-10 中右侧的 A 详图为门头处的构造做法，与 B 详图表达的内容基本一致，它反映门套与门扇的用料、断面形状及尺寸等，所不同的是该图是一个竖向剖面图，左右的细实线为门套线（贴脸条）的投影轮廓线。

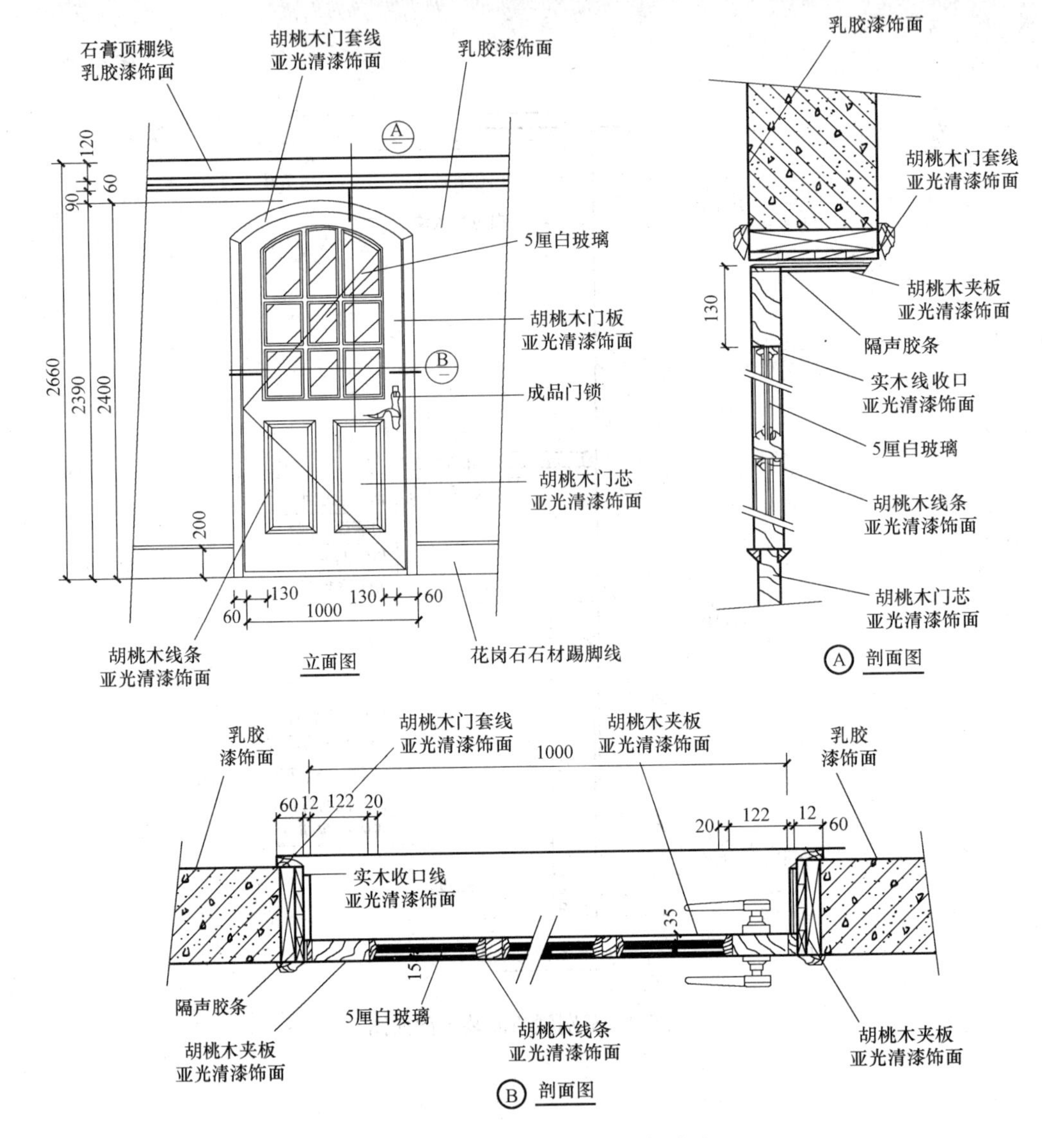

图 6-10　某别墅装饰门及门套详图

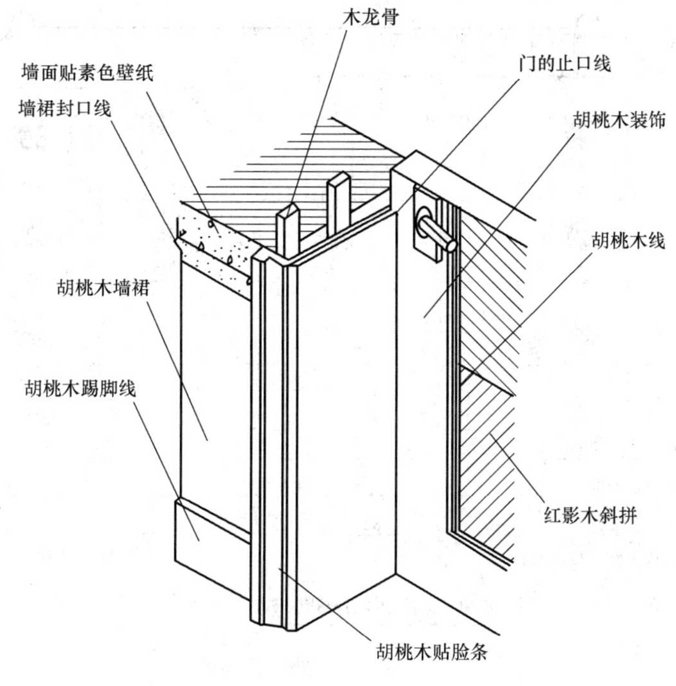

图 6-11　门套立体图

图 6-11 所示的 M-3 门为内开门，图中的门扇位于室内一侧。门窗详图中通常要画出与之相连的墙面的做法、材料图例等，表示出门、窗与周边的联系，多余部分采用折断线折断后省略。

6.2 某礼堂室外装饰工程施工图识读实例

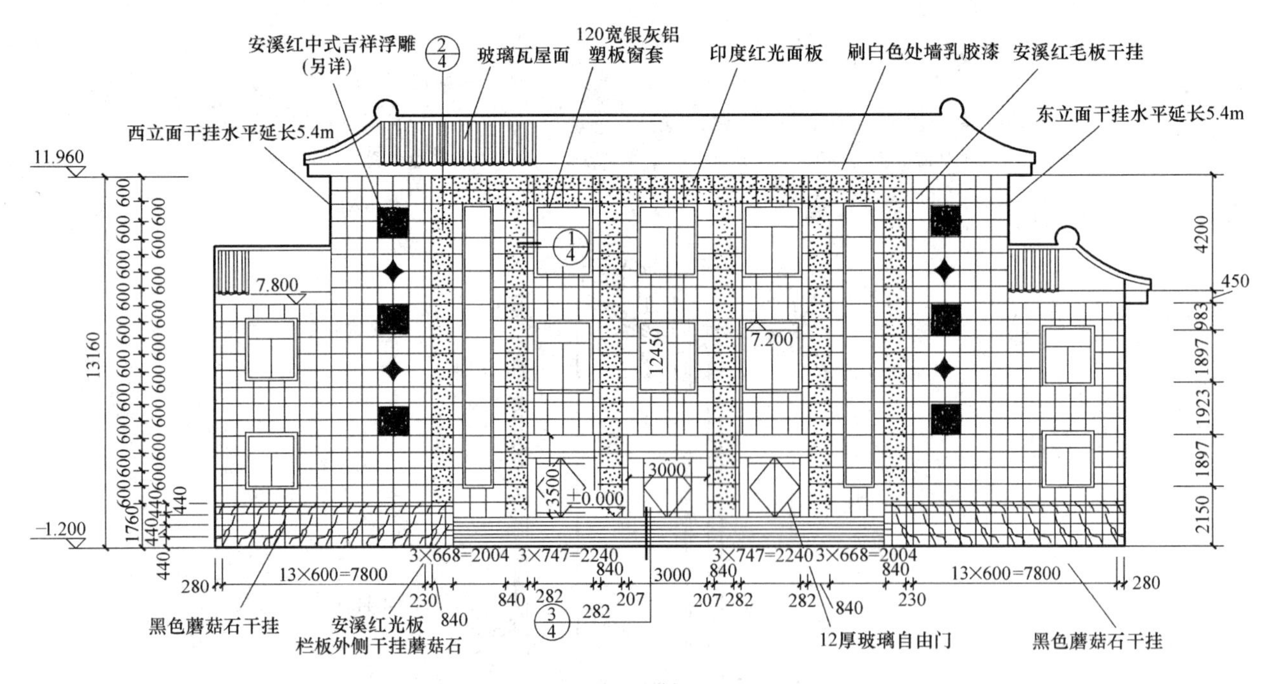

图 6-12 某礼堂室外装饰立面图

1. 识读室外装饰立面图

通过图名“礼堂正立面干挂石材排板图 1∶100”可以得知该礼堂正立面采用干挂石材装饰，立面图比例为 1∶100。

图 6-12 所示的礼堂建筑主体为三层、两侧附房为两层的中式屋顶建筑；主要出入口设在中间，入口处共有三樘厚度为 12mm 的玻璃自由门，入口台阶为共七级；墙面分格线表示的是安溪红毛板的排板布局，有点状填充图例的分格表示的是印度红光面板装饰范围。左右墙面对称布置设有安溪红中式石材浮雕；勒脚采用黑色蘑菇石干挂；屋顶檐口刷白色外墙乳胶漆装饰，屋顶采用琉璃瓦装饰，琉璃瓦仅画出了局部投影。

图 6-12 的下方和左方标注出了石材排板的详细尺寸，立面装饰的分格及造型轮廓是装饰立面图的主要表达内容，各层窗口的周边装饰有 120mm 宽的银灰铝塑板窗套；勒脚处黑色蘑菇石干挂的高度为 1.76m，单板分格宽度为 600mm，单板分格高度为 440mm，共四层；勒脚以上安溪红毛板和印度红光面板的单板高度均为 600mm，安溪红毛板的单板宽度为 600mm，印度红光面板的单板宽度为 840mm 和 600mm，墙面的石材干挂总高度为 13.16m。

图 6-12 中有窗口的索引符号(1/4)、墙面的索引符号(2/4)等，表明了详图所在位置。

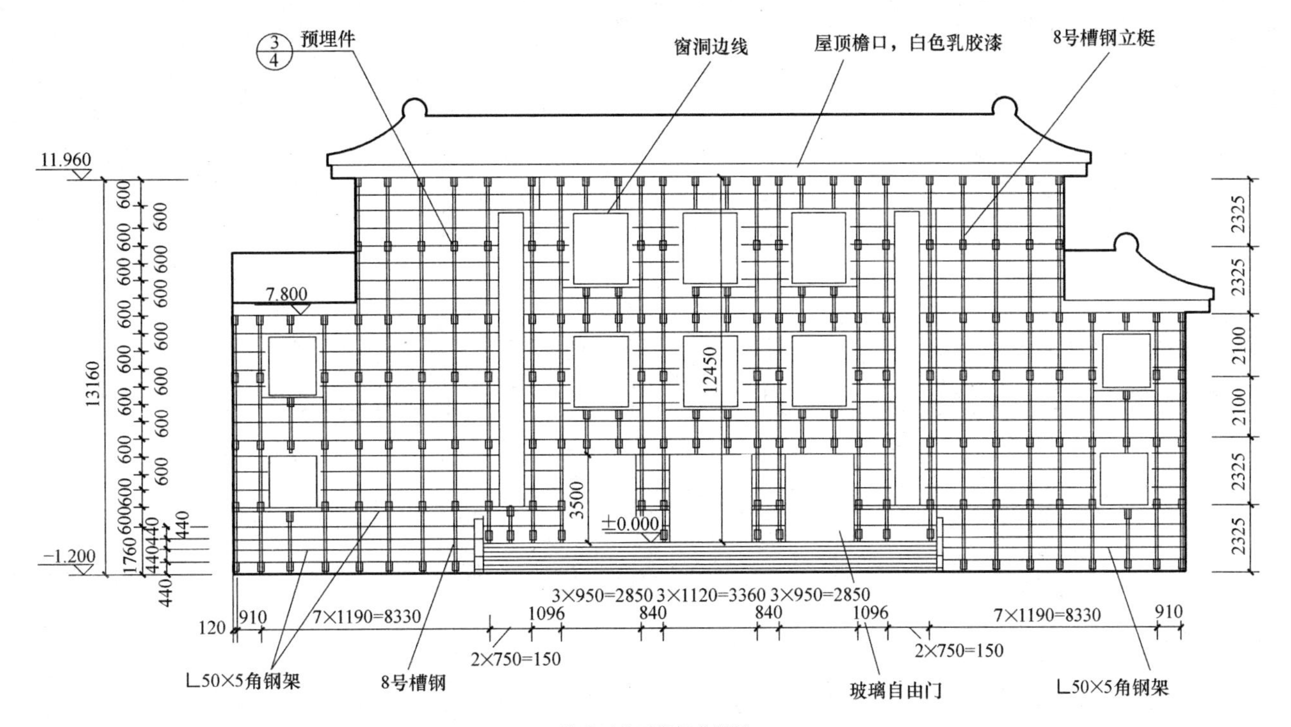

图 6-13　某礼堂室外装饰骨架立面图

说明：本工程型钢龙骨架竖梃为 8 号槽钢，横向龙骨为∟50×5 角钢，焊缝满焊高度不小于 5mm，刷防锈漆两遍。

2. 识读室外装饰骨架立面图

图 6-13 为某礼堂室外装饰骨架立面图，由图可以看出：该礼堂正立面改造采用干挂石材的钢架布置施工，图中墙面竖线表示钢架竖梃（竖向龙骨）、横线表示横向龙骨，竖向龙骨为 8 号槽钢，横向龙骨为 50×5 的等边角钢，图的左侧和下侧标注出了竖向和横向龙骨的定位尺寸，其中右下方“7×1190＝8330”表示该部位水平方向分七等分，每一等分（竖梃中心距）为 1190mm。图中“$\frac{3}{4}$预埋件”索引符号所指位置的小矩形为竖梃的支座（预埋件）的定位及外形，从图 6-13 可以看出，预埋件（有时也称钢锚板）设置在每层楼盖和窗间墙位置。预埋件的施工必须在竖梃安装之前进行。水平角钢设置在每一层石材的水平缝处，因为水平缝是不锈钢挂件连接上下两块石板的地方，因此必须有横向角钢作为支撑。

3. 识读室外装饰造型平面图

图 6-14 为礼堂装饰墙面所在位置的装饰造型平面图。因为它主要反映的是正立面外墙面，因此墙体其他部分予以省略。图中画出了装饰墙面的平面形状与尺寸，同时反映出了外侧台阶、柱子的平面尺寸和装饰要求。图中可以看出台阶两侧栏板也采用蘑菇石干挂、栏板顶部饰以安溪红光面板(一种经表面加工的花岗石板，宽度为 0.60m)，台阶用安溪红火烧板贴面，每步台阶宽度为 330mm。

应注意的是，图 6-12 所反映的墙面似乎是平面的，在图 6-14 装饰造型平面图上可以看出大门两侧还是有点凹凸变化的，而且大门位于柱子的后面，此处地面上方是二层高的凹入空间，形成门廊，图 6-12 门口上方的标高 7.200m，即为门廊顶面标高，7.200m 以上是三层墙体直至屋顶。

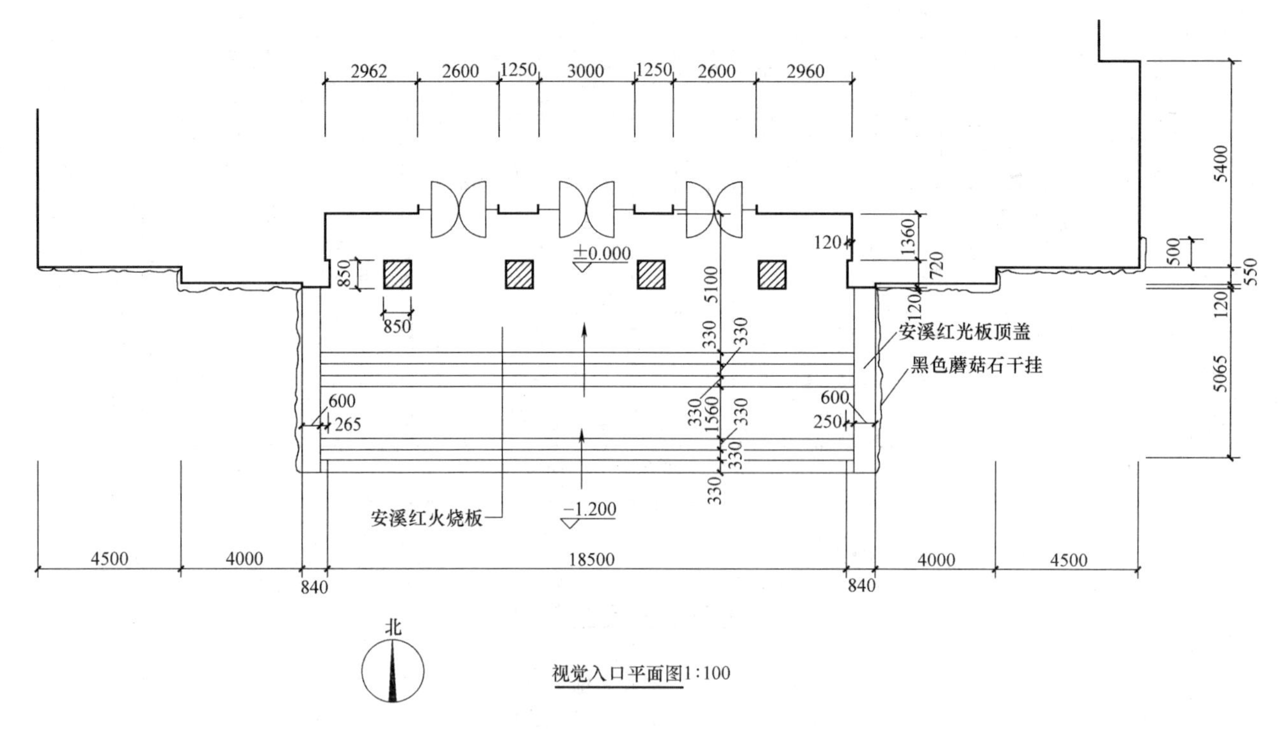

图 6-14　某礼堂装饰造型平面图

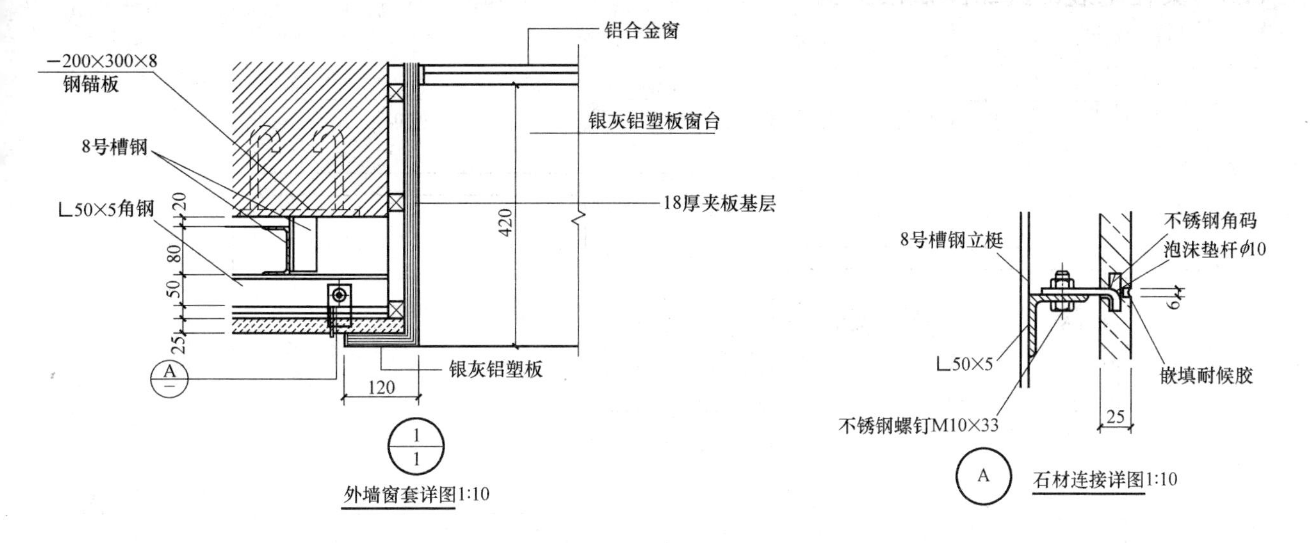

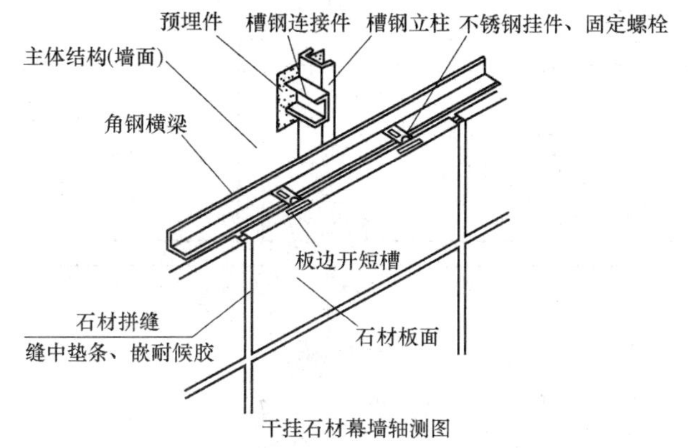

图 6-15　某礼堂装饰外墙装饰节点详图

4. 识读室外装饰详图

图 6-15 为某礼堂外墙装饰详图，详图“$\frac{1}{1}$”为经窗口水平剖切的窗套处的构造详图，“120”为窗套的贴脸宽度，饰面材料为银灰色铝塑板，其基层为 18mm 厚的夹板，夹板固定在靠墙木龙骨上。窗套的左侧采用干挂安溪红石材做法，从墙面钢锚板上向外焊接 0.125m 长的 8 号槽钢，然后在此槽钢的左侧焊接 8 号槽钢立梃，其尺寸自地面直至墙顶，在立梃的外侧焊接水平的 50×5 等边角钢形成横向龙骨。此图中省略了焊接标记，从图中可以看出这两处都是形成角焊缝，在装饰骨架中的焊缝都必须焊接牢固（需满焊）。槽钢与墙体之间有间隙是为了消除原墙面的垂直误差，此尺寸一般根据现场情况而确定，一般为 20mm 左右。

详图Ⓐ表达石材与石材之间、石材与龙骨之间的连接状态，外侧采用不锈钢角码挂接安溪红石材，石材厚度为 25mm，竖缝为 6mm，嵌填耐候胶。

6.3 某住宅装饰施工图识读实例

1. 识读平面图

（1）识读原建筑平面图。由图6-16可以看出，该住宅建筑空间原含有客厅、餐厅、主卧室、次卧室、厨房、卫生间各一个，其中两个卧室朝南向采光较好。主卧室附带有宽约730mm的飘窗，窗台高为600mm。次卧室附带有生活阳台。客厅、厨房的空间采光朝向为北向。室内约在客厅与餐厅的顶棚边界处设有梁体构件，厚度分别为160mm和180mm，整个建筑结构体系为砖墙承重体系。住宅户内的卫生间、厨房均设有270mm×350mm一个设备管道，另外现状中还有若干给排水管。各个房间的使用面积大小、房间的开间和进深尺寸如图6-16所示。总体来说，本户型为一套小型面积的住宅建筑来进行装修。

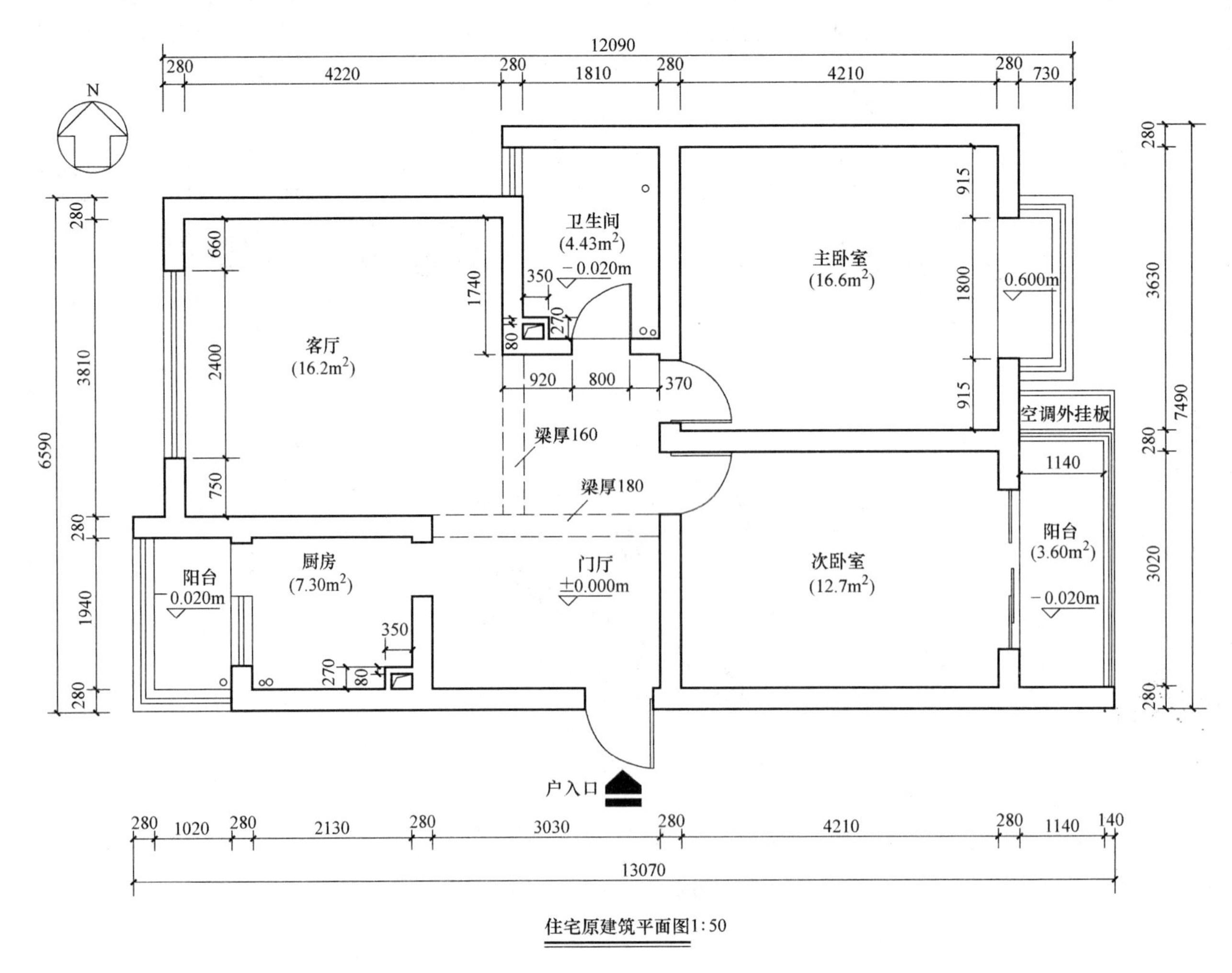

图6-16 原建筑平面图（单位：mm）

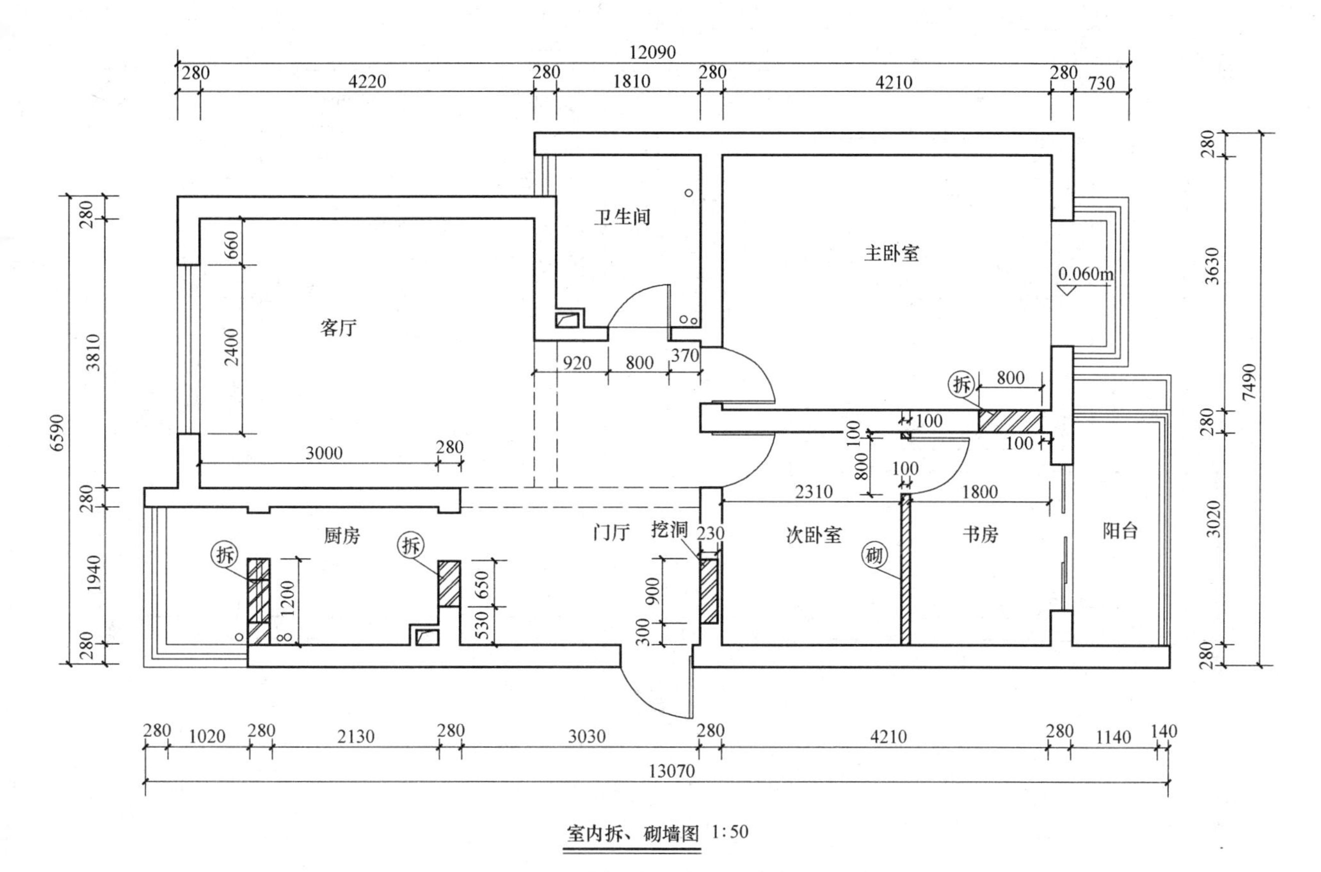

图 6-17　室内拆、砌墙图（单位：mm）

（2）识读室内拆、砌墙平面图。从图 6-17（图中拆除的墙体、砌筑的墙体均做了特殊的表示）可以看出，设计装修时将要把南向采光较好的次卧室的空间（使用面积为 12.7m²）采用非承重构件的隔墙一分为二，分成其中一个为直接采光的书房，另一个为面积较小的次卧室。砌筑隔墙的厚度为 100mm，相对于靠近阳台的墙体 1800mm，同时隔墙中设有门洞。另外，原来在住宅内北侧的起分隔阳台和厨房作用的联窗门将被拆除，这样将会扩大厨房的使用面积，对厨房的采光通风效果也很有利。空间的再分隔或打通均是为其后的装修、使用效果奠定了空间基础。

为了加大厨房空间的利用率，厨房门洞将由原来的 700mm 宽的门洞，加宽为 1350mm 的推拉门门洞。另外，主卧室与书房之间也将开通一个宽度为 800mm、墙垛为 100mm 的门洞。为了设置妥当衣帽柜的位置，在入户门附近，墙内预挖洞 900mm（宽）×2300mm（高）×230mm（深）。

（3）识读住宅单元平面布置图。图 6-18 为该住宅单元平面布置图，其比例 1∶50。由图可以看出，客厅东侧布置沙发，西侧为电视墙。户型中的卫生间通过宽度为 80mm 的推拉门隔断分隔出洗浴（设有洗浴喷头）空间和厕所空间。在主卧室中，布置了宽度为 0.6m 的大衣柜、宽度为 1.8m 的双人床、宽度为 0.2m 的台面板支撑电视。在次卧室中，布置有一张沿墙放置的单人床和吊柜，书房中布置有电脑桌椅，空间虽然狭小但基本能够满足使用要求。建筑主入口空间右侧布置有衣帽柜，在厨房和入口空间之间设置了餐桌。厨房、卫生间之中相应地布置了厨卫用具，并且厨房、卫生间、阳台地面均低于主体地面 20mm。建筑空间中除了厨房为推拉门之外，其他门均采用平开门。整个住宅户型布置紧凑、适用。

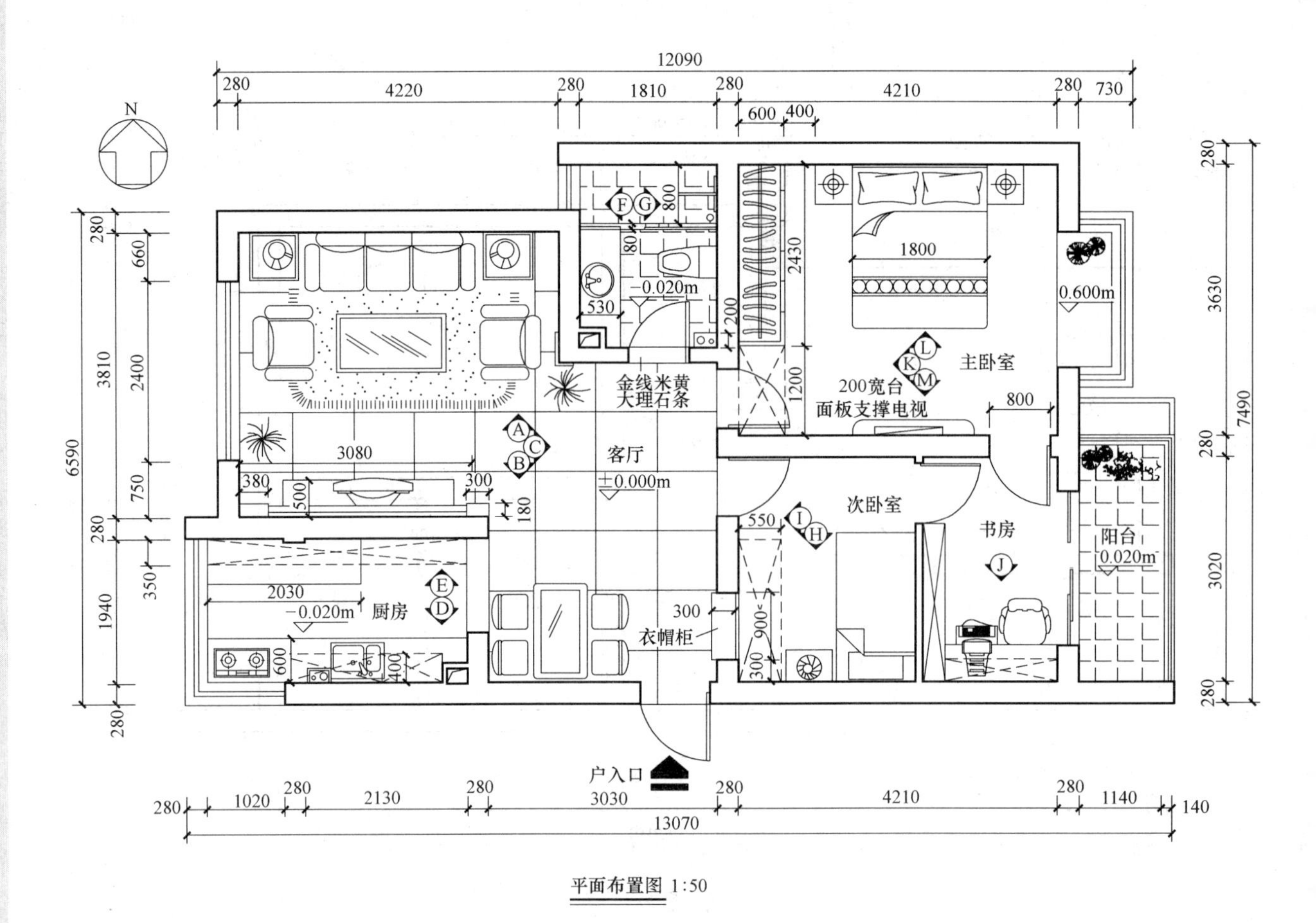

图 6-18　平面布置图（单位：mm）

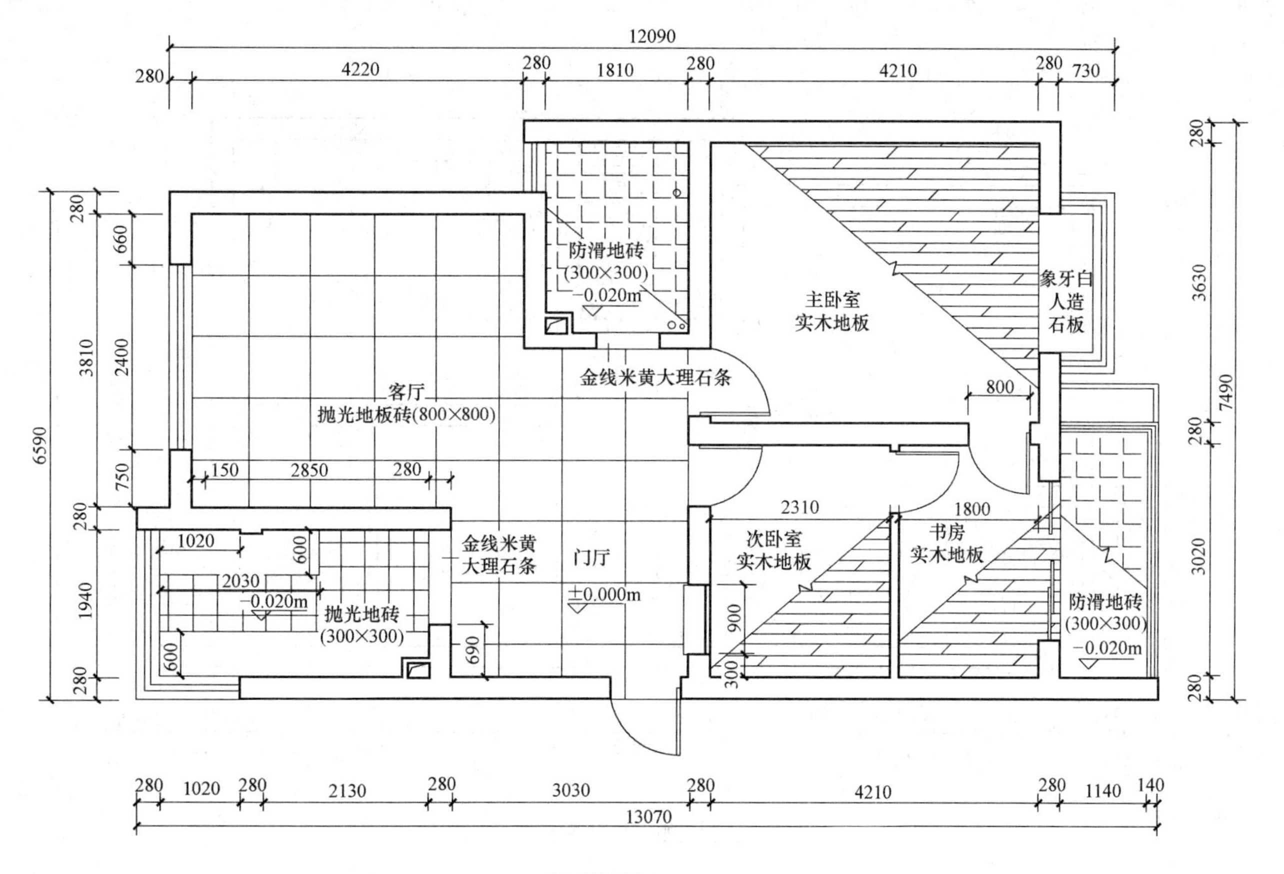

图 6-19　地面铺贴图

2. 识读地面铺贴图

从图 6-19 中可以看出，该住宅户型的室内建筑空间中除了厨房操作台外其他平面均进行了材料铺装。考虑到客厅与门厅公共性很强，这些空间地面均采用耐磨、便于清洁、尺寸是 800mm×800mm 的抛光地板砖来铺贴，厨房铺贴的是尺寸为 300mm×300mm 的抛光地板砖。卫生间与阳台地面考虑到防水使用要求所以采用防滑类地板砖来铺贴，规格尺寸为 300mm×300mm。卧室、书房采用了实木地板拼装地面。卧室窗台采用了象牙白人造石板，厨房和卫生间与客厅之间的门洞过渡地面采用了金线米黄大理石进行装饰。厨房、卫生间及阳台地面标高低于主体室内 20mm。

3. 识读顶棚平面图

图 6-20 为该住宅顶棚平面图，由图可以看出，该住宅室内空间的客厅、门厅及主卧室顶部均采用了常规的石膏板吊顶做法。原室内空间净高为 2.8m，客厅、门厅及主卧室吊顶标高 2.580m，则可以得知其吊顶高 220mm。次卧室空间吊顶高为 200mm。厨房、卫生间的顶部采用每条宽为 120mm 的铝扣板吊顶，高度为 250mm，阳台采用同样的铝扣板吊顶，高度为 220mm。客厅吊顶的四周藏有灯带槽，中央顶部设有起到空间统一作用的吊灯，沿着窗户位置设有窗帘盒。门厅、餐桌上空吊顶沿墙部位也设置有暗藏灯槽，其距墙空隙为 200mm。主卧室、次卧室、书房及阳台顶棚中央分别设有一个吸顶灯，规格大小和品牌可以由业主自定。主卧室、书房顶棚部分位置也设有暗藏灯槽。卫生间顶棚各设有一个浴霸和排风设备，厨房顶棚设有射灯照明。顶棚空间中各构件详细尺寸如图 7-8 所示。

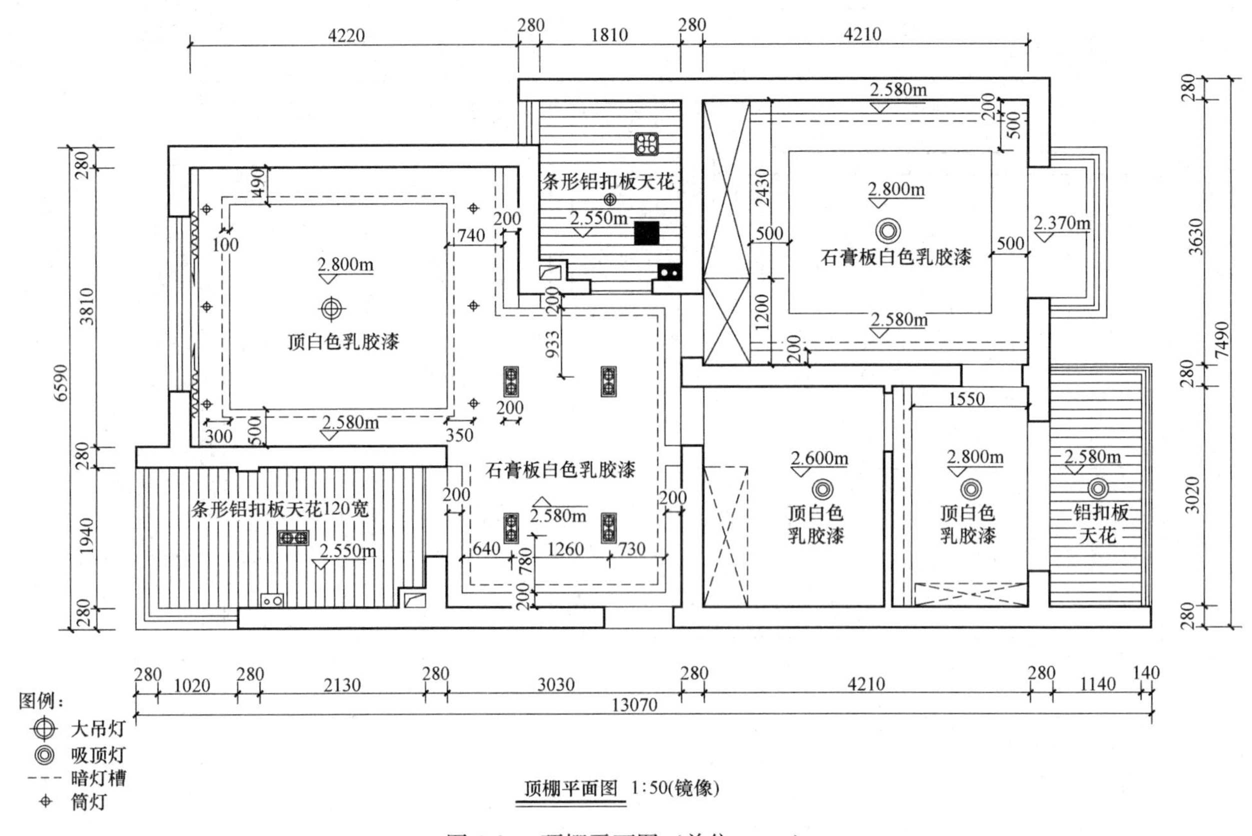

图 6-20　顶棚平面图（单位：mm）

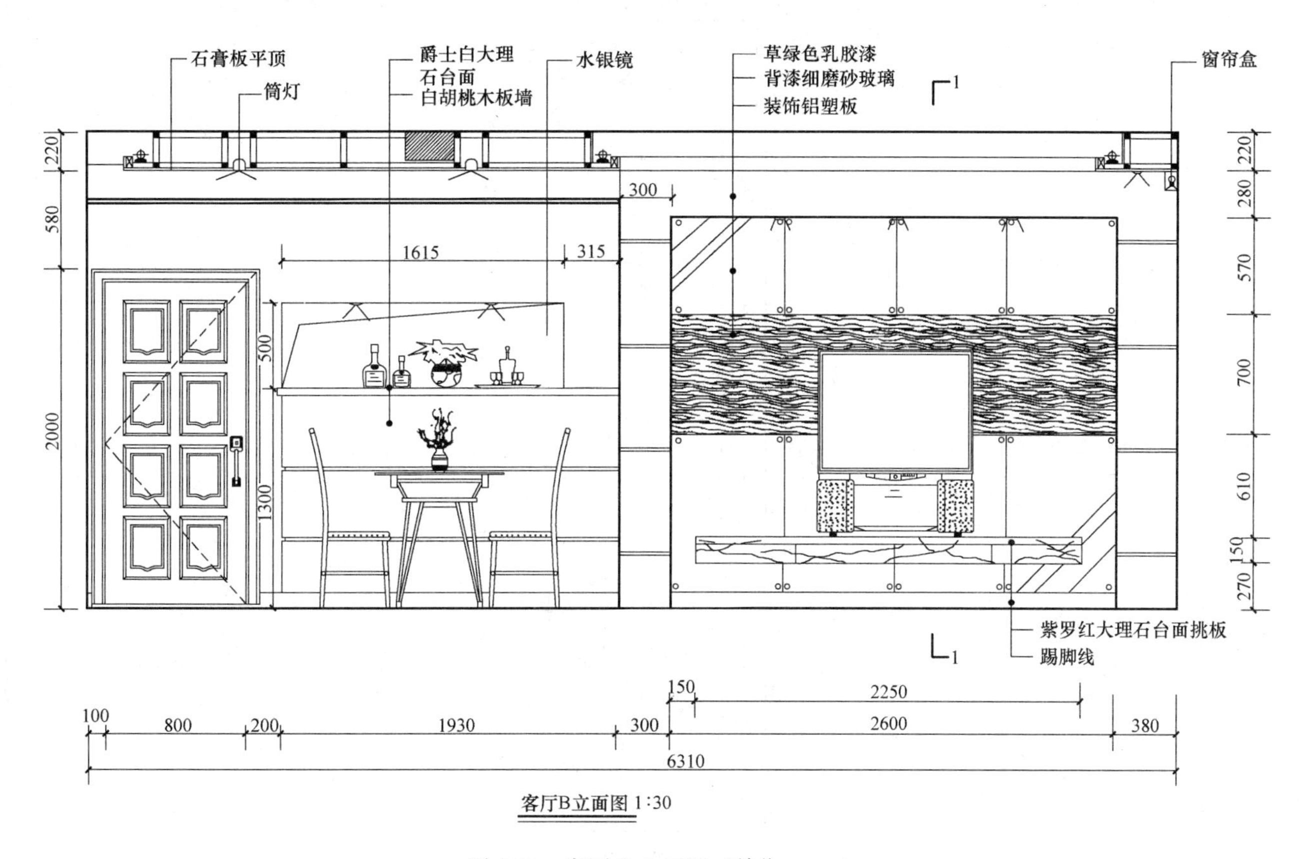

图 6-21　客厅 B 立面图（单位：mm）

4. 识读立面图

图 6-21 为该住宅客厅 B 立面图，由图可以看出，此立面应为客厅及门厅的西墙面上的立面布置图，图中表示出了电视墙、餐桌的装修面貌及效果。其中，电视墙背景主要采用背漆细磨砂玻璃做界面，同时个别位置有装修凸出变化。电视机的下侧采用紫罗红大理石台面挑板支撑。餐桌墙采用了高度为 1.3m 的白胡桃木饰面板装饰，同时在墙面上留有凹洞。立面中的吊顶高度为 220mm，局部装饰有暗藏灯槽和射灯，应当结合顶棚平面详细对照。

5. 识读剖面图

图 6-22 为该电视背景墙剖面图，它主要表现客厅电视墙装修构件层次，剖切位置详见图 6-21。从剖面 1—1 中可以看出，放置电视机的大理石台面板出挑 500mm，高于地面 420mm，厚度为 40mm（以伸入墙内 ϕ12 的钢筋支撑），下面设有可以放置杂物的抽屉，抽屉的饰面采用紫罗红大理石质地的饰面板，总高度为 150mm。电视机背景墙主体采用 10mm 厚的背漆磨砂玻璃装饰，并且以广告钉固定装饰到墙面上，凸出于背漆玻璃装饰面的是高度约 700mm，且带有九厘板基层的装饰铝塑板，其厚度为 160mm，且内暗藏灯带。悬挂式吊顶顶棚空间设有暗藏灯带及射灯，石膏板吊顶高为 220mm，其他详细尺寸和装修界面详见图中。

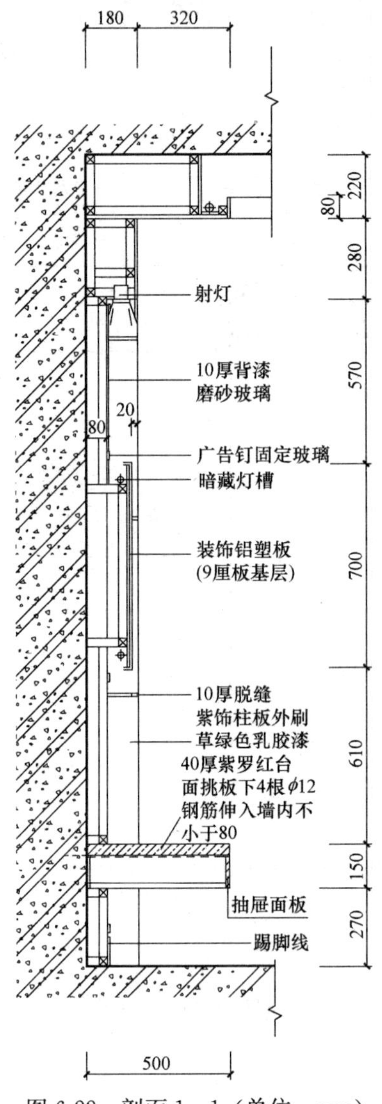

图 6-22　剖面 1—1（单位：mm）

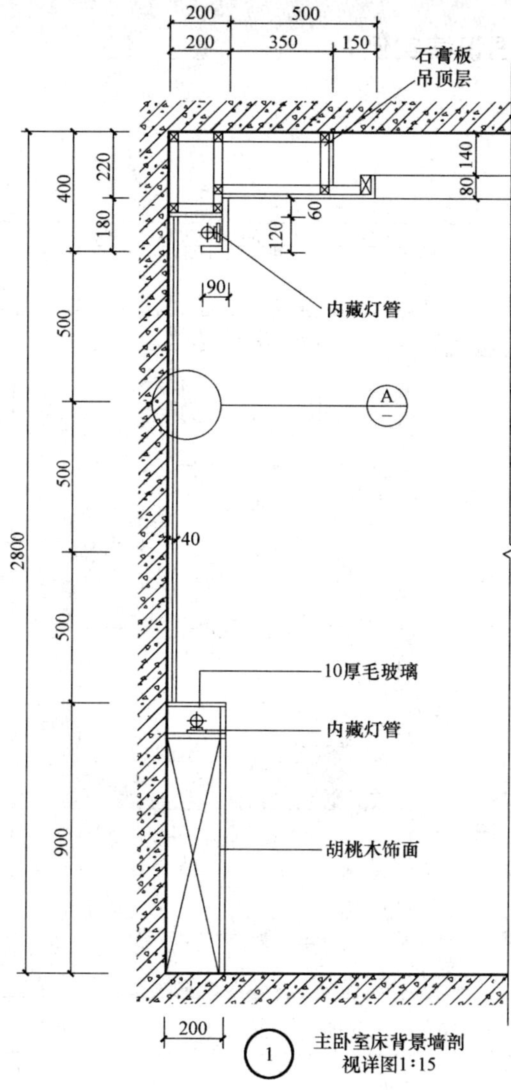

图 6-23　主卧室床头背景墙详图（单位：mm）

6. 识读详图

图 6-23 为主卧室床头背景墙详图，该详图表示的是主卧室床头的背景墙的装饰构造情况，从图中可以看出，床头设有高度为 900mm、宽度为 200mm 且含有暗藏灯槽的以胡桃木饰面的装饰构件。背景墙材料主体采用了带有基板的浅米色亚麻布进行软包装饰，厚度为 40mm，其中每隔 5.0mm 用钢砂压条固定。卧室的顶棚采用了石膏板吊顶吊高 220mm，其他详细尺寸如图中所示。

6.4 某法院装饰装修施工图识读实例

1. 识读总体平面布置图

图 6-24 为整体装修项目的室内一层平面布置图，整体一层平面建筑面积总和约为 1100m² 的框架结构，其中除卫生间围合墙体为 240mm 墙外，其他墙体均为隔墙。一层分布的房间主要有：一个 405m² 的中庭兼门厅、一个 108m² 的大法庭、一个 76m² 的中法庭 A、两个 70.5m² 的中法庭 B、三个小法庭，另外还设置有男女卫生间、交通环形交通走廊空间等，一层的各个房间基本上是围绕中庭空间展开布置的。一层室内地面高差变化不大，中庭内有宽约 3m 的主楼梯连接至二层平面，男卫生间左侧有宽度约 1.3m 的楼梯通往地下室。

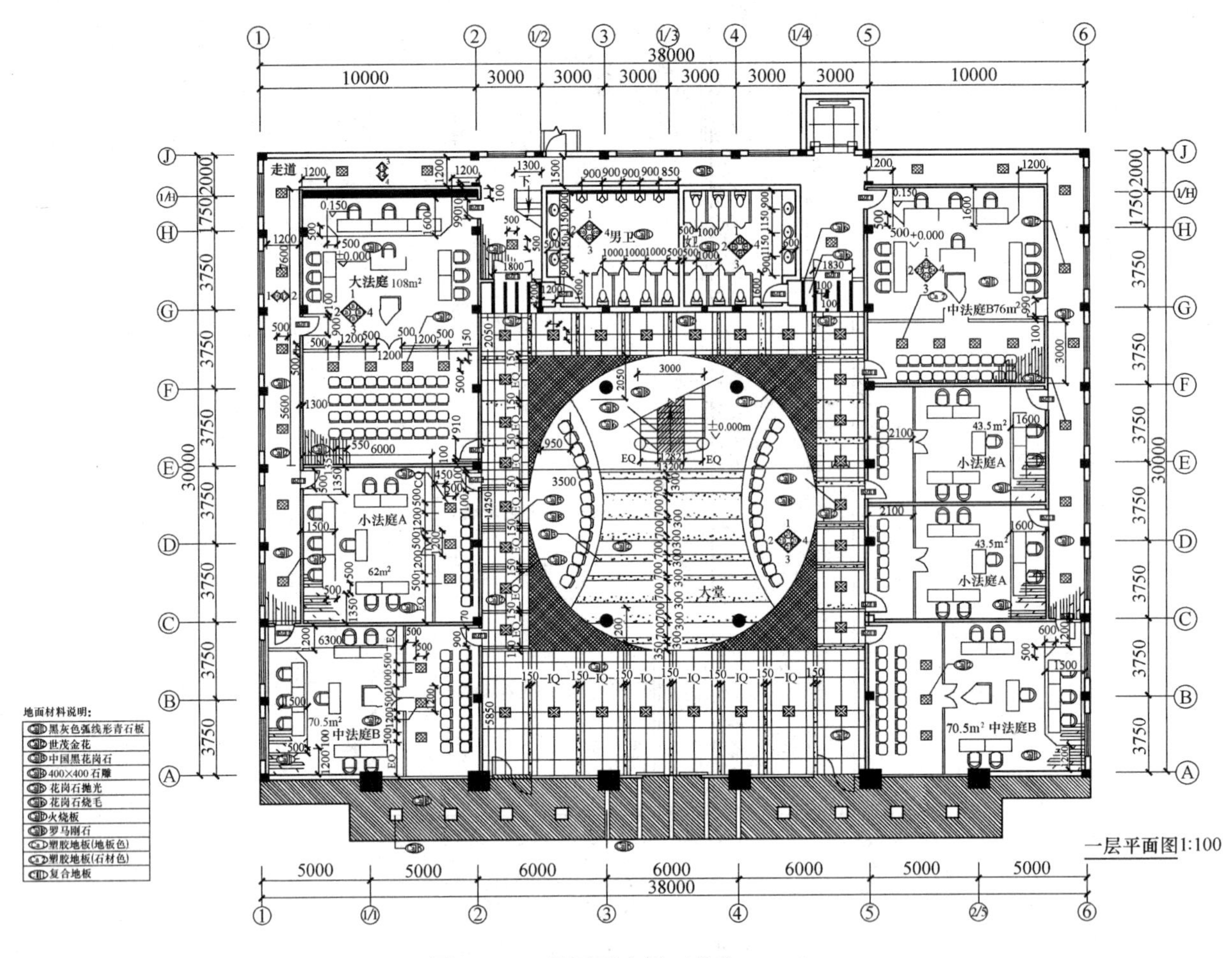

图 6-24 一层平面布置（单位：mm）

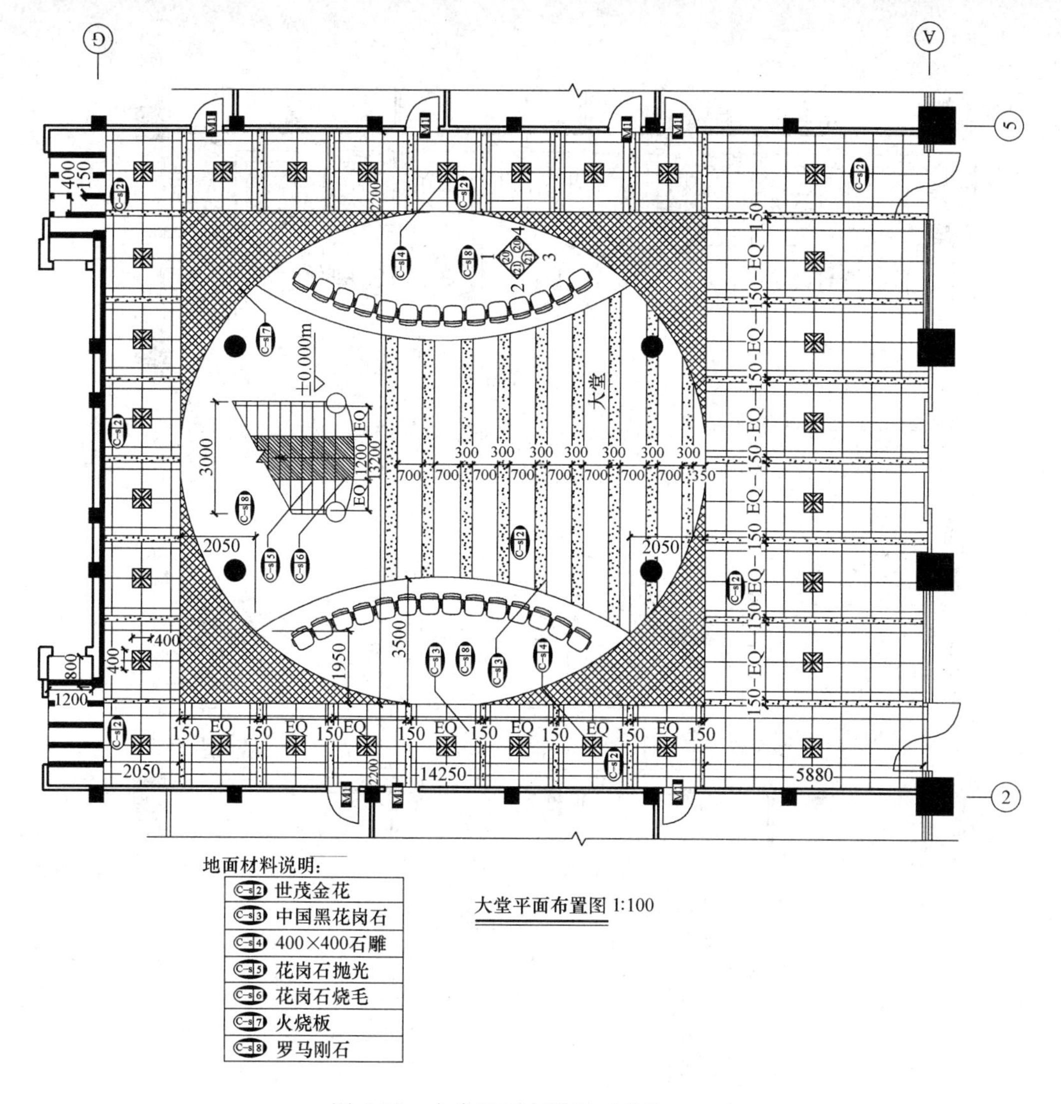

图 6-25　大堂平面布置图（单位：mm）

2. 识读大堂平面布置图

大堂平面布置图如图 6-25 所示，由图可以看出，大堂平面开间方向定位是建筑轴网的②～⑤轴，进深方向定位为建筑轴网的Ⓐ～Ⓖ轴。大堂的主楼梯地面采用花岗石铺贴，中央 1.2m 宽地面采用花岗石烧毛。楼梯左右两侧为设置有排列成弧形状的坐凳的公共等待休息区，地面采用罗马刚石铺贴。中庭四个圆形柱子之间为中央交通过厅，地面每隔 300mm 铺贴世茂金花。门厅、四周走廊空间地面铺贴尺寸为 800mm×800mm 的世茂金花花岗岩地板砖，间铺有中国黑花岗石。根据图中的多向内视符号可以得知，四个方向上的立面图应当从图号为 20 的图纸中查找 1 立面图与 4 立面图，从图号为 21 的图纸中查找 2 立面图与 3 立面图。其他详细地面材料铺贴形式、尺寸如图 6-25 所示。

3. 识读大堂顶棚平面图

大堂顶棚平面图如图 6-26 所示，由图可以看出，大堂顶棚装修区域的确定是开间定位在②～⑤轴之间，进深定位在Ⓐ～Ⓖ轴之间。在大堂顶棚的主体采用白色涂料做法，在四个柱子之间中央过厅上部顶棚区域装饰有方形间椭圆形的吊顶造型，顶棚的其他区域装饰有边长为 2m、间隔为 0.5m 的正方形喷砂玻璃吊顶。顶棚的其他叠级造型、灯具种类、暗藏灯带、标高、材质及详细尺寸标注等信息如图 6-26 所示。

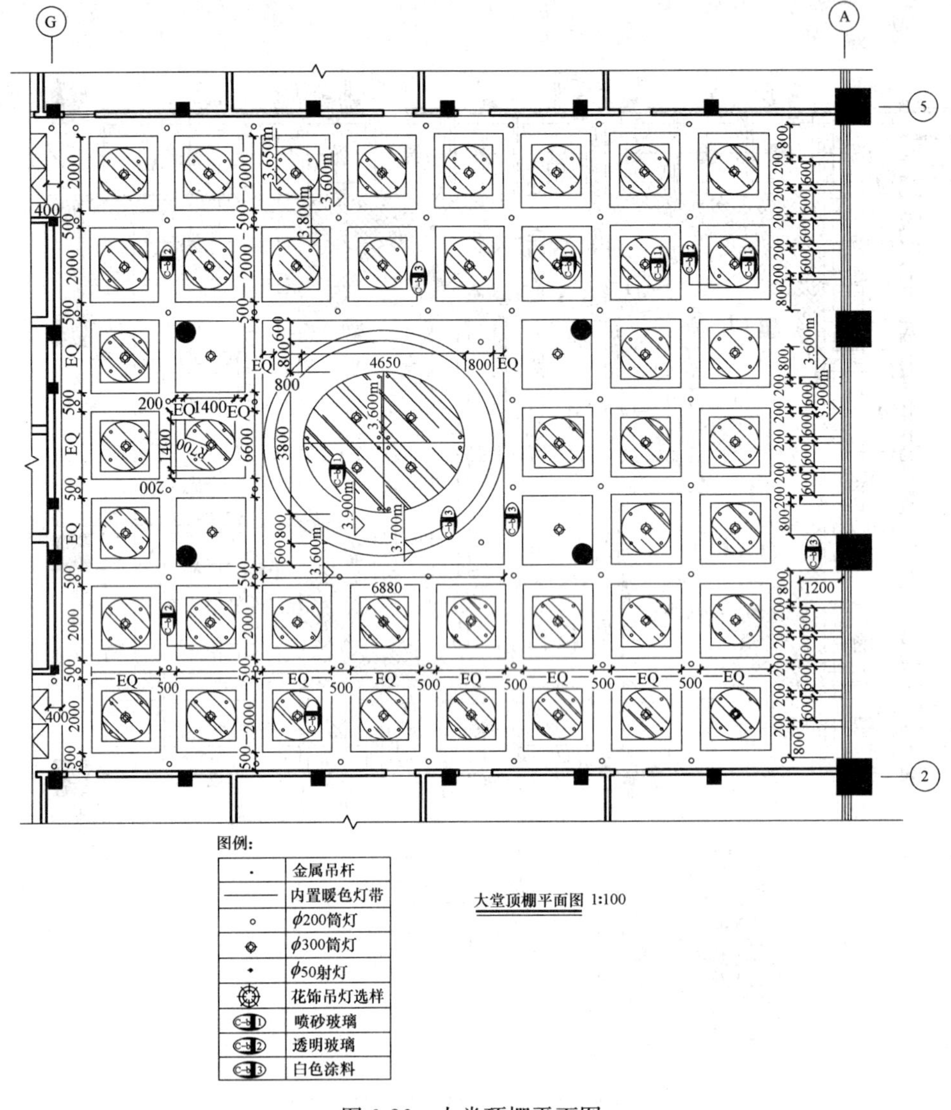

图 6-26　大堂顶棚平面图

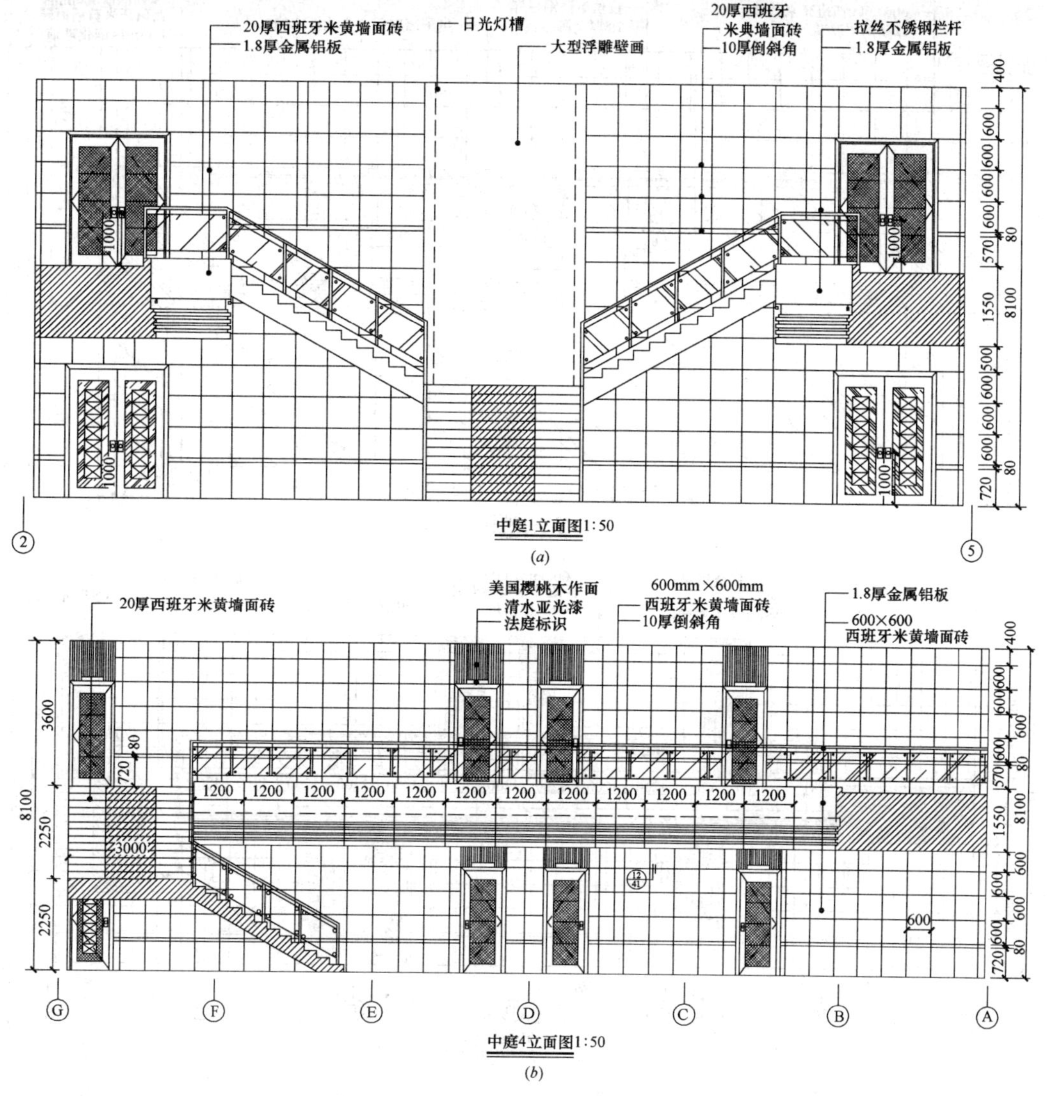

图 6-27　大堂 1、4 装修立面图（单位：mm）

4. 识读大堂装修立面图

由装修立面图可以看出，一层建筑层净高为 4.5m，二层净高为 3.6m，中庭大堂空间高度跨两层建筑高度，大堂净高为 8.1m。立面中吊顶顶棚剖切省略表示，中庭各立面主要墙面装饰材料为 600mm×600mm 的西班牙米黄墙面砖，中庭跨两层高，装修净高为 8.1m。中庭 1 立面的中央设置有合上双分式楼梯，楼梯休息平台处墙面装饰采用大型装饰壁画。中庭两侧的空间设置有下部带装饰线脚的走廊（走廊饰面采用厚度为 1.8mm 的金属铝板），走廊栏板设置为拉丝不锈钢栏杆镶嵌钢化栏板玻璃。各房间入门环列于走廊一侧，其他详细形式及装饰尺寸如图 6-27、图 6-28 所示。

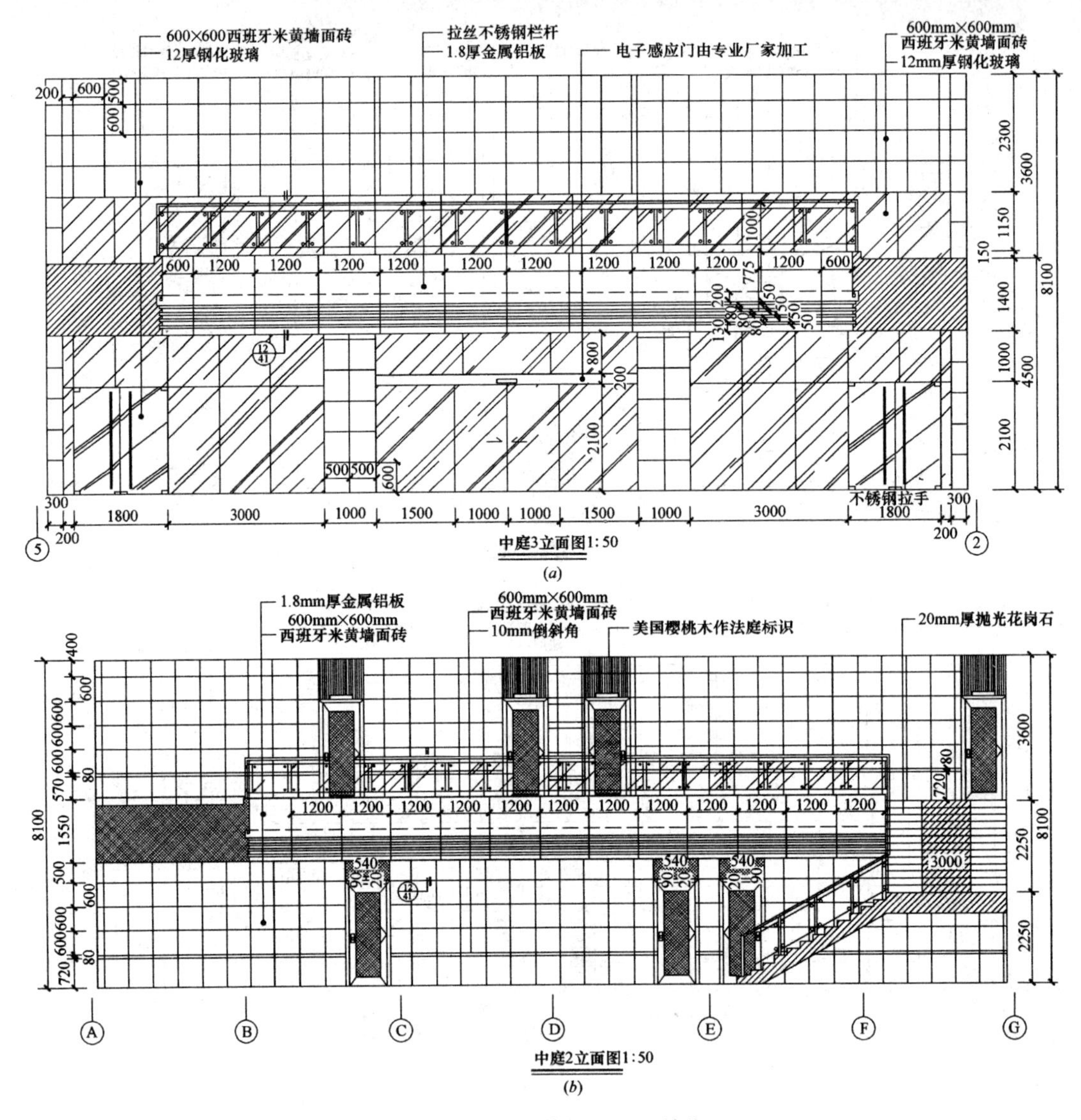

图 6-28 大堂 2、3 装修立面图（单位：mm）

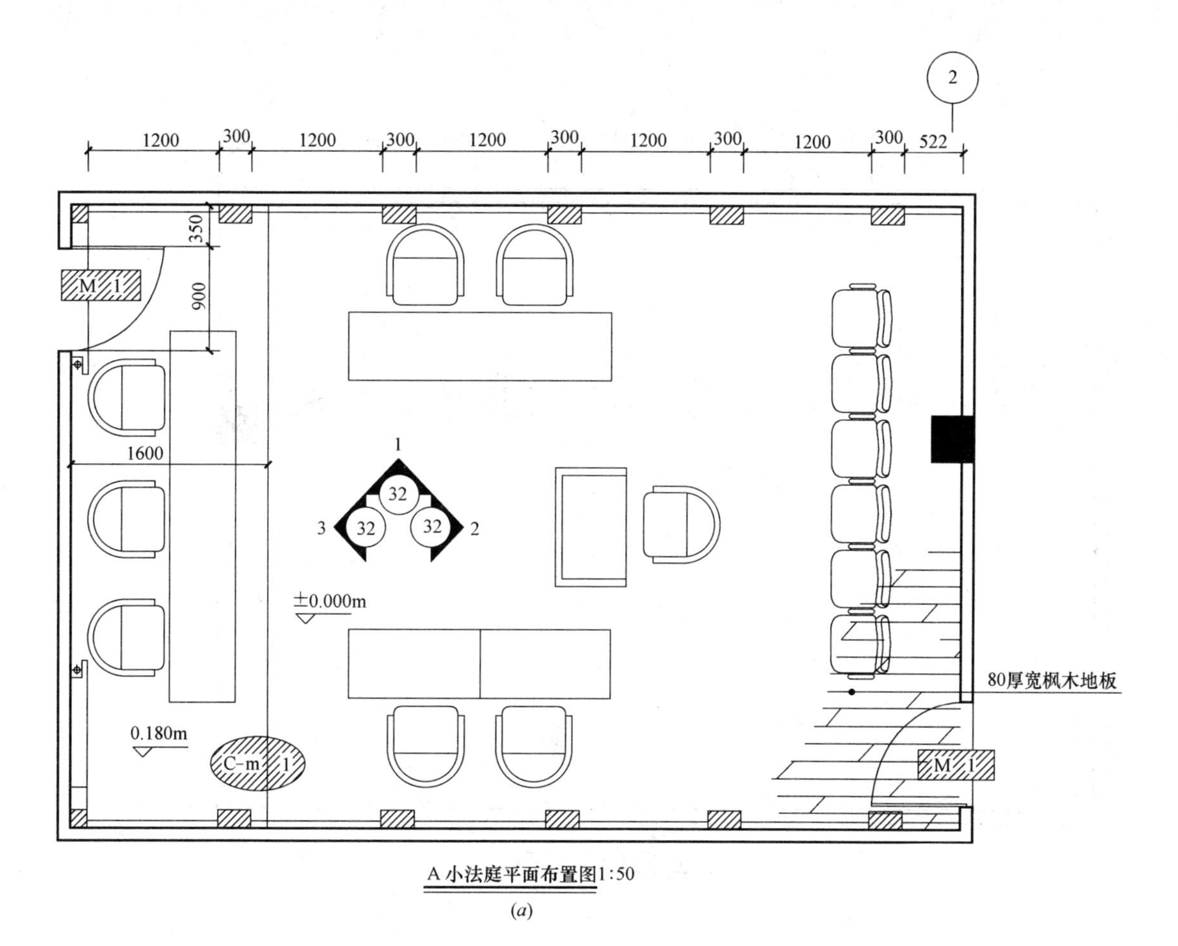

A小法庭平面布置图1:50

(*a*)

图 6-29　A 小法庭平面布置图与顶棚布置图（单位：mm）（一）

5. 识读 A 小法庭施工图

（1）识读 A 小法庭平面布置图与顶棚布置图。图 6-29 为 A 小法庭平面布置图与顶棚布置图，由图可以看出，空间室内面积约为 43.5m²，由平面图可以得知本空间内地面采用 80mm 宽的枫木地板，室内有一宽度为 1.6m、高度为 180mm 的平台。室内上下两侧墙体布置有间隔 1.2m 的装饰柱。空间顶棚中央采用矩形轻钢龙骨石膏板造型，内设有暖色暗藏灯带并以厚度为 2mm 的镜面不锈钢条进行装饰统一。顶棚四周设有筒灯。

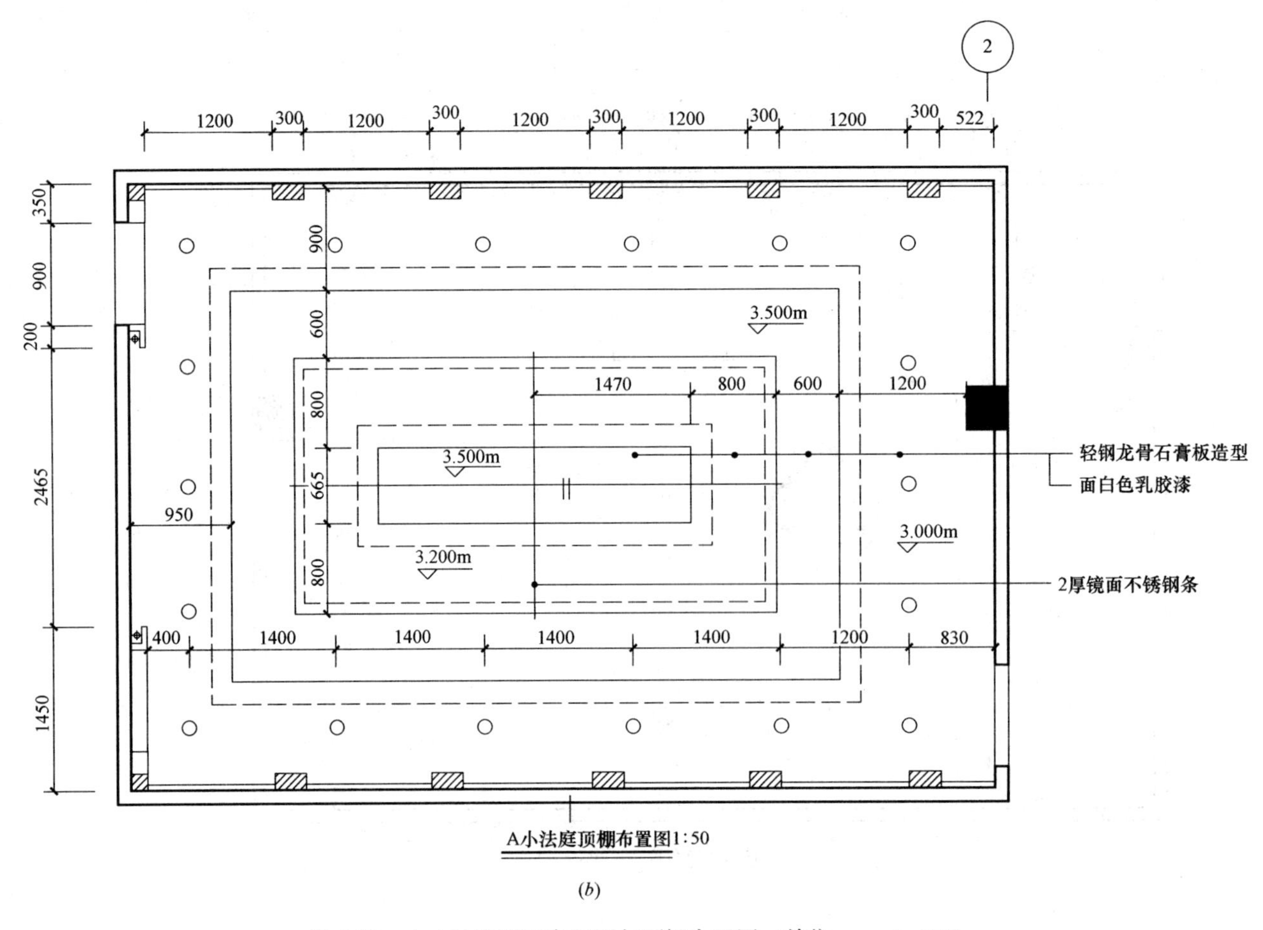

(*b*)

图 6-29　A 小法庭平面布置图与顶棚布置图（单位：mm）（二）

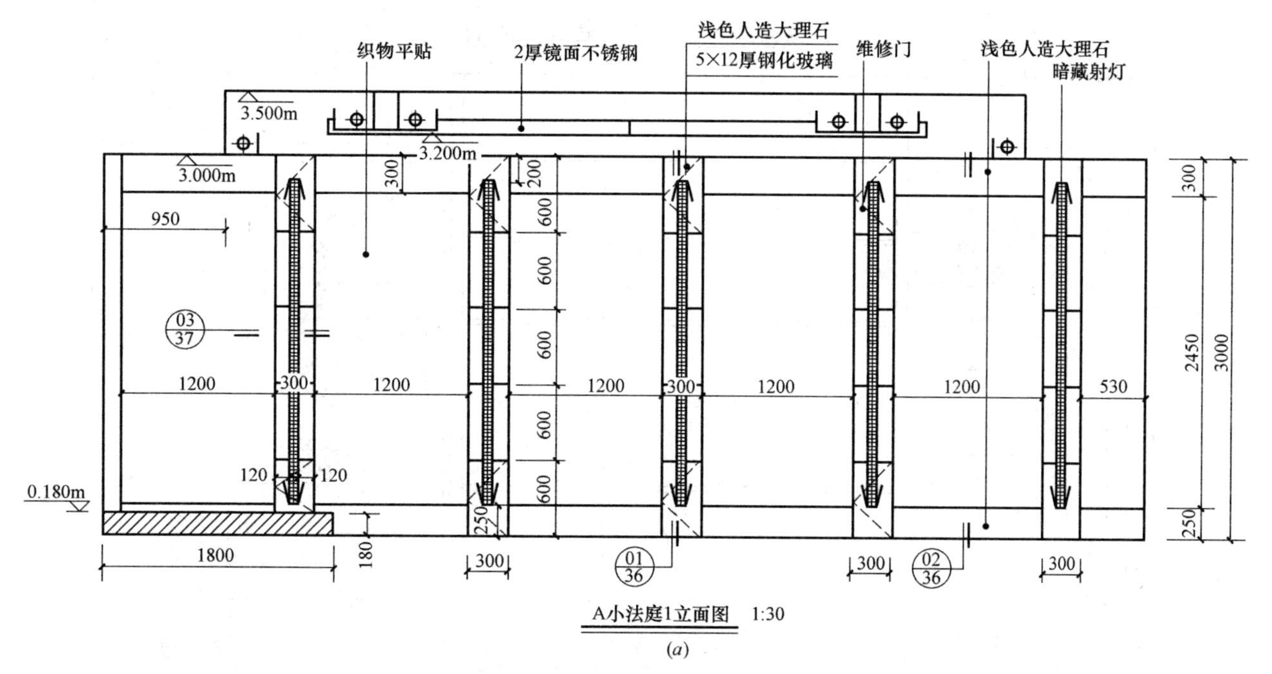

(*a*)

图 6-30 A 小法庭 1、3 装修立面图（单位：mm）（一）

(2) 识读 A 小法庭装修立面图。图 6-30 为 A 小法庭装修立面图，由图可以看出，各立面中顶棚部分均进行了示意性的简单表示，其中顶棚 3.2m 标高界面为“口”字形区域的石膏板吊顶，最高吊顶界面距地面 3.5m，且顶棚设有暗藏灯带。

A 小法庭 1 立面中，墙面主要为织物平贴间装饰柱效果，墙的上下部位分别贴高 300mm、高 250mm 浅色人造大理石，详细详图见施工图 36 中的 ② 详图。墙面中装饰柱 300mm×3m，上下设有可开启的检修门，详图见施工图 36 的①详图和施工图 37 的③详图。

A 小法庭 3 立面中的墙面主体为樱桃木装饰夹板材料，其中竖向上每隔 470mm 镶嵌有 2cm 厚的镜面不锈钢条。墙面的下部设有高度为 180mm 木地板平台，其详图见 37 图的④详图。

其他详细装修分格和内容、尺寸详图见图 6-30 中。

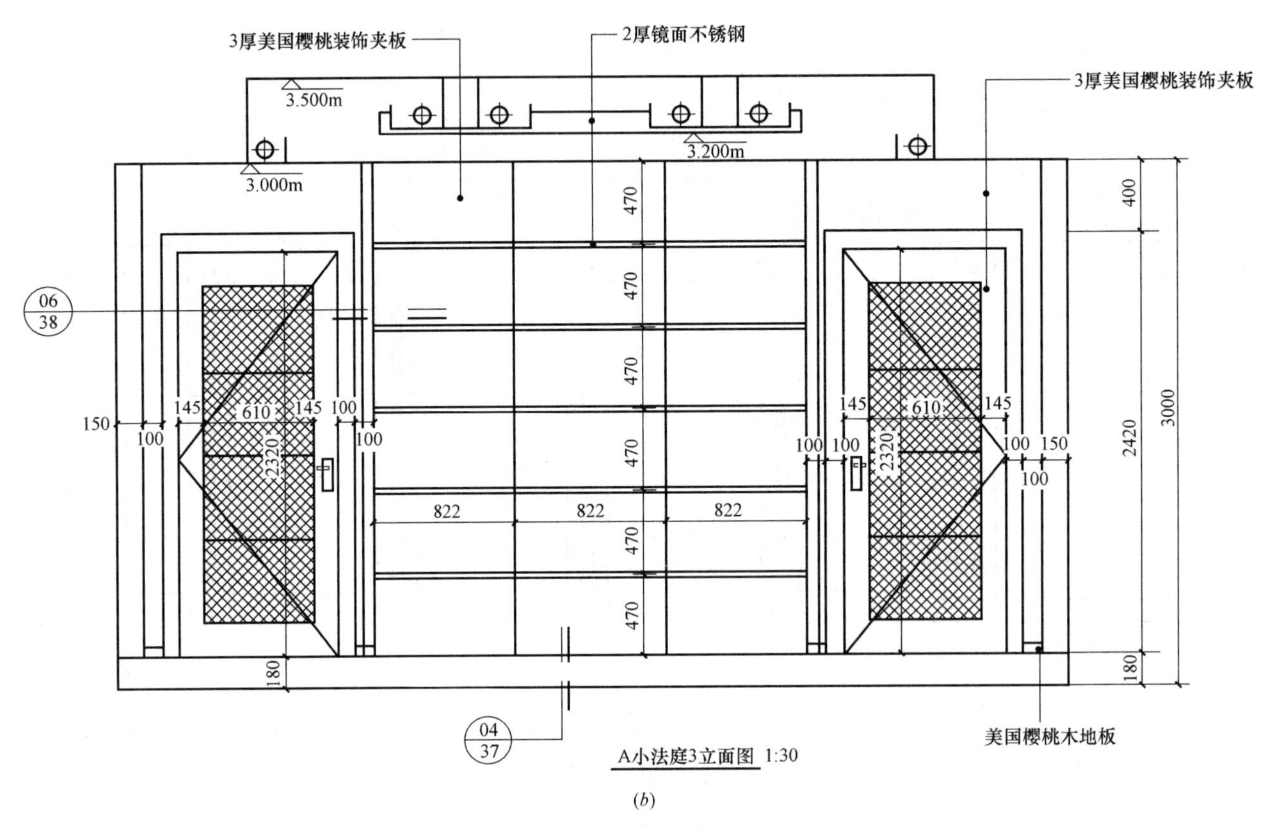

(*b*)

图 6-30　A 小法庭 1、3 装修立面图（单位：mm）（二）

参考文献

[1] 中华人民共和国住房和城乡建设部．房屋建筑室内装饰装修制图标准 JGJ/T 244—2011 [S]．北京：中国标准出版社，2011.

[2] 郝强，赵秋菊．建筑装饰制图与民用建筑构造 [M]．北京：中国劳动社会保障出版社，2009.

[3] 孙勇．建筑装饰构造与识图 [M]．北京：化学工业出版社，2010.

[4] 刘锋，谭英杰．装饰装修工识图与房构 [M]．北京：化学工业出版社，2009.

[5] 张毅．装饰装修工程快速识图技巧 [M]．北京：化学工业出版社，2013.

[6] 张书鸿．室内装修施工图设计与识图 [M]．北京：机械工业出版社，2012.

[7] 王全凤．快速识读建筑装修施工图 [M]．福建：福建科技出版社，2008.

[8] 张建新．怎样识读建筑装饰装修施工图 [M]．北京：中国建筑工业出版社，2012.